# Python
# 実践
# データ分析
# 100本ノック

## 第2版

下山輝昌・松田雄馬・三木孝行 著

# 改訂版刊行に寄せて

　本書、『Python実践データ分析100本ノック』は、技術書としては異例ともいえるほどのご愛顧をいただいており、大変嬉しく思います。当初、本書はPythonなどのプログラミングに関する知識や、機械学習などの技術を一通り身につけながらも、ビジネスの現場でどのように技術を展開していくべきか、現場感のある学びが得られる技術書がないという問題意識から、サイエンティストであり経営者でもある主著者の下山輝昌をはじめとする著者三名の知恵を出し合って生み出された企画でした。

　ところが、実際に本書を刊行すると、「現場感のある学び」は、プログラミングや機械学習を一通り身につけたエンジニアに限らず、これからエンジニアリングの知識を身につけようとする読者や、既にビジネスの現場で活躍している第一線のサイエンティスト・エンジニアにとっても必要、という声をいただくようになりました。こうした多くの声が、今回、改訂版を刊行する強い後押しとなりました。

　本書は、改訂前に掲載していた100本のノックに加え、「朝練」と「放課後」のノックを新たに加えました。

　朝練では、まだ十分にエンジニアリングの知識を身につけていない読者が、プログラミング環境の設定や、最低限のプログラミングを実行できるようなノックを用意しました。

　そして、放課後では、100本のノックだけでは満足しないハイレベルな読者に向け、サイエンティスト・エンジニアには避けて通れない深層学習10本ノックと、ビジネスの現場では頻繁に目にするクセのあるデータ加工10本ノックを用意しました。この改訂によって、100本ノックにハードルを感じていた読者の皆さんにとっても、また、物足りなさを感じていた読者の皆さんにとっても、きっと、学びを深めていただけるものと確信しています。

　それでは、改訂してパワーアップした『Python実践データ分析100本ノック』を、どうか、お楽しみください。

2022年5月
著者一同

# はじめに

　今、ビジネスの現場ではデータサイエンティストが不足しています。

　ウェブからの情報が手軽に手に入り、新しいプログラミング言語や開発環境が簡単に学べるようになった昨今、サンプルプログラムを使って機械学習のプログラムを実行してみる、といったことが、個人でも簡単にできる時代になりました。誰でもエンジニアになれる時代が到来したと言っても良いかもしれません。

　そのように恵まれた時代であるにもかかわらず、ビジネスの現場で、データサイエンティストやエンジニアが不足しているというのは、一体どういうことなのでしょうか。Pythonや機械学習などの入門書を一通り学んでみた読者の方は気付いているかもしれませんが、入門書に書かれた技術を用いるだけでも、応用力さえあれば、かなり複雑なシステムを開発したり、プロフェッショナルに近いデータ分析ができるようになります。数多くの入門書の中から、自分にあったものを選んで学んでいくことができれば、ビジネスの現場で活躍できるデータサイエンティストへの道が拓けるはずなのです。

　しかしながら、ビジネスの現場から見ると、入門書には不足している視点があります。それは、ビジネスの現場では必ず直面する「汚いデータ」をどのように取り扱うかなど、技術を現場で活用するための方法です。

　例えば、機械学習の技術書を紐解いてみると、多くの人が目にするのは「アヤメの分類をしてみよう！」という例題です。アヤメの画像を処理する技術自体は、さまざまな領域に応用できるのですが、ビジネスの現場で、「アヤメの花の認識を行いたい」という課題を解決する人はほとんどいません。

　実際の現場ではどのようなデータを扱うのか、そうしたデータを扱う際に、どのような問題が生じるのか、そうした問題に対して、入門書で身につけた技術をどのように活用し、対処していけば良いのか、そうした現場ならではのノウハウは、入門書で技術を学ぶだけでは、決して身につくものではありません。

　本書は、実際のビジネスの現場を想定した100の例題を解くことで、現場の視点が身につき、技術を現場に即した形で応用できる力をつけられるように設計した問題集です。本書の100本ノックを解くだけですぐに現場で活躍できるわけではありませんが、現場の感覚を身につけることで、ビジネスの現場に自然に入っていけるような力をつけられるはずです。ウェブや入門書でデータ分析や機械学習を一通り学び、「アヤメの分類よりも役に立つデータを分析したい」「ビジネスの

現場で技術がどう応用されるのかを知りたい」と思っている読者の方には、きっと役に立つのではないでしょうか。

　本書の構成は、基礎から実践までを幅広く扱う四部構成となっています。第1部（基礎編）では、ビジネスの現場で実際に得られるデータ分析するために必要なデータ加工のノウハウを学びます。比較的きれいなウェブからの商品の注文に関するデータと、データの読み込みにすら苦戦する「汚い」データの多い小売店のデータを例に、データ加工の実践を行います。第2部（実践編①）では、機械学習の技術を活用して顧客の分析などを行うために必要なノウハウを学び、実際のデータを使っての課題発見・解決を実践していきます。第3部（実践編②）では、最適化技術を導入するためのノウハウを学び、経営状況の改善を実践していきます。第4部（発展編）では、画像認識技術や自然言語処理技術などの「AI」とも呼ばれる技術を駆使して、データ化されていない情報をも利用して、顧客の潜在的な需要の把握など、ビジネスの現場で期待されているノウハウを学び、実践していきます。

## データサイエンティストが行う仕事とはどんなものなのか

　データ分析の入門書などを紐解くと、そこには「データサイエンティストとは、ビジネスの課題を、統計や機械学習、そしてプログラミングスキルによって解決する人」などと書かれています。この説明は、確かに間違ってはいないのですが、これだけでは、データサイエンティストの真の姿が伝わりません。

　データサイエンティストの実際の姿は、戦略コンサルタントに近いものです。組織の意思決定を行うリーダーの参謀をイメージしていただくと、その役割がわかりやすいかもしれません。たとえば、あなたが、ある企業の営業部門のデータサイエンティストとしての役割を依頼されたとします。すると、あなたに仕事を依頼した営業部長は、このようなお願いをします。

　　「弊社の顧客データを使って、売り上げを上げる施策を考えてほしい」

　この会社は長年の小売店での営業実績があり、顧客データは豊富にあります。そこで、それらのデータを分析することで、最近の顧客の好みの変化などをいち早くつかみ、売り上げ倍増につなげられないだろうか、というのが、営業部長の思いです。あなたは、営業部長の熱い思いを受け、是非とも協力したいと、営業部門の現場に足を踏み入れます。統計や機械学習の知識は既に学んでおり、それ

らをプログラミングする技術もあります。あとはデータを分析するだけ、と、意気揚々と現場に乗り込みます。

　しかしながら、現場で営業部員の話を聞いて、あなたは愕然とします。誰に聞いても、「どこにデータがあるのかわからない」というのです。データそのものは、確かに、共有サーバー上で管理されています。ところが、店舗によって、また担当者によって、そのフォーマットもバラバラで、担当者に聞かないと、そのフォーマットの意味を理解できないような状態です。担当者がすでに退職している場合は、その意味を推測していかなければなりません。さらに悪いことに、売り上げ情報は営業部門が持っているのですが、顧客情報は顧客管理部門が、そして、顧客へのクレーム対応の情報はコールセンター部門が管理しており、一元管理がまったくなされていないのです。このように、情報がどこにあるのか、どんな情報があるのかを一つ一つヒアリングしていくことによって整理してはじめて、必要な情報が手に入ります。

　それだけではありません。ヒアリングして情報が手に入るようであれば、運の良い方かもしれません。ヒアリングされる側の現場の営業部員や顧客管理部員からすると、通常業務以外に、一緒にデータを探したりする業務は大きな負担になります。そうした負担をしてまで、データ分析を行う必要があるのかと、疑問を持つ人も中には出てくるかもしれません。そこで、キーマンとなる人を説き伏せたり、また、データ分析による恩恵を理解してもらったりなどといった仕事も発生します。実際のデータサイエンティストは、技術的な知識だけでなく、ネゴシエーターとしての能力も試されるのです。

　もちろん、数名のデータサイエンティストがチームになって動く場合には、そうしたネゴシエーションは、それを得意とする人が担い、技術力を強みとするサイエンティストは、後方支援として分析に集中する場合も多々あります。しかし、そうした場合であったとしても、どのようなデータをどのように分析して可視化すれば、ネゴシエーターが「武器」とできるかなど経験に基づく先読みの能力などが問われてきます。

　そのような、入門書には書かれていない「現場力」を駆使してはじめて、依頼元の組織が欲する分析を行うことができ、その報酬として、あなたは、依頼元の組織の売り上げ倍増に貢献することができるだけでなく、組織のひとりひとりからの信頼を勝ち取り、さらに大きな役割を任されることになります。データサイエンティストは、このような現場経験を通し、徐々に成長を重ね、世の中から信頼される存在となっていくのです。

# 本書の効果的な使い方

　本書は、Pythonの入門書ではありません。読者の皆さんが、データサイエンティストとして、現場で即戦力として活躍することを目指して作られた現場のデータ分析の実践書です。そこで、全10章それぞれを、ある顧客(データ分析の仕事の依頼主)からの実際の依頼だと思って取り組むと、最大の効果が得られます。

　まず、各章には、「顧客の声」が書かれています。これが依頼主からの依頼事項です。そして、それに続く「前提条件」には、今、あなたが手にしているデータなど、依頼者が提示した情報が記されています。これらを頼りに、あなたならどうすれば顧客の声に応えることができるのかを、想像してみてください。

　各章それぞれのノックは、一緒に働く先輩データサイエンティストからのアドバイスだと捉えると良いかもしれません。まずは何も考えず、素直にアドバイスに従ってみるのも良いでしょう。また、「自分ならこうする」などと、少し異なった視点での分析を行ってみるのも良いでしょう。先輩データサイエンティストは、経験豊富かもしれませんが、案外、初級者のほうが現場に対して新鮮な視点でものを見ることができることも多いのです。本書の中には、敢えて現場感を出すために、冗長なコードも少し掲載しています。自分なりの視点で、改善案を考えてみるのも、本書ならではの醍醐味の一つです。最も重要なことは、分析の方法は一つではないということです。本書を片手に、エンジニア仲間と一緒に議論してみてください。

## ■動作環境

| Python | Python 3.7 (Google Colaboratory) |
|---|---|
| Webブラウザ | Google Chrome |

　本書では、Google Colaboratoryを使用してモデルの構築を進めていきます。

　ColaboratoryにおけるPythonのバージョンとインストールされている各ライブラリのバージョンは、本書執筆時点(2022年5月)において、以下の通りです。

| | |
|---|---|
| Python | 3.7.13 |
| numpy | 1.21.6 |
| pandas | 1.3.5 |
| matplotlib | 3.2.2 |
| sklearn | 1.0.2 |
| networkx | 2.6.3 |
| scipy | 1.4.1 |
| pulp | 2.6.0 |
| ortoolpy | 0.2.36 |
| dlib | 19.18.0 |
| tensorflow | 2.8.0 |
| PIL | 7.1.2 |
| xmltodict | 0.13.0 |
| absl-py | 1.0.0 |
| japanize-matplotlib | 1.1.3 |
| opencv-python | 4.1.2.30 |
| mecab-python3 | 1.0.5 |

**サンプルソース**

　本書のサンプルは、以下からダウンロード可能です。

　Jupyter ノートブック形式(.ipynb)のソースコード、使用するデータファイル
が格納されています。Google Drive にアップロードして、ご使用してください。

https://www.shuwasystem.co.jp/support/7980html/6727.html

# 目次

## 第2部 実践編①：機械学習

## 第5章　顧客の退会を予測する10本ノック　　　　　　127

## 第3部 実践編②：最適化問題

## 第6章　物流の最適ルートをコンサルティングする10本ノック　155

## 第4部 発展編：画像処理/言語処理

### 第9章　潜在顧客を把握するための画像認識10本ノック　233

### 第10章　アンケート分析を行うための自然言語処理10本ノック　261

## 放課後練 さらなる挑戦

# 朝練
## 100本ノックに備えて
## 準備運動を行いましょう。

　これからデータ分析100本ノックを始めるにあたって、プログラムの実行環境を準備したり、相対パスなどの基礎的な概念を理解したりと、Pythonプログラミングの基礎を少し練習しましょう。

　本書の基本コンセプトとしては、すでにある程度Pythonプログラムを行える人向けとして構成されておりますが、より多くの方に本書のノックを効率よく行って頂けるように、環境構築やプログラムの要点を朝練という形でまとめた基礎編を用意しました。

　既にPythonプログラムに慣れている方は、朝練をスキップして第1部から読み始めても問題はありません。

# 序章
# 朝練

　まずはプログラムの実行環境を整えて、ノックを行うための準備を行いましょう。

　環境ができたら、プログラムの基礎として変数を用いた四則演算やライブラリの利用方法、ドライブマウントの方法など要点を絞って確認していきましょう。

　ただ、本書のコンセプトとしては、より実践的な内容を主としておりますので、プログラミングの基礎をもっと習得したい場合は、別の書籍やWebの情報などを活用して勉強を進めてみてください。

---

朝練1：Google Colaboratoryをつかってみよう

朝練2：プログラムを書いて実行してみよう

朝練3：変数を使ってみよう

朝練4：ライブラリを使ってみよう

朝練5：コードセルを分けて効率よくプログラミングをしよう

朝練6：本書のサンプルプログラムを Google Colaboratoryで動かしてみよう

朝練7：Google Drive からデータを参照してみよう

朝練8：絶対パスと相対パスについて

※ここでの環境設定方法は、2022年4月時点のものであり、今後、Google ColaboratoryのURLやデザインなどの変更が行われる場合があります。

---

**朝練1：
Google Colaboratoryを
つかってみよう**

まず、事前準備としてGoogleアカウントが必要になります。

すでにGoogleアカウントをお持ちの場合はログインした状態にしてください。

お持ちでない場合はGoogleのページにアクセスし、右上の「ログイン」ボタンから新規アカウントを作成してください。

Googleアカウントにログインした状態で、「https://colab.research.google.com/」にアクセスしてください。

**🏏図：Google Colaboratoryのアクセス画面**

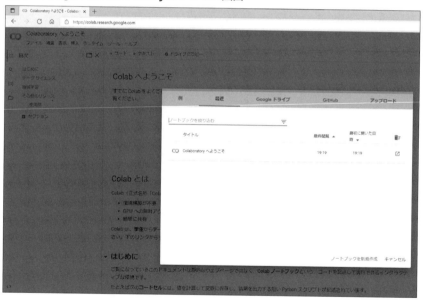

では、実際にプログラムを書いていくために、ノートブックを新規作成します。

ノートブックとはPythonを記述し実行するためのインタラクティブな環境の呼称になります。

　サマリ画面の右下にある「ノートブックを新規作成」をクリックするか、左上の「ファイル」→「ノートブックを新規作成」をクリックすると、新しい画面に遷移します。

■図：新規ノートブック画面

　ここまででGoogle Colaboratoryの実行環境が整いました。
　それでは、さっそくプログラムを書いて実行してみましょう。

## 朝練2：プログラムを書いて実行してみよう

　まずは定番の「Hello World」をPythonで表示してみましょう。
　ここでは、標準関数のprint()を用いて画面上に「Hello World」を出すだけのシンプルなプログラムですが、実際に作成された環境でプログラムが正しく動作するかを確認するための重要なアクションです。プログラミングに慣れた人でも、新しい環境や新しいライブラリなどを使う場合はまず「Hello World」を実行したりします。

　例えば、新たな環境で複雑なプログラムを実行しエラーが起きた場合、それが環境のせいでエラーとなっているのか、プログラムにバグがあってエラーとなっているのか判断するのに時間が掛かってしまう事があります。
　その為、Hello Worldのように簡単なプログラムを実行することで、環境が正しくできていることを確認し、環境によるエラーではないという切り分けが行えます。
　このような検証作業は物事を一つ一つ切り分けて整理していく重要なアプローチですので、この後の本編でも細かい単位で確認・検証を行っています。

　プログラミングに限らず、この検証という取り組みはとても重要ですので、特に不慣れな間は意識していくと時間効率の良い学習が行えます。是非実践してみてください。

　それでは、早速新規ノートブックで「Hello World」を実行してみましょう。
ノートブックの空白コードセルに以下のプログラムを記載してください。

```python
print("Hello World")
```

### ■図：プログラムの記述

　入力が終わったら、コードセルの左にある再生ボタンを押してください。プログラムがコードセル単位で実行され、結果が下に表示されます。
　再生ボタンを押す以外にも、Ctrl + Enterでも実行ができます。
　Shift + Enterの場合、実行しつつ新しいコードセルを作成できますので、連続でコードを書く場合に便利です。

### ■図：実行結果

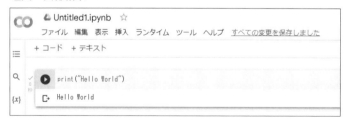

　実行するとコードセルの下に新しく結果を表示するエリアが現れ、「Hello World」の文字が出力されました。
　これで正しくPythonを実行する環境の準備ができたことになります。

さっそく、この環境を使って残りの朝練に取り組んでいきましょう。

# 朝練3：
# 変数を使ってみよう

次は、プログラムで必須と言える変数を扱って簡単なプログラムを記載します。

変数とは実際の値を保持しておく器のようなイメージで捉えてください。

その変数に値を格納し、四則演算を行って結果を表示する簡単なプログラムを書いていきます。

まずは左上の「＋コード」をクリックして、空のコードセルを作成し、変数に値を格納してみましょう。

```
a = 10
b = 20
```

**■図：変数に値を格納**

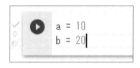

上記を記述したら、コードセルを実行してください。

今回は出力が無いので、結果エリアは表示されません。

続いて、新しいコードセルを作成し、掛け算を行った結果を表示するプログラムを記載し、実行します。

```
c = a * b
print(c)
```

**■図：変数を掛け算し結果を表示**

```
[7]  c = a * b
     print(c)

     200
```

　掛け算の結果の200が画面上に表示されました。
　簡単すぎるプログラムですので解説はしませんが、このように様々な値を変数に格納する事でプログラムを構築していきます。

　ただし、変数に格納した値には「型」という概念が存在します。数値ならinteger型、文字列ならstring型などです。型が違う変数を演算すると想定とは違う結果になってしまったりするので、プログラムに慣れてきたら「型」も意識してプログラムするように心がけてください。

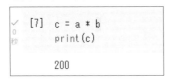

## 朝練4：
## ライブラリを使ってみよう

　Pythonにはとても有益なライブラリが多数存在します。ライブラリを駆使することで非常に少ない労力で大きなことを実現できますので、是非いろいろなライブラリを調べ、試してみてください。

　それでは一つの例として、NumPyというライブラリを使ってみましょう。
　ライブラリを使うためにはインポートを行い、ライブラリの関数を利用します。

```
import numpy as np
a = np.array([1, 2, 3])


a
```

**■図：NumPyライブラリの利用**

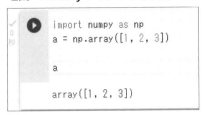

```
import numpy as np
a = np.array([1, 2, 3])


a


array([1, 2, 3])
```

　上記プログラムを実行すると、import numpyの部分でNumPyライブラリを利用する準備を行います。

　次の行でNumPyのarrayという関数に配列を渡してarray型の値を生成し、aという変数に格納しています。最後の行は変数aの値を結果エリアに表示しています。

　print(a)とした場合は結果が少し異なりますが、print()は文字列として結果を返すためです。色々試してみるとよいでしょう。

　これで、NumPyを利用できる状態になりました。
　次は、このコードセルの課題点と解決方法を扱っていきます。

# 朝練5：
# コードセルを分けて効率よくプログラミングをしよう

　さて、朝練4にてNumPyライブラリをインポートして利用してみました。

　ただ、このプログラムには少し課題があります。それはコードセルを実行するたびにimportも再度実行されてしまう点です。

　ライブラリのインポートは1回行えば良いので、コードセルを分けて記載することで無駄な処理を実行しなくてよくなり、効率的にプログラムを実行できます。

```
import numpy as np
```

```
a = np.array([1, 2, 3])
a
```

■図：コードセルの分割

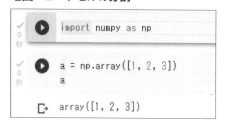

　このようにコードセルを分けることで、ライブラリのインポートを無駄に実行する必要がなくなりました。

　今回はライブラリのインポートだけでしたが、例えば非常にサイズの大きいファイルの読み込みを行い、その結果を色々な形で表示するプログラムを1つのコードセルで記載していたら、実行するたびに時間のかかる読み込み処理も実行されてしまいます。同じ読込データを扱うのであれば、読み込み処理と表示処理のコードセルを分けて記述することで無駄な読み込み処理やそれにかかる時間が軽減され、効率よくプログラムを書いていけます。

　このように、実行単位を意識することでノートブック形式をより効率的に扱えるようになるので、ぜひ意識してみてください。

## 朝練6：
## 本書のサンプルプログラムをGoogle Colaboratoryで動かしてみよう

　次は本書のサンプルプログラムをダウンロードして、圧縮ファイルを解凍してください。

　Googleドライブ（https://drive.google.com/drive）を開き、解凍したファイルをフォルダごとドラッグアンドドロップし、アップロードしてください。

　アップロードしたファイルは章ごとにフォルダが分かれていますので、まずは朝練フォルダを開いてみましょう。

■図：Google ドライブ

　フォルダ内にある、朝練サンプルプログラム.ipynbを右クリックして、「アプリで開く」→「Google Colaboratory」を選択してノートブックを起動します。

■図：Google Colaboratory でプログラムを開く

　同じような手順で本編のサンプルプログラムを起動することができます。
　次はGoogle ドライブにあるファイルへの参照設定を行っていきましょう。

## 朝練7：Google Drive からデータを参照してみよう

　本書はデータ分析を主軸としているので、csvファイルなどの外部データを読み込むことが多くなります。Google Colaboratoryの場合はデータを読み込むために少し準備が必要になりますので、サンプルプログラムを用いて確認していきましょう。

　朝練6の手順で「朝練サンプルプログラム.ipynb」をノートブックで表示できていると思いますので、1つ目のコードセルを実行してください。
　実行すると、ノートブックからドライブへのアクセスの許可確認画面が表示されます。

### ■図：ドライブアクセスの許可確認画面

このノートブックに **Google** ドライブのファイルへのアクセスを許可しますか？

このノートブックは Google ドライブ ファイルへのアクセスをリクエストしています。Google ドライブへのアクセスを許可すると、ノートブックで実行されたコードに対し、Google ドライブ内のファイルの変更を許可することになります。このアクセスを許可する前に、ノートブック コードをご確認ください。

スキップ　　Google ドライブに接続

　「Google ドライブに接続」ボタンを押してください。
　対象のGoogle アカウントを選択したあと、ページ下部の「許可」ボタンをクリックするとノートブックのコードセルの結果に「Mounted at /content/drive」と表示されます。これで正しくドライブへのアクセスが許可されたことになります。

### ■図：マウント結果

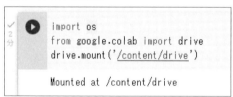

```
import os
from google.colab import drive
drive.mount('/content/drive')

Mounted at /content/drive
```

　残りのプログラムを順番に全て実行してみましょう。
　身長データ(height_data.csv)が読み込まれて画面上に表示されれば成功です。

■図：実行結果

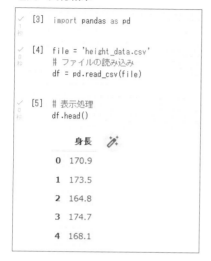

```
✓  [3]   import pandas as pd
1
秒
✓  [4]   file = 'height_data.csv'
0        # ファイルの読み込み
秒        df = pd.read_csv(file)


✓  [5]   # 表示処理
0        df.head()
秒
```

|   | 身長   |
|---|-------|
| 0 | 170.9 |
| 1 | 173.5 |
| 2 | 164.8 |
| 3 | 174.7 |
| 4 | 168.1 |

# 朝練8：
# 絶対パスと相対パスについて

　朝練7でドライブ上のcsvファイルを読み込みましたが、ここでファイルなどの場所を指定するやり方について学んでおきましょう。

　プログラムでファイルなどの場所を指定する方法に

・絶対パス

・相対パス

と大きく2種類の方法が存在します。

　絶対パスとは全ての道筋(Path)を省略せずに全て記述するやり方で、それに対して相対パスは実行しているプログラムの現在位置からファイルまでの道筋(Path)を記述します。

　文章だけだと分かりづらいので実際の例で学んでみましょう。

フォルダネスト：
【root】
　└─ 📁【data】
　　　└─ 📄 data.csv
　└─ 📁【program】
　　　└─ 📄 program.py

　ここで、program.pyからdata.csvを参照する時にはそれぞれ以下のように指定します。

絶対パス：　/root/data/data.csv
相対パス：　../data/data.csv

　絶対パスはrootから全ての道筋（Path）を記述するので分かりやすいですが、相対パスについては少し説明を行います。

　相対パスは主体となるprogram.pyの位置からの道筋（Path）を示すので、まずは1つ上の階層（root）に戻る必要があり、「..」という記述が「1つ上の階層」という意味になります。
　絶対パスは主体に影響せずファイルの位置を記述できますが、フォルダ構造が複雑になるとパスが長く分かりづらくなります。
　また、途中のフォルダ名などを変えた場合は、全てのパスを記述しているため変更しないと正しくファイルに到達できなくなってしまいます。
　相対パスは主体の位置からの位置を記述しますので、シンプルな記述になります。
　また、途中のフォルダ名を変更しても相対パスの範囲外であればそのまま動作します。その代わり、直感的にファイルの位置が分かりづらい点には慣れが必要となります。
　それぞれにメリットがありますので、状況に応じて使い分けていきましょう。

　これで、朝練は終了です。

　あくまで本編のノックを進めるための導入にすぎませんので、もしプログラムの基礎をしっかり勉強したいと思いましたら、ぜひ別の書籍やWebの情報を駆使して勉強してみてください。プログラムの基礎がわかった上で本書を勉強するほうがより身に付きやすいと思います。

　それでは、本編のデータ分析100本ノックに挑戦してみてください。

# 第1部
# 基礎編：データ加工

　データ分析の入門を終えた学習者がビジネス現場で実際のデータを分析しようとすると、いくつかの壁にぶつかります。その最初の壁は、「まず何をするのか」です。

　多くの入門書では、Pythonの環境設定や、ひとつひとつの関数の使い方については手厚く解説されている一方で、そもそもビジネスの現場でデータ分析の業務を始める際に、最初に何をするのかが書かれているものはほとんどありません。現場で最初に行うことは「必要なデータを集めること」なのですが、何が必要かは、目的や状況によって変わってしまうため、入門書で一般論を解説することは難しいのです。

　そこで、第1部では、ウォーミングアップとして、比較的「基礎的な」場合を扱います。ECサイトや小売店といった、比較的データが揃いやすく、かつ、その状況に読者自身が置かれていることを想像しやすいようなテーマを設定することで、実際のビジネス現場でデータ分析業務を行う際、「まず何をするのか」のイメージをつかむことを目標とします。また、技術的には、データの読み込みや加工など、「データを扱う」という最も基礎的な作業を行なっていきます。これらのイメージをつかむことが、第2部以降の様々な状況に対応していく基礎力になります。

## 第1部で取り扱うPythonライブラリ

データ加工：Pandas
可視化：Matplotlib

# 第1章
# ウェブからの注文数を分析する
# 10本ノック

　ビジネス現場でのデータ分析は、その言葉から想像するほど「華やか」ではなく、現場ならではの地道な業務が意外に多いものです。しかしながら、そうした地道な作業の積み重ねが、企業や国といった大きな組織の現状の分析を、そして、将来への予測を可能にするのです。

　本章では、ある企業のECサイトでの商品の注文数の推移を分析することによって、売り上げ改善の方向性を探っていくことが目的です。ECサイトのデータは、ウェブから得られるデータであることから、比較的「綺麗」なデータであることが多く、導入の練習問題としても適しています。

　ECサイトの分析に必要なデータは、単純に、各商品の売上数の推移だけではありません。その商品を、いつ、どんな人が購入したのか。そうしたデータが詳細にあればあるほど、緻密な分析ができるようになります。そして、実際のビジネス現場では、そうしたデータは一元管理されていないことがほとんどです。

　ある部署と別の部署とのデータを紐づける作業などが必要になる場合もあります。どのデータをどのように紐づけて活用していくかは、まさに、データアナリストの腕の見せ所と言えます。

　ここでは、ECサイトの分析に必要な最低限のデータを用いて、**分析するプロセス**を解説していきます。まずは、「顧客の声」を把握し、「前提条件」を確認したうえで、データの読み込みを行っていきましょう。

---

　ノック1：データを読み込んでみよう
　ノック2：データを結合(ユニオン)してみよう
　ノック3：売上データ同士を結合(ジョイン)してみよう
　ノック4：マスターデータを結合(ジョイン)してみよう
　ノック5：必要なデータ列を作ろう
　ノック6：データ検算をしよう
　ノック7：各種統計量を把握しよう
　ノック8：月別でデータを集計してみよう
　ノック9：月別、商品別でデータを集計してみよう
　ノック10：商品別の売上推移を可視化してみよう

顧客の声

　弊社は長年、ECサイトを運営しています。弊社のお客様情報は、すべて
ECサイトで管理しているので、多くのデータが集まっています。今、多く
の企業はデータ分析で結果を出していると聞いているので、その流行りのデー
タ分析に、弊社も取り組んでいきたいと思っています。そうは言っても、多
くの社員は文系畑出身で、データの分析というものに疎く、何から手をつけ
ていけば良いのかわからないのです。現状では、当月の売上の数字を把握す
るので精一杯です。弊社のECサイトのデータ分析、お願いできないでしょ
うか。

## 前提条件

　本章の10本ノックでは、ECサイトのデータを扱っていきます。

　ここで扱うECサイトは、PCを商品として扱っています。それぞれ価格帯別に
5商品が存在します。データは表に示した4種類6個のデータとなります。

　customer_master.csvは、このECサイトを利用した会員の顧客情報となり
ます。みなさんもECサイトなどを利用する際に、初期登録をされるかと思いま
すが、それらの情報が格納されています。

　item_msater.csvは、取り扱っている商品のデータとなっており、商品名や価
格などが存在しています。

　transaction_1.csv、transaction_2.csvは、購入明細のデータとなります。
どの顧客が、いつ、どのくらい買ったのかなどの情報を持っています。

　transaction_detail_1.csv、transaction_detail_2.csvは、購入明細の詳
細となっており、具体的になんの商品をいくつ買ったかの情報が入っています。

　データベースに入っているデータは、システムから落としてくる際に、月毎や
1000件単位に分割されてしまうことがあります。その場合、結合してデータを
使用する必要があります。今回の明細関連のデータもそれに該当し、1、2の2つ
が存在します。

### ■表：データ一覧

| No. | ファイル名 | 概要 |
|---|---|---|
| 1 | customer_master.csv | 顧客データ。名前、性別等 |

| 2 | item_master.csv | 取り扱っている商品データ。商品名、価格等 |
| 3-1 | transaction_1.csv | 購入明細データ |
| 3-2 | transaction_2.csv | 3-1の続き。システムの都合上分割して出力 |
| 4-1 | transaction_detail_1.csv | 購入明細の詳細データ |
| 4-2 | transaction_detail_2.csv | 4-1の続き。システムの都合上分割して出力 |

# ノック1：データを読み込んでみよう

まずは、4種類のデータをそれぞれ読み込んで、先頭5行のみ表示し、データを眺めてみましょう。4種類のデータは、データベースから抽出したCSV形式のファイルとなります。

最初に、customer_master.csvをJupyter-Notebookで読み込んでみましょう。

```
import pandas as pd
customer_master = pd.read_csv('customer_master.csv')
customer_master.head()
```

### ■図：customer_masterの読み込み結果

1行目では、Pythonライブラリのpandasの読み込み、2行目では、pandasのread_csvを使用し、pandasのデータフレーム型として、変数customer_masterに格納しています。3行目で読み込んだcustomer_masterの先頭5行

を表示しています。

　それでは、他のデータも読み込んでみましょう。

　transactionおよびtransaction_detailのデータは、1もしくは2のいずれかを読み込んでみましょう。

　Jupyter-Notebookのセルはデータごとに分けて書きましょう。

```
item_master = pd.read_csv('item_master.csv')
item_master.head()
```

```
transaction_1 = pd.read_csv('transaction_1.csv')
transaction_1.head()
```

```
transaction_detail_1 = pd.read_csv('transaction_detail_1.csv')
transaction_detail_1.head()
```

### ■図：データの読み込み結果

```
item_master = pd.read_csv('item_master.csv')
item_master.head()
```

|   | item_id | item_name | item_price |
|---|---------|-----------|------------|
| 0 | S001 | PC-A | 50000 |
| 1 | S002 | PC-B | 85000 |
| 2 | S003 | PC-C | 120000 |
| 3 | S004 | PC-D | 180000 |
| 4 | S005 | PC-E | 210000 |

```
transaction_1 = pd.read_csv('transaction_1.csv')
transaction_1.head()
```

|   | transaction_id | price | payment_date | customer_id |
|---|----------------|-------|--------------|-------------|
| 0 | T000000113 | 210000 | 2019-02-01 01:36:57 | PL563502 |
| 1 | T000000114 | 50000 | 2019-02-01 01:37:23 | HD678019 |
| 2 | T000000115 | 120000 | 2019-02-01 02:34:19 | HD298120 |
| 3 | T000000116 | 210000 | 2019-02-01 02:47:23 | IK452215 |
| 4 | T000000117 | 170000 | 2019-02-01 04:33:46 | PL542865 |

```
transaction_detail_1 = pd.read_csv('transaction_detail_1.csv')
transaction_detail_1.head()
```

|   | detail_id | transaction_id | item_id | quantity |
|---|-----------|----------------|---------|----------|
| 0 | 0 | T000000113 | S005 | 1 |
| 1 | 1 | T000000114 | S001 | 1 |
| 2 | 2 | T000000115 | S003 | 1 |
| 3 | 3 | T000000116 | S005 | 1 |
| 4 | 4 | T000000117 | S002 | 2 |

実行すると、それぞれのデータの先頭5行のデータが確認できます。

全データの先頭5行を表示させることで、どのようなデータ列が存在するのか、それぞれのデータ列の関係性など、データの大枠を掴むことができます。

これまで、機械学習の入門書などでサンプルプログラムを触ってきた方は、機械学習や分析に適したデータが既に準備されているケースが多く、今回のように複数に渡ってデータが存在するケースを取り組んでいる方はいらっしゃらないのではないでしょうか。

しかしながら、実際の現場では、データをかき集めるところから始まり、データの概要を捉え、分析に適した形に加工することから始めることが多いです。

それでは、今回のケースに関して、データの大枠を掴んでいきましょう。

customer_masterには、顧客の性別や年齢などの顧客詳細情報が、item_masterには、商品名や商品単価の情報が格納されています。

そして、transactionデータには、いつ誰がいくら買ったのかという情報が、transaction_detailデータには購入した商品や数量などの情報が格納されています。

ではどのデータを使っていくのが良いのでしょうか。

分析業務の目的にも寄りますが、「売上をなんとかしたい」という抽象的なお題の場合でも、「今後の優良顧客を見つけたい」というような具体的なお題の場合でも、まずはデータの全体像を把握することが重要です。

そのため、なるべくデータの粒度が細かいデータに合わせてデータを作成する必要があります。ここで取り扱っているようなECサイトの場合、当然ながら売上とは切っても切り離せないので、最も粒度が細かい売上関連のデータであるtransaction_detailを主軸に考えていきましょう。

transaction_detailをベースに考える場合、大きく2つのデータ加工を行う必要があります。

1つ目は、transaction_detail_1とtransaction_detail_2やtransaction_1とtransaction_2を縦に結合する**ユニオン**です。

2つ目は、transaction_detailをもとに、transaction、customer_master、item_masterを横に結合する**ジョイン**です。

まずは、データユニオンから見ていきましょう。

## ⚾ ノック2： データを結合（ユニオン）してみよう

　ここ で は、transaction_1 と transaction_2、transaction_detail_1 と transaction_detail_2のユニオンに挑戦してみます。

　基本的には同じ作業となるので、ここではtransaction_1とtransaction_2の説明をします。transaction_1は既に読み込んでいるので、transaction_2を読み込んだ後、ユニオンしたデータをtransactionというデータフレーム型の変数に格納してみます。

　また、先ほどと同様に先頭5行を出力しておきましょう。

```
transaction_2 = pd.read_csv('transaction_2.csv')
transaction = pd.concat([transaction_1, transaction_2], ignore_index=Tru
e)
transaction.head()
```

### ■図：データユニオン

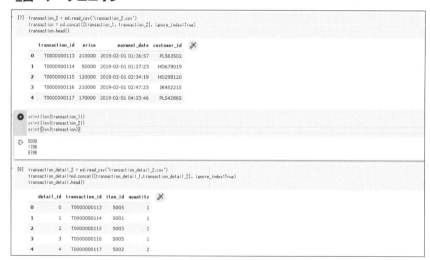

　2行目のpd.concatでユニオンを行なっています。

　先頭5行の表示だと、前図のデータと違いが見られず、本当にユニオンができているかわかりません。

　ユニオンは、データ数を行方向に増やす（縦に結合する）ことですので、データ件数に変化があるはずです。そこで、データ件数の確認を行い、ユニオンができているか、検証しましょう。

```
print(len(transaction_1))
print(len(transaction_2))
print(len(transaction))
```

　実行すると、5000、1786、6786と出力されるはずです。

　5000と1786を足して、6786となりますので、ユニオンできていることが確認できました。

　同様に、transaction_detailもユニオンしておきましょう。

```
transaction_detail_2 = pd.read_csv('transaction_detail_2.csv')
transaction_detail=pd.concat([transaction_detail_1,transaction_detail_2],
ignore_index=True)
transaction_detail.head()
```

　これで、縦方向の結合は完了しました。

　それでは次に、横方向のジョインに挑戦していきます。

　まずは、売上データのジョインをやってみましょう。

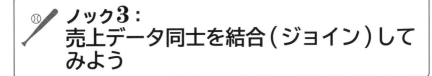

## ノック3：
## 売上データ同士を結合（ジョイン）してみよう

　ジョインをする場合、しっかりと主軸になるデータを考えつつ、どの列をキーにジョインするかを考えていきます。

　主軸に置くデータは最も粒度が細かいtransaction_detailとします。

まずは、売上データをジョインしていきますが、①足りない（付加したい）データ列は何か？ ②共通するデータ列は何か？ を考えます。

今回の場合、付加したいデータは transaction の payment_date、customer_idです。transactionのpriceは、一回の購買データごとの合計金額となっており、transaction_detailのquantityとitem_masterのitem_priceから算出されるものです。transaction_detailの方がデータの粒度が細かいため、付加してしまうと、二重計上になってしまうのでpriceを付加してはいけません。

共通するデータ列は、transaction_idとなります。

それでは、ジョインしてみましょう。

```
join_data = pd.merge(transaction_detail, transaction[["transaction_id",
"payment_date", "customer_id"]], on="transaction_id", how="left")
join_data.head()
```

**■図：売上データのジョイン**

1行目でpd.mergeを用いてジョインを行っています。

主軸にするtransaction_detail、結合するtransactionデータの必要な列のみを引数に渡して、**ジョインキー**としてtransaction_idを、ジョインの種類として**レフトジョイン**を指定しています。ジョインの種類に関しては、巻末のAppendix①で紹介していますのでご参照ください。

今回は、transaction_detailをメインに、結合しているので、レフトジョインとなります。

先頭5行の出力結果を見ると、transaction_detailのデータ列に、payment_date、customer_idが加えられているのがわかります。

では、データ件数を見てみましょう。

```
print(len(transaction_detail))
print(len(transaction))
print(len(join_data))
```

実行すると、7144、6786、7144と出力されます。

つまり、transaction_detailとjoin_dataは同じ件数となっており、縦にデータが増えたのではなく、横にデータが増えており、ジョインできていることが確認できました。

ただし、ジョインするデータのジョインキー(今回ではtransactionのtransaction_id)に重複データが存在している(ユニークになっていない)場合、件数が増えることもあるので注意が必要です。

では、次に、顧客や商品情報を付加するために、customer_master、item_masterをジョインしてみましょう。

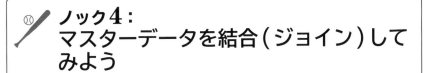

## ノック4： マスターデータを結合 ( ジョイン ) してみよう

今回もノック3と同様にジョインをします。

では、先ほどと同様に、①足りない(付加したい)データ列は何か？ ②共通するデータ列は何か？ を考えていきます。

今回の場合、付加したいデータは、customer_master、item_masterに含まれるデータ全てになります。共通するデータ列は、それぞれcustomer_idとitem_idで紐付けが可能です。

それでは、ジョインしてみましょう。

```
join_data = pd.merge(join_data, customer_master, on="customer_id", how="l
eft")
join_data = pd.merge(join_data, item_master, on="item_id", how="left")
```

```
join_data.head()
```

■図：マスターデータのジョイン

先ほどと同様にpd.mergeを用いてジョインを行なっています。

1行目でcustomer_masterと、2行目でitem_masterと結合を行なっています。

先頭5行の出力結果を見ると、顧客情報、商品情報が付与されているのが確認できます。

これで、4種類6個のデータを1つに結合し、分析できるデータに整形できました。

しかし、結合した影響で売上(price)が落ちてしまっているので、売上を計算する必要があります。

## ノック5：
## 必要なデータ列を作ろう

売上列を作るためには、quantityとitem_priceの掛け算で計算できます。

計算した後、確認のため、quantity、item_price、price列の先頭5行を出力してみましょう。

```
join_data["price"] = join_data["quantity"] * join_data["item_price"]
join_data[["quantity", "item_price","price"]].head()
```

**■図：売上列の作成**

```
[13] join_data["price"] = join_data["quantity"] * join_data["item_price"]
     join_data[["quantity", "item_price","price"]].head()

        quantity  item_price   price
     0         1      210000  210000
     1         1       50000   50000
     2         1      120000  120000
     3         1      210000  210000
     4         2       85000  170000
```

　1行目でpandasのデータフレーム型の掛け算を実行しています。データフレーム型の計算では、行ごと(横方向)に計算が実行されます。

　先頭5行目の出力結果を見ると、quantityが2の行のpriceが単価の2倍になっており、しっかり計算が実行できているのが確認できました。

　これで、一通りのデータ加工は完了しました。

　ただし、データ加工は、一歩間違えると集計ミスが起き、数字のズレを生みます。間違ったデータを提供することは、会社の経営に大きな影響を及ぼし、最悪の場合、会社が傾くこともあります。また、個人で見ても、データで語るデータサイエンティストが誤ったデータを出すというのは、顧客からの信頼を失います。データを結合したりする度に、件数の確認等を行うことを心がけてください。また、なるべくデータの検算ができる列を探し、検算を実行するようにしましょう。

　今回のケースでは、price列で簡単なデータ検算が行えそうなので、やってみましょう。

## ノック6：
## データ検算をしよう

　データ加工前のtransactionデータにおけるpriceと、データ加工後に計算によって作成したprice列は合計すると同じ値になるはずです。

　細かくデータを見ていくケースもありますが、今回は、簡易的にそれぞれのprice合計の値を確認してみましょう。

```
print(join_data["price"].sum())
print(transaction["price"].sum())
```

　出力すると、971135000が2つ表示され、完全に一致していることが確認できました。

　また、下記のように記述し、True/Falseで確認しても良いでしょう。

```
join_data["price"].sum() == transaction["price"].sum()
```

**■図：データの検算**

```
[14] print(join_data["price"].sum())
     print(transaction["price"].sum())

     971135000
     971135000

[15] join_data["price"].sum() == transaction["price"].sum()

     True
```

　これで、データの検算も無事終了しました。

　繰り返しになりますが、誤ったデータで分析しないように、データ加工の検算は常に意識してください。

　それでは、いよいよデータ分析に移っていきます。

## ノック7：
## 各種統計量を把握しよう

　データ分析を進めていく上で、まずは大きく2つの数字を知る必要があります。

　1つ目は欠損している値の状況、2つ目は全体の数字感です。

　欠損値は多くのデータに含まれる可能性があります。集計や機械学習に欠損値は大きく影響するので、除去や補間をする必要がありますので、数字を抑えておきましょう。

　一般的にデータ分析では、商品毎、顧客属性毎など、様々な切り口で集計を行っていきます。

　その際に、今月の商品Aが10万円だったとわかったとしても、全体の売上が10億円単位規模なのか100万円規模なのかによって意味が大きく違ってきます。そこで、全体の数字感を掴むのが重要となります。

Jupyter-Notebookのセルにそれぞれ分けて書きましょう。

```
join_data.isnull().sum()
```

```
join_data.describe()
```

**■図：各種統計量**

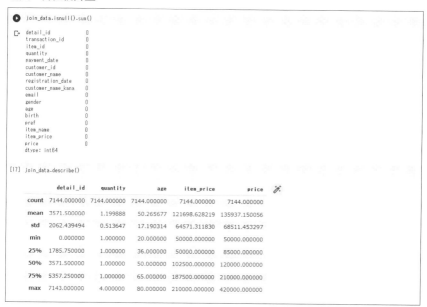

　1つ目のセルでは欠損値の数を出力しています。isnull()を用いると、**欠損値**をTrue/Falseで返してくれて、そのTrueの数をそれぞれの列毎にsum()で計算しています。今回のデータは綺麗なデータのため、欠損値はありませんでした。
　2つ目のセルでは全体感を把握するための各種統計量を出力しています。
　describe()を用いると、データ件数(count)、平均値(mean)、標準偏差(std)、最小値(min)、四分位数(25%、75%)、中央値(50%)、最大値(max)を簡単に出力できます。例えば、priceを見ると、平均は135937円となっています。最高金額は420000円となっており、これは単価210000円のPCを2台買ったユーザーがいると想像できます。また、quantityを見ると、最大値は4ですが、

四分位数（75%）でも1なので、ほとんどの顧客が数量1で購入していることがわかります。さらに、ageを見ると、20歳から80歳までの範囲の顧客像が見えてきます。

挙げだしたらキリがありませんが、この統計量だけからでも多くの情報を得ることができ、この先の分析に繋げることができます。

今回用いたdescribe()は数値データの集計を行なってくれます。追加で見ておく必要があるとすると、データの期間範囲です。大抵の場合は、データを受領する際にヒアリングをして把握しているケースが多いですが、確認のために見ておくことをお勧めします。

```
print(join_data["payment_date"].min())
print(join_data["payment_date"].max())
```

実行すると、2019年2月1日から2019年7月31日までのデータ範囲であることがわかりますので、自分で確認してみましょう。

## ノック8：
## 月別でデータを集計してみよう

全体の数字感を把握したところで、まずは時系列で状況を見てみましょう。今回のケースのように半年程度のデータであれば影響は出ることはあまりありませんが、過去数年のデータ等を扱うとなると、ビジネスモデルの変化等により一纏めに分析すると見誤るケースがあります。その場合、データ範囲を絞るケースもあります。

また、全体的に売上が伸びているのか、落ちているのかを把握するのは、分析の第一歩と言えるでしょう。

まずは、月別に集計して一覧表示してみましょう。

流れとしては、購入日であるpayment_dateから年月の列を作成した後、年月列単位でpriceを集計し、表示します。

まずは、payment_dateのデータ型を確認しましょう。

```
join_data.dtypes
```

**■図:データ型の確認**

```
[19] join_data.dtypes

     detail_id              int64
     transaction_id         object
     item_id                object
     quantity               int64
     payment_date           object
     customer_id            object
     customer_name          object
     registration_date      object
     customer_name_kana     object
     email                  object
     gender                 object
     age                    int64
     birth                  object
     pref                   object
     item_name              object
     item_price             int64
     price                  int64
     dtype: object
```

実行すると、列毎に**データ型**を確認できます。今回加工したいデータは、payment_date でobject型となっています。このまま文字列として扱うこともできますが、今後も踏まえてdatetime型に変更して、年月列の作成を行いましょう。

```
join_data["payment_date"] = pd.to_datetime(join_data["payment_date"])
join_data["payment_month"] = join_data["payment_date"].dt.strftime("%Y%m")
join_data[["payment_date", "payment_month"]].head()
```

**■図:年月列の作成**

```
[20] join_data["payment_date"] = pd.to_datetime(join_data["payment_date"])
     join_data["payment_month"] = join_data["payment_date"].dt.strftime("%Y%m")
     join_data[["payment_date", "payment_month"]].head()
```

|   | payment_date | payment_month |
|---|---|---|
| 0 | 2019-02-01 01:36:57 | 201902 |
| 1 | 2019-02-01 01:37:23 | 201902 |
| 2 | 2019-02-01 02:34:19 | 201902 |
| 3 | 2019-02-01 02:47:23 | 201902 |
| 4 | 2019-02-01 04:33:46 | 201902 |

1行目でdatetime型に変換し、2行目で新たな列payment_monthを年月単位で作成しています。pandasのdatetime型は、dtを使うことで、年のみを抽出したりするなど、様々なことが可能です。今回は、strftimeを使用し、文字列として年月を作成しました。

それでは、集計していきましょう。

```
join_data.groupby("payment_month").sum()["price"]
```

### ■図：月別売上の集計結果

```
[21]  join_data.groupby("payment_month").sum()["price"]

      payment_month
      201902    160185000
      201903    160370000
      201904    160510000
      201905    155420000
      201906    164030000
      201907    170620000
      Name: price, dtype: int64
```

実行すると、月別の売上が表示されます。

groupbyは、まとめたい列(payment_month)と、集計方法(sum)を記述します。また、priceのみを表示させるために、最後にprice列を指定しています。

この結果を見ると、5月は少し売上が下がりましたが、6月、7月と回復してきており、7月が半年間で最も売上が高いです。およそ、1億6千万円程度の単月売上が出ており、年間で20億円くらいの売上は期待できそうです。

では、どの商品が売れ筋なのでしょうか。

月別かつ商品別に集計してみまよう。

## ノック9：
## 月別、商品別でデータを集計してみよう

月別かつ商品別に、売上の合計値、数量を表示してみましょう。

先ほどと同様にgroupbyを使用して集計します。

```
join_data.groupby(["payment_month","item_name"]).sum()[["price", "quantit
y"]]
```

### ■図：月別、商品別の集計

実行すると、月別、商品別のprice、quantityの集計結果が表示されます。

今回のようにまとめたい列が複数ある場合、groupbyでは、リスト型で指定することができます。

少し表示が直感的に理解しにくいので、pivot_tableを使用して集計してみましょう。

```
pd.pivot_table(join_data, index='item_name', columns='payment_month', val
ues=['price', 'quantity'], aggfunc='sum')
```

### ■図：pivot_tableによる集計

```
[23] pd.pivot_table(join_data, index='item_name', columns='payment_month', values=['price', 'quantity'], aggfunc='sum')
```

| | price | | | | | | quantity | | | | | |
|---|---|---|---|---|---|---|---|---|---|---|---|---|
| payment_month | 201902 | 201903 | 201904 | 201905 | 201906 | 201907 | 201902 | 201903 | 201904 | 201905 | 201906 | 201907 |
| item_name | | | | | | | | | | | | |
| PC-A | 24150000 | 26000000 | 25900000 | 24850000 | 26000000 | 25250000 | 483 | 520 | 518 | 497 | 520 | 505 |
| PC-B | 25245000 | 25500000 | 23460000 | 25330000 | 23970000 | 28220000 | 297 | 300 | 276 | 298 | 282 | 332 |
| PC-C | 19800000 | 19080000 | 21960000 | 20520000 | 21840000 | 19440000 | 165 | 159 | 183 | 171 | 182 | 162 |
| PC-D | 31140000 | 25740000 | 24300000 | 25920000 | 28800000 | 26100000 | 173 | 143 | 135 | 144 | 160 | 145 |
| PC-E | 59850000 | 64050000 | 64890000 | 58800000 | 63420000 | 71610000 | 285 | 305 | 309 | 280 | 302 | 341 |

　2行目のpivot_tableは、行と列を指定することができます。そのため、今回は行に商品名、列に年月データがくるように、indexとcolumnsで指定しています。valuesでは集計したい数値列（price、quantity）、aggfuncには集計方法（sum）を指定しています。

　先ほどの表よりも、月別、商品別の推移が把握しやすいかと思います。

　売上の合計値としては、最も高価格のPC-Eですが、やはり数量的には最も安い価格のPC-Aが多いです。先ほどの月別推移では5月の売上が低下し、6月、7月で増加していました。商品別に見ると、5月はPC-B、PC-Dは増加していますが、大きな売上を占めるPC-Eの売上が大きく低下している影響が大きそうです。6月、7月は、PC-Eが大きく伸びてきています。

　商品別の月別推移を見ることができました。

　最後に、これを簡単なグラフとして表現しましょう。

　表形式のデータは、細かい数字が把握できる一方で、伸びているのか、落ちているのかが一目でわかりません。分析のゴールはあくまでも現場で適切に運用され施策を回していくことです。現場の人の中には、数字が苦手な方もいるので、いかにして伝えるかはとても重要です。

## ⚾ 🏏 ノック10：
## 商品別の売上推移を可視化してみよう

　今回は、これまで見てきた、月別、商品別の売上推移をグラフにしてみましょう。

　可視化の流れとしては、まずは集計済みのデータを作成し、そのデータを用いてグラフ描画となります。

　まずは、pivot_tableを用いてデータ集計を行います。

```
graph_data = pd.pivot_table(join_data, index='payment_month', columns='it
em_name', values='price', aggfunc='sum')
graph_data.head()
```

### ■図：グラフ用データ作成

```
[24] graph_data = pd.pivot_table(join_data, index='payment_month', columns='item_name', values='price', aggfunc='sum')
     graph_data.head()

     item_name      PC-A      PC-B      PC-C      PC-D      PC-E
     payment_month
     201902      24150000  25245000  19800000  31140000  59850000
     201903      26000000  25500000  19080000  25740000  64050000
     201904      25900000  23460000  21960000  24300000  64890000
     201905      24850000  25330000  20520000  25920000  58800000
     201906      26000000  23970000  21840000  28800000  63420000
```

　先ほどと、index、columnsに指定するものを入れ替えてあります。その結果、payment_monthはデータフレーム型のindexとして、商品名は列として作成できます。グラフを作成する際には、横軸にpayment_monthを、縦軸にgraph_dataの該当商品名を渡すことで描画が可能となります。
　それでは、matplotlibを用いて描画してみましょう。

```
import matplotlib.pyplot as plt
%matplotlib inline
plt.plot(list(graph_data.index), graph_data["PC-A"], label='PC-A')
plt.plot(list(graph_data.index), graph_data["PC-B"], label='PC-B')
plt.plot(list(graph_data.index), graph_data["PC-C"], label='PC-C')
plt.plot(list(graph_data.index), graph_data["PC-D"], label='PC-D')
plt.plot(list(graph_data.index), graph_data["PC-E"], label='PC-E')
plt.legend()
```

## ■図：月別、商品別売上推移

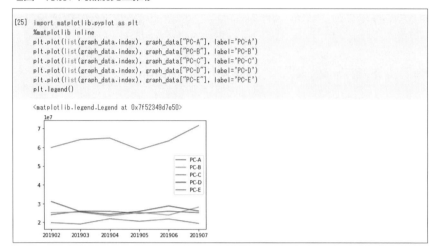

```
[25]  import matplotlib.pyplot as plt
      %matplotlib inline
      plt.plot(list(graph_data.index), graph_data["PC-A"], label='PC-A')
      plt.plot(list(graph_data.index), graph_data["PC-B"], label='PC-B')
      plt.plot(list(graph_data.index), graph_data["PC-C"], label='PC-C')
      plt.plot(list(graph_data.index), graph_data["PC-D"], label='PC-D')
      plt.plot(list(graph_data.index), graph_data["PC-E"], label='PC-E')
      plt.legend()

      <matplotlib.legend.Legend at 0x7f52349d7e50>
```

　1、2行目は、matplotlibの読み込みと、Jupyter-Notebook上で表記するためのコードです。

　3行目から7行目で商品毎にグラフの描画をしており、8行目で凡例の表示を指定しています。

　matplotlibのグラフ描画は、横軸、縦軸の順番に指定します。横軸は、payment_monthなので、graph_data.indexで呼び出しており、リスト型に変換して渡しています。縦軸は商品毎の売上なので、graph_dataの列を指定して渡しています。labelを表記することで、凡例に表示されます。

　グラフにすることで、一目でPC-Eが売上を牽引している機種であることや、売上の傾向を掴むことができます。

　こういった可視化も行いながら、分析を進め、現場の人に説明をしていくのが重要です。

　これで、最初の10本ノックは終了です。

　データを読み込むことからはじめ、分析できる形にデータを加工し、集計、可視化までを行いました。今回のデータでは比較的綺麗なデータだったため、あま

り躓くことなく分析の一連の流れを理解できたのではないでしょうか。綺麗なデータとはいえ、これまでの例題にあるような加工済みのデータではなく、自分なりにデータと対話しながら、分析を進めていくプロセスは非常に大きな一歩となります。

　次章では、システムではなく人間の手で管理されているデータを処理していきましょう。

# 第2章
# 小売店のデータでデータ加工を行う10本ノック

　本章では、小売店の売上履歴と顧客台帳データを用いて、データの分析や予測を行うための重要なノウハウである「**データの加工**」を習得します。小売店のデータは、ECサイトのシステムによって管理されたデータと違って、人間の手を介在します。このため、日付などの入力ミスや、データの抜け漏れ等、人間ならではの「間違い」を多く含みます。そうしたデータを、ECサイトの場合と同じ方法で読み込もうとすると、おのずと誤った結果を導き出してしまったり、そもそも処理することができなかったりと、さまざまな問題が発生します。そうした「汚い」データを扱う練習問題として、小売店のデータは適していると言えます。

　小売店以外のビジネス現場でも、Excel等による手入力の作業は少なくありません。手入力で作成されたデータは機械的な入力チェックなどが行われていないため、データはおのずと「汚く」なってしまい、そのままではデータ分析に活用できないのです。人間からすると大差ないように見えてしまう「半角」と「全角」の違いなども、データ分析においては誤作動を引き起こす「汚い」データとなってしまいます。

　その他にも、異なる部署から集められたデータを扱おうとする場合には、それぞれ独自のシステムでデータが管理されており、それらを統一的に扱うのは容易ではありません。実際のビジネス現場でデータ分析を行おうとすると、さまざまな「汚い」データに直面し、一筋縄ではいかないケースに戸惑う事も多いのです。

　本章を通し、より現場に近い「汚い」データを処理する経験を積むことで、ビジネス現場ならではの種々雑多な状況に対処できる力を身につけましょう。それでは、前章と同様に、「顧客の声」と「前提条件」を確認したうえで、データの読み込みを行っていきましょう。

---

ノック11：データを読み込んでみよう
ノック12：データの揺れを見てみよう
ノック13：データに揺れがあるまま集計しよう
ノック14：商品名の揺れを補正しよう
ノック15：金額欠損値の補完をしよう
ノック16：顧客名の揺れを補正しよう
ノック17：日付の揺れを補正しよう
ノック18：顧客名をキーに2つのデータを結合（ジョイン）しよう
ノック19：クレンジングしたデータをダンプしよう
ノック20：データを集計しよう

**顧客の声**

　我が社では、顧客台帳をオリジナルのExcelフォーマットを使って管理しています。おかげさまで商売のほうは順調で、小売店の売り上げも安定しています。なので、Excelのデータが今、かなりのボリュームになっていて、おそらくデータを分析できると、いろんな知見がわかると思うんですが、試しに少し分析をお願いできませんか？

## 前提条件

　この小売店では、商品A～Zの26商品を取り扱っています。
　集計期間における商品の単価は変動していません。
　売上履歴は簡易のシステムからCSV出力していますが、システムへの入力はレジを担当したスタッフが入力しています。
　顧客台帳は店舗管理者が週次で集計し、Excelで管理しています。

### ■表：データ一覧

| No. | ファイル名 | 概要 |
|---|---|---|
| 1 | uriage.csv | 売上履歴<br>期間は2019年1月～2019年7月 |
| 2 | kokyaku_daicho.xlsx | 手入力で店舗が管理している顧客台帳 |

# ⚾ ノック11：データを読み込んでみよう

　まずは、データをそれぞれ読み込んで、先頭5行のみ表示し、データを眺めてみましょう。現場のデータはExcelやCSV等で管理されている事も多いです。第1章のECサイトのケースは**リレーショナルデータベース**の構造を想定していたため、データの整合性が担保されている前提で読み込みが行えました。今回はどうでしょうか。
　基本的なデータの読み込み方は第1章とほぼ同じです。
　まずは、uriage.csvとkokyaku_daicho.xlsxをJupyter-Notebookで読み

込んでみましょう。

```
import pandas as pd
uriage_data = pd.read_csv("uriage.csv")
uriage_data.head()
```

```
kokyaku_data = pd.read_excel("kokyaku_daicho.xlsx")
kokyaku_data.head()
```

※Excelの読み込みは「pd.read_excel」となっている点に注意

**■図：データの読み込み結果（uriage.csv）**

**■図：データの読み込み結果（kokyaku_daicho.xlsx）**

　実行すると、売上履歴（uriage.csv）と顧客台帳（kokyaku_daicho.xlsx）のデータの先頭5行のデータが確認できます。

　ここで、売上履歴のデータに注目すると、item_nameやitem_priceに欠損値や表記の整合性がない事に気が付くかと思います。

　このようにデータ等で顕在する入力ミスや表記方法の違い等が混在し、不整合

を起こしている状態を「**データの揺れ**」と言います。

**■表：データの揺れの例**

| 分類 | 例 | 説明 |
|---|---|---|
| 日付 | 2019-10-10<br>2019/10/10<br>10/10/2019<br>2019年10月10日 | 同じ日付でもフォーマットの違いで別の文字列データとなります。この辺りの揺れを自動で補正してくれる言語もありますが、混在している場合等は注意が必要です。 |
| 名前 | 佐々木太郎<br>佐々木 太郎<br>佐々木　太郎<br>佐々木多郎 | 人間にとっては見た目や意味に大差のない半角・全角スペースの有無ですが、システムにとっては別のデータとなってしまいます。<br>入力時の変換ミス等により、本来同じ人物でも別の名前になってしまいます。 |

　上記のように、同じ日付、同じ人名でも、フォーマットや入力ミス等により、別のデータとなってしまうケースが、手作業で作成されたデータには必ず付いて回る問題です。

　人間はデータの揺れを補完してデータを理解してしまいますが、システムはそうはいきません。

　また、データの揺れを解消し、整合性を担保する事はデータ分析を行うのに基礎となるべき重要な点です。ここをあやふやにしたまま分析しても結果の信憑性や信頼性は担保できません。

　それでは、このようなケースはどのようにデータの揺れを解消し、整合性を取っていけばよいのでしょうか。

　整合性を整えるために、まずはデータのもつ属性や意味を理解します。

　売上履歴においては、「purchase_date」「item_name」「item_price」「customer_name」が格納されている事が確認できます。

　整合性を整えるためには、まずデータの揺れを把握する事から始めます。

# ノック12：
# データの揺れを見てみよう

まずは、売上履歴のitem_nameを抽出して、データの揺れを確認してみましょう。

```
uriage_data["item_name"].head()
```

**■図：データの揺れ（商品名）**

```
[5] uriage_data["item_name"].head()

    0      商品A
    1      商 品 S
    2      商 品 a
    3      商品Z
    4      商品a
    Name: item_name, dtype: object
```

uriage_data["item_name"].head()で、売上履歴からitem_nameのみを抽出し先頭5行のデータを表示しています。

データを見てみると「商品A」「商品a」「商 品 a」と、スペースが含まれていたり、アルファベットが小文字になっていたりというデータが確認できます。

このままデータ分析を行ってしまうと、「商品A」「商品a」「商 品 a」はそれぞれ別の商品として集計されてしまい、本来は1つの商品である「商品A」の正確な集計が得られません。

同様に、「item_price」についても確認してみましょう。

```
uriage_data["item_price"].head()
```

**■図：データの揺れ（商品金額）**

```
[6] uriage_data["item_price"].head()

    0      100.0
    1      NaN
    2      NaN
    3     2600.0
    4      NaN
    Name: item_price, dtype: float64
```

　欠損値「NaN」がデータとして確認できます。このような状態をデータ欠損といい、欠損値をどのように補完するかが今後のデータ分析に影響します。

　このように集計対象のデータに揺れや欠損値が存在していると正しい集計が得られません。

　試しに、このまま集計を行ってみましょう。

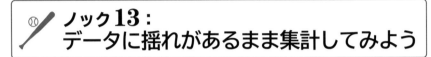

## ノック13：
## データに揺れがあるまま集計してみよう

　データの揺れがどれくらい集計に影響するかを確認する事で、いかにデータの整合性が重要か分かると思います。

　まずは「売上履歴」から商品ごとの月売上合計を集計してみましょう。

```python
uriage_data["purchase_date"] = pd.to_datetime(uriage_data["purchase_date"])
uriage_data["purchase_month"] = uriage_data["purchase_date"].dt.strftime("%Y%m")
res = uriage_data.pivot_table(index="purchase_month", columns="item_name", aggfunc="size", fill_value=0)
res
```

### ■図：データ補正前の集計結果（商品毎）

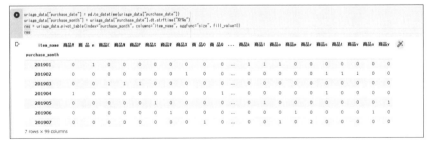

　1～2行目は日付型の定義と、日付を年月の形に変換を行っています。これは

第1章でも実施していますので復習しておきましょう。集計単位に合わせて日付を変換する処理は実際かなり行われます。

　3行目で縦軸に購入年月、横軸に商品として件数を集計しています。

　4行目は画面上に集計結果を表示しています。

　データの揺れを補正せずに集計をしてみました。結果の表を見ると、一部省略されていますが、「商品S」や「商品ｓ」等、本来同じ商品が別の商品として集計されている事が確認できます。

　また、表の最後の「7 rows × 99 columns」に注目してください。

　今回横軸(columns)は「商品」として集計しました。つまり、データの揺れがあるため、本来26個の商品が99商品に増えてしまっている事が分かります。

　同様に横軸に「item_price」を設定し集計してみましょう。

```
res = uriage_data.pivot_table(index="purchase_month", columns="item_nam
e", values="item_price", aggfunc="sum", fill_value=0)
res
```

**■図：データ補正前の集計結果（金額）**

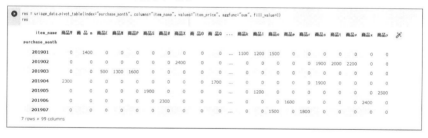

　すでに日付の年月処理は行われていますので、pivot_tableにて集計処理を行うだけです。

　こちらも同じように正しい集計結果になっていない事が確認できました。

　このように、データの揺れが残ったまま集計・分析を行っても、全く意味のない結果となってしまいますので、いかにデータ加工が分析の前処理として重要かが分かるかと思います。

　それでは、以降ではデータの揺れを補正するデータ加工に挑戦していきましょう。

# ⚾ ノック14：
# 商品名の揺れを補正しよう

　まずは商品名の揺れを補正していきましょう。

　今回のケースは比較的簡単なデータの揺れで、「スペースの有無」「半角・全角」の揺れを補正するだけで解決できそうです。

　まずは現状の確認から実施します。補正後の結果が正しい結果かどうかを判定するために、現状の把握はとても重要です。

```python
print(len(pd.unique(uriage_data["item_name"])))
```

**■図：商品名のユニーク数確認**

```
print(len(pd.unique(uriage_data["item_name"])))
99
```

　売上履歴のitem_nameの重複を除外したユニークなデータ件数をpd.uniqueで確認する事ができます。

　前のノックでも確認したように、本来A～Zの26商品が99個に増えてしまっています。

　さっそく、データの揺れを解消していきましょう。

```python
uriage_data["item_name"] = uriage_data["item_name"].str.upper()
uriage_data["item_name"] = uriage_data["item_name"].str.replace("　", "")
uriage_data["item_name"] = uriage_data["item_name"].str.replace(" ", "")
uriage_data.sort_values(by=["item_name"], ascending=True)
```

■図：処理結果

```
uriage_data["item_name"] = uriage_data["item_name"].str.upper()
uriage_data["item_name"] = uriage_data["item_name"].str.replace("　", "")
uriage_data["item_name"] = uriage_data["item_name"].str.replace(" ", "")
uriage_data.sort_values(by=["item_name"], ascending=True)
```

|  | purchase_date | item_name | item_price | customer_name | purchase_month |
|---|---|---|---|---|---|
| 0 | 2019-06-13 18:02:34 | 商品A | 100.0 | 深井菜々美 | 201906 |
| 1748 | 2019-05-19 20:22:22 | 商品A | 100.0 | 松川綾女 | 201905 |
| 223 | 2019-06-25 08:13:20 | 商品A | 100.0 | 板橋隆 | 201906 |
| 1742 | 2019-06-13 16:03:17 | 商品A | 100.0 | 小平陽子 | 201906 |
| 1738 | 2019-02-10 00:28:43 | 商品A | 100.0 | 松田浩正 | 201902 |
| ... | ... | ... | ... | ... | ... |
| 2880 | 2019-04-22 00:36:52 | 商品Y | NaN | 田辺光洋 | 201904 |
| 2881 | 2019-04-30 14:21:09 | 商品Y | NaN | 高原充則 | 201904 |
| 1525 | 2019-01-24 10:27:23 | 商品Y | 2500.0 | 五十嵐春樹 | 201901 |
| 1361 | 2019-05-28 13:45:32 | 商品Y | 2500.0 | 大崎ヒカル | 201905 |
| 3 | 2019-02-12 23:40:45 | 商品Z | 2600.0 | 麻生莉緒 | 201902 |

2999 rows × 5 columns

1行目のstr.upper()で商品名の小文字を大文字に変換し統一しています。

2、3行目のstr.replace()で商品名の半角・全角スペースを除去しています。

4行目でデータitem_name順にソートし画面上に表示しています。

表をスクロールしてデータを見る限り、正しく補正されたように見えますが、必ず結果を検証する事を忘れてはいけません。

```
print(pd.unique(uriage_data["item_name"]))
print(len(pd.unique(uriage_data["item_name"])))
```

■図：商品名の補正結果検証

```
[11] print(pd.unique(uriage_data["item_name"]))
     print(len(pd.unique(uriage_data["item_name"])))

    ['商品A' '商品S' '商品Z' '商品Y' '商品O' '商品U' '商品L' '商品C' '商品I' '商品R' '商品X' '商品G'
     '商品P' '商品Q' '商品V' '商品N' '商品W' '商品E' '商品K' '商品B' '商品F' '商品D' '商品M' '商品H'
     '商品T' '商品J']
    26
```

先ほどと同じく、unique()関数で商品名の一覧とその数を取得します。

結果、A ～ Zの商品に統一され、件数も26件となり、商品名におけるデータの揺れが解消した事が確認できました。

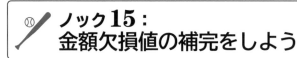

## ノック15：
## 金額欠損値の補完をしよう

続いて、金額の欠損値の補完をしてみましょう。

欠損値によっては現場にヒアリングを行い補完するか、スタッフに欠損値を埋めてもらう等の対応が必要になる事がありますが、今回のケースでは商品単価が集計中に変動していない事から、プログラムで欠損値を補完する事ができます。

まずはデータ全体から、欠損値が含まれているか確認する所から始めます。

```
uriage_data.isnull().any(axis=0)
```

■図：欠損値チェック結果

```
[12]  uriage_data.isnull().any(axis=0)

      purchase_date    False
      item_name        False
      item_price        True
      customer_name    False
      purchase_month   False
      dtype: bool
```

売上履歴データに対して、isnull()関数を用いる事で欠損値の有無を確認する事ができます。

今回の結果を見ると、「item_price True」となっていて、金額項目に欠損値が含まれている事が確認できます。

さっそく、金額の欠損値を補完していきましょう。

今回のケースは集計期間中に商品単価の変動はないという前提条件がありますので、欠損値は他の同じ商品の単価から補完ができる事が分かります。

少し複雑な処理になりますが、欠損値の補完を行ってみましょう。

```
flg_is_null = uriage_data["item_price"].isnull()
for trg in list(uriage_data.loc[flg_is_null, "item_name"].unique()):
    price = uriage_data.loc[(~flg_is_null) & (uriage_data["item_name"] ==
trg), "item_price"].max()
    uriage_data.loc[(flg_is_null) & (uriage_data["item_name"]==trg),"ite
m_price"] = price
```

```
uriage_data.head()
```

**■図：金額欠損値の補完処理結果**

```
[13] flg_is_null = uriage_data["item_price"].isnull()
     for trg in list(uriage_data.loc[flg_is_null, "item_name"].unique()):
         price = uriage_data.loc[(~flg_is_null) & (uriage_data["item_name"] == trg), "item_price"].max()
         uriage_data.loc[(flg_is_null) & (uriage_data["item_name"]==trg),"item_price"] = price
     uriage_data.head()
```

| | purchase_date | item_name | item_price | customer_name | purchase_month |
|---|---|---|---|---|---|
| 0 | 2019-06-13 18:02:34 | 商品A | 100.0 | 深井菜々美 | 201906 |
| 1 | 2019-07-13 13:05:29 | 商品S | 1900.0 | 浅田賢二 | 201907 |
| 2 | 2019-05-11 19:42:07 | 商品A | 100.0 | 南部慶二 | 201905 |
| 3 | 2019-02-12 23:40:45 | 商品Z | 2600.0 | 麻生菜緒 | 201902 |
| 4 | 2019-04-22 03:09:35 | 商品A | 100.0 | 平田鉄二 | 201904 |

　1行目でitem_priceの中で欠損値のある箇所を特定します。この処理を実行する事でflg_is_null変数にどの行に欠損値が存在するかが保持されます。

　2行目でループ処理を行いますが、ループ条件としてlist(uriage_data.loc[flg_is_null, "item_name"].unique())というデータを用いています。

　これは、先ほど生成したflg_is_nullによりデータが欠損している商品名の一覧を作成する処理になっています。1行に複数の処理が記載されていますので、分割して説明していきます。

　まずは一番大枠のlist()は変数の値をリスト形式に変換する処理になります。

　次にuriage_data.loc[flg_is_null, "item_name"]ですが、.loc関数は条件を付与し、それに合致するデータを抽出する事ができます。今回の条件とは「金額が欠損している」となるため、先ほど生成したflg_is_nullを渡すことで条件付けしています。2番目のitem_nameは条件に合致したデータの、どの列を取得するかを指定します。今回は欠損値の存在する商品名を抽出しています。

　最後のunique()は抽出した商品名の重複をなくし、一意にしています。無駄なループ処理をなくすために行っています。

　続いて、ループ処理内のprice = uriage_data.loc[(~flg_is_null) & (uriage_data["item_name"] == trg), "item_price"].max()について説明します。こちらはループ変数である「欠損値がある商品名」を用いて、同じ商品で金額が正しく記載されている行を.locで探し、その金額を取得しています。.loc()の条件には「(~flg_is_null) & (uriage_data["item_name"] == trg)」のように複数の条件を指定する事が可能です。~flg_is_nullの「~」は否定演算子といい、「flg_is_null == False」と同義です。これにより、欠損値がある商品と同じ商品

67

データから金額を取得する事ができました。

次に取得した金額でデータを補完していきます。

uriage_data.loc[(flg_is_null) & (uriage_data["item_name"]==trg),"item_price"] = priceでは、売上履歴のitem_price列に対して.locを行い、欠損を起こしている対象データを抽出し、先ほど生成したpriceを欠損値に代入しています。

ループ後、補完後の売上履歴の先頭5行を表示しています。

商品名と金額の揺れが処理され、だいぶ綺麗なデータに見えてきましたが、油断せずに検証を実施します。

```
uriage_data.isnull().any(axis=0)
```

**■図：欠損値チェック結果（補完後）**

```
[14] uriage_data.isnull().any(axis=0)

     purchase_date    False
     item_name        False
     item_price       False
     customer_name    False
     purchase_month   False
     dtype: bool
```

先ほどと同じ処理のuriage_data.isnull().any(axis=0)を実行し、結果を確認します。

先ほどと異なり、item_price Falseとなっている事から、無事item_priceの金額欠損がなくなった事が確認できます。

次に、各商品の金額が正しく補完されたか確認してみましょう。

```
for trg in list(uriage_data["item_name"].sort_values().unique()):
    print(trg + "の最大額:" + str(uriage_data.loc[uriage_data["item_name"]
==trg]["item_price"].max()) + "の最小額:" + str(uriage_data.loc[uriage_dat
a["item_name"]==trg]["item_price"].min(skipna=False)))
```

**■図：欠損値チェック結果（補完金額の検証）**

```
[15] for trg in list(uriage_data["item_name"].sort_values().unique()):
        print(trg + "の最大額：" + str(uriage_data.loc[uriage_data["item_name"]==trg]["item_price"].max()) + "の最小額：" + str(uriage_data.loc[uriage_data["item_name"]==trg]["item_price"].min(skipna=False)))

    商品Aの最大額：100.0の最小額：100.0
    商品Bの最大額：200.0の最小額：200.0
    商品Cの最大額：300.0の最小額：300.0
    商品Dの最大額：400.0の最小額：400.0
    商品Eの最大額：500.0の最小額：500.0
    商品Fの最大額：600.0の最小額：600.0
    商品Gの最大額：700.0の最小額：700.0
    商品Hの最大額：800.0の最小額：800.0
    商品Iの最大額：900.0の最小額：900.0
    商品Jの最大額：1000.0の最小額：1000.0
    商品Kの最大額：1100.0の最小額：1100.0
    商品Lの最大額：1200.0の最小額：1200.0
    商品Mの最大額：1300.0の最小額：1300.0
    商品Nの最大額：1400.0の最小額：1400.0
    商品Oの最大額：1500.0の最小額：1500.0
    商品Pの最大額：1600.0の最小額：1600.0
    商品Qの最大額：1700.0の最小額：1700.0
    商品Rの最大額：1800.0の最小額：1800.0
    商品Sの最大額：1900.0の最小額：1900.0
    商品Tの最大額：2000.0の最小額：2000.0
    商品Uの最大額：2100.0の最小額：2100.0
    商品Vの最大額：2200.0の最小額：2200.0
    商品Wの最大額：2300.0の最小額：2300.0
    商品Xの最大額：2400.0の最小額：2400.0
    商品Yの最大額：2500.0の最小額：2500.0
    商品Zの最大額：2600.0の最小額：2600.0
```

1行目ですべての商品に対してループ処理を実施しています。

ループの中で商品に設定されている金額の最大額と最小額を出力する処理を実行し、結果が画面上に表示されます。

結果を見る限り、すべての商品の最大と最小が一致している事が確認できましたので、金額の補完は成功している事が分かります。

処理中の.min（skipna=False）における「skipna」はNaNデータを無視するかを設定できます。今回はFalseを明示指定しているので、NaNが存在する場合、最小値はNaNと表示されます。

応用としては、欠損値補完処理をする前に、この処理を実行してみると良いでしょう。最小値にNaNと表示されることが確認できるはずです。

## ⚾ ノック16：
## 顧客名の揺れを補正しよう

顧客台帳の顧客名の揺れを補正していきましょう。
まずデータの確認から行います。

```
kokyaku_data["顧客名"].head()
```

### ■図：顧客台帳の顧客名

```
[16] kokyaku_data["顧客名"].head()

     0    須賀ひとみ
     1    岡田  敏也
     2    芳賀 希
     3    荻野  愛
     4    栗田 憲一
     Name: 顧客名, dtype: object
```

```
uriage_data["customer_name"].head()
```

### ■図：売上履歴の顧客名

```
uriage_data["customer_name"].head()

0    深井菜々美
1    浅田賢二
2    南部慶二
3    麻生莉緒
4    平田鉄二
Name: customer_name, dtype: object
```

　顧客台帳と売上履歴の顧客名を比較してみると、顧客台帳の顧客名には姓名の間にスペースが含まれていますが、売上履歴の顧客名にはスペースが含まれず、姓名が1つになっています。

　さらに詳しく見ると、顧客台帳の顧客名のスペースは全角・半角が混じっている、スペースがない等、書式が混在してしまっています。

　このまま、売上履歴と顧客台帳を結合しても正しく結合できません。

　顧客名以外に2つのデータをつなげるキーが存在しないため、顧客名の補正は必須となります。

　それでは顧客台帳の顧客名に対してスペースの除去を実施します。

　行う処理は商品名の補正で用いた手法とほぼ同じです。

```
kokyaku_data["顧客名"] = kokyaku_data["顧客名"].str.replace("　", "")
kokyaku_data["顧客名"] = kokyaku_data["顧客名"].str.replace(" ", "")
kokyaku_data["顧客名"].head()
```

**■図：補正後の顧客台帳の顧客名**

```
[18] kokyaku_data["顧客名"] = kokyaku_data["顧客名"].str.replace("　", "")
     kokyaku_data["顧客名"] = kokyaku_data["顧客名"].str.replace(" ", "")
     kokyaku_data["顧客名"].head()

     0    須賀ひとみ
     1    岡田敏也
     2    芳賀希
     3    荻野愛
     4    栗田憲一
     Name: 顧客名, dtype: object
```

　一度商品名の補正でも行っている.str.replace()による全角・半角スペースの除去を行い、結果を表示しています。

　無事スペースが除去され、売上履歴と同じ体系にする事ができました。

　今回はテストデータなので、非常にシンプルな揺れを題材としていますが、実際のデータの名前項目については、名前の誤変換などの複雑な揺れが存在する事が多々あります。

　名前の誤変換などの場合、それが誤変換なのか別人なのかが判断できないため、単純にプログラムで補正する事ができません。現場の運用スタッフ等とヒアリングをし、地道に名寄せ作業を行う必要があります。また、同姓同名のデータが存在する場合は登録日や生年月日等、他の情報を用いて区別していく必要があります。

## ノック17：
## 日付の揺れを補正しよう

　次に顧客台帳の登録日の揺れを補正していきましょう。

　「ノック11：データを読み込んでみよう」で表示した図「データの読み込み結果（kokyaku_daicho.xlsx）」(p59)を再確認してみましょう。

　登録日を見ると「42782」のように日付ではない数字がいくつか見られます。

　原因は取込元データ(Excel)にありますので、kokyaku_daicho.xlsxの該当部分を表示します。

**■図：取込元のExcelデータ**

| | A | B | C | D | E |
|---|---|---|---|---|---|
| 1 | 顧客名 | かな | 地域 | メールアドレス | 登録日 |
| 2 | 須賀 ひとみ | すが ひとみ | H市 | suga_hitomi@example.cor | 2018/01/04 |
| 3 | 岡田　敏也 | おかだ としや | E市 | okada_toshiya@example.c | 2017年2月16日 |
| 4 | 芳賀 希 | はが のぞみ | A市 | haga_nozomi@example.co | 2018/01/07 |
| 5 | 荻野 愛 | おぎの あい | F市 | ogino_ai@example.com | 2017年5月17日 |
| 6 | 栗田 憲一 | くりた けんいち | E市 | kurita_kenichi@example.c | 2018年1月27日 |
| 7 | 梅沢 麻緒 | うめざわ まお | A市 | umezawa_mao@example.c | 2017/06/20 |

右端の登録日に違う書式の日付が混在している事が確認できました。

Excelデータを取り扱う際、注意すべき点として、「書式が違うデータが混在する」事が挙げられます。

プログラム言語によっては、上記のような書式揺れを自動的に吸収してくれるものもありますが、今回のケースではyyyy年mm月dd日のデータを正しく日付として認識していないようです。

それでは、この日付を統一フォーマットに補正していきましょう。

```
flg_is_serial = kokyaku_data["登録日"].astype("str").str.isdigit()
flg_is_serial.sum()
```

**■図：数値となってしまっている箇所の特定**

```
[19] flg_is_serial = kokyaku_data["登録日"].astype("str").str.isdigit()
     flg_is_serial.sum()

     22
```

まずは、「42782」のように「数値」として取り込まれてしまっているデータを特定します。

1行目のflg_is_serial = kokyaku_data["登録日"].astype("str").str.isdigit()では、顧客台帳の登録日が数値かどうかを.str.isdigit()で判定しています。

判定した結果、数値として取り込まれている対象をflg_is_serialに格納します。

2行目は、後の検証のために、対象件数を表示しています。今回は22件が数値として取り込まれている事が分かります。

それでは、数値で取り込まれている登録日を補正していきましょう。

```
fromSerial = pd.to_timedelta(kokyaku_data.loc[flg_is_serial, "登録日"].ast
ype("float") - 2, unit="D") + pd.to_datetime('1900/1/1')
fromSerial
```

### ■図：数値から日付に変換

```
[20] fromSerial = pd.to_timedelta(kokyaku_data.loc[flg_is_serial, "登録日"].astype("float") - 2, unit="D") + pd.to_datetime('1900/1/1')
     fromSerial

     1      2017-02-16
     3      2017-05-17
     4      2018-01-27
     21     2017-07-04
     27     2017-06-15
     47     2017-01-06
     49     2017-07-13
     53     2017-04-08
     76     2018-03-29
     80     2018-01-10
     99     2017-05-30
     114    2018-06-03
     118    2018-01-29
     122    2018-04-16
     139    2017-05-25
     143    2017-03-24
     155    2017-01-19
     172    2018-03-22
     179    2017-01-08
     183    2017-07-24
     186    2018-07-13
     192    2018-06-08
     Name: 登録日, dtype: datetime64[ns]
```

　この処理では、pd.to_timedelta()関数を用いて、数値（シリアル値）から日付に変換しています。対象データは.locを用いflg_is_serialの条件でデータを抽出し、日付変換を実施しています。

　シリアル値が日付型に変換されている事が確認できます。

　2を引いている理由は、システムや言語によってシリアル値の扱い方の定義や、日付等の仕様に違いがある事が原因となります。

　今回のケースでは、ExcelとPythonで以下の点が相違しています。

①Excel上の最小日付は1900/01/01ですが、シリアル値は「0」ではなく、「1」（1オリジン）となっている

②Excel上の日付仕様では、本来うるう年ではない1900/02/29を有効な日付としてシリアル値に加算している

　上記2点をPythonに照らし合わせると、

①1900/01/01は当日のため、「0」と認識する
②本来うるう年ではない1900年の2月29日はPython上では無効の日付のため、1日としてカウントしない

　となり、Excelの日付シリアル値を単純にPythonで計算すると2日ずれてしまう事になります。Excelの日付シリアル値がPythonと2日ずれてしまうので、Excelシリアル値から2を引く対応が必要となります。
　次に、日付として取り込まれているデータも、書式統一のために処理します。

```
fromString = pd.to_datetime(kokyaku_data.loc[~flg_is_serial, "登録日"])
fromString
```

**■図：日付として取り込まれている対象の書式変更結果**

```
[21]  fromString = pd.to_datetime(kokyaku_data.loc[~flg_is_serial, "登録日"])
      fromString

      0      2018-01-04
      2      2018-01-07
      5      2017-06-20
      6      2018-06-11
      7      2017-05-19
               ...
      195    2017-06-20
      196    2018-06-20
      197    2017-04-29
      198    2019-04-19
      199    2019-04-23
      Name: 登録日, Length: 178, dtype: datetime64[ns]
```

　2018/01/04とスラッシュ区切りの書式を、ハイフン区切りに統一するために処理を行いました。
　数値から日付に補正したデータと、書式を変更したデータを結合しデータを更新します。

```
kokyaku_data["登録日"] = pd.concat([fromSerial, fromString])
kokyaku_data
```

**■図：日付更新結果**

```
[22] kokyaku_data["登録日"] = pd.concat([fromSerial, fromString])
     kokyaku_data
```

| | 顧客名 | かな | 地域 | メールアドレス | 登録日 | |
|---|---|---|---|---|---|---|
| 0 | 須賀ひとみ | すが ひとみ | H市 | suga_hitomi@example.com | 2018-01-04 | |
| 1 | 岡田敏也 | おかだ としや | E市 | okada_toshiya@example.com | 2017-02-16 | |
| 2 | 芳賀希 | はが のぞみ | A市 | haga_nozomi@example.com | 2018-01-07 | |
| 3 | 荻野愛 | おぎの あい | F市 | ogino_ai@example.com | 2017-05-17 | |
| 4 | 栗田憲一 | くりた けんいち | E市 | kurita_kenichi@example.com | 2018-01-27 | |
| ... | ... | ... | ... | ... | ... | |
| 195 | 川上りえ | かわかみ りえ | G市 | kawakami_rie@example.com | 2017-06-20 | |
| 196 | 小松季衣 | こまつ としえ | E市 | komatsu_toshie@example.com | 2018-06-20 | |
| 197 | 白鳥りえ | しらとり りえ | F市 | shiratori_rie@example.com | 2017-04-29 | |
| 198 | 大西隆之介 | おおにし りゅうのすけ | H市 | oonishi_ryuunosuke@example.com | 2019-04-19 | |
| 199 | 福井美希 | ふくい みき | D市 | fukui_miki1@example.com | 2019-04-23 | |

200 rows × 5 columns

　数値から日付に補正したデータ(fromSerial)と、書式を変更したデータ(fromString)を.concatで結合し、元の「登録日」に代入して更新しています。

　結果を見ると、登録日が綺麗に補正された事が確認できます。

　登録日から登録月を算出し、集計をしてみましょう。

```
kokyaku_data["登録年月"] = kokyaku_data["登録日"].dt.strftime("%Y%m")
rslt = kokyaku_data.groupby("登録年月").count()["顧客名"]
print(rslt)
print(len(kokyaku_data))
```

**■図：登録月の集計結果**

```
[23] kokyaku_data["登録年月"] = kokyaku_data["登録日"].dt.strftime("%Y%m")
     rslt = kokyaku_data.groupby("登録年月").count()["顧客名"]
     print(rslt)
     print(len(kokyaku_data))

     登録年月
     201701    15
     201702    11
     201703    14
     201704    15
     201705    14
     201706    13
     201707    17
     201801    13
     201802    15
     201803    17
     201804     5
     201805    19
     201806    13
     201807    17
     201904     2
     Name: 顧客名, dtype: int64
     200
```

　補正した日付から「登録年月」を作成し、groupby()で集計します。

　groupbyを行った後、.count()を行う事でデータの件数を集計できます。集計した結果から「顧客名」列の集計結果を画面上に表示しています。

　また、検証用にlen(kokyaku_data)で顧客台帳の総データ件数を表示します。

　年月単位での集計結果を足し算すると、200となりますので、日付の補正が正しく行われた事も併せて確認する事ができました。

　最初に実施した処理と同じく、登録日列に数値データが残っていないか確認しましょう。

```
flg_is_serial = kokyaku_data["登録日"].astype("str").str.isdigit()
flg_is_serial.sum()
```

#### ■図：数値項目の有無

```
[24] flg_is_serial = kokyaku_data["登録日"].astype("str").str.isdigit()
     flg_is_serial.sum()

     0
```

　最初は「22件」だった結果が「0件」となり、すべての数値データが日付に補正された事が確認できました。

## ノック18：
## 顧客名をキーに2つのデータを結合（ジョイン）しよう

　売上履歴と顧客台帳を結合し、集計のベースとなるデータを作成しましょう。

　第1章は整合性のあるデータだったため、ID等の共通するキーで結合する事ができましたが、今回は2つのデータの別の列を指定して結合を実施します。

```
join_data = pd.merge(uriage_data, kokyaku_data, left_on="customer_name",
right_on="顧客名", how="left")
join_data = join_data.drop("customer_name", axis=1)
```

join_data

### ■図：結合結果

```
[25] join_data = pd.merge(uriage_data, kokyaku_data, left_on="customer_name", right_on="顧客名", how="left")
     join_data = join_data.drop("customer_name", axis=1)
     join_data
```

| | purchase_date | item_name | item_price | purchase_month | 顧客名 | かな | 地域 | メールアドレス | 登録日 | 登録年月 | |
|---|---|---|---|---|---|---|---|---|---|---|---|
| 0 | 2019-06-13 18:02:34 | 商品A | 100.0 | 201906 | 深井菜々美 | ふかい ななみ | C市 | fukai_nanami@example.com | 2017-01-26 | 201701 | |
| 1 | 2019-07-13 13:05:29 | 商品S | 1900.0 | 201907 | 浅田賢二 | あさだ けんじ | C市 | asada_kenji@example.com | 2018-04-07 | 201804 | |
| 2 | 2019-05-11 19:42:07 | 商品A | 100.0 | 201905 | 南部慶二 | なんぶ けいじ | A市 | nannbu_keiji@example.com | 2018-06-19 | 201806 | |
| 3 | 2019-02-12 23:40:45 | 商品Z | 2600.0 | 201902 | 麻生莉緒 | あそう りお | D市 | asou_rio@example.com | 2018-07-22 | 201807 | |
| 4 | 2019-04-22 03:09:35 | 商品A | 100.0 | 201904 | 平田鉄二 | ひらた てつじ | D市 | hirata_tetsuji@example.com | 2017-06-07 | 201706 | |
| ... | ... | ... | ... | ... | ... | ... | ... | ... | ... | ... | |
| 2994 | 2019-02-15 02:56:39 | 商品Y | 2500.0 | 201902 | 福島友也 | ふくしま ともや | B市 | fukushima_tomoya@example.com | 2017-07-01 | 201707 | |
| 2995 | 2019-06-22 04:03:43 | 商品M | 1300.0 | 201906 | 大倉晃司 | おおくら こうじ | E市 | ookura_kouji@example.com | 2018-03-31 | 201803 | |
| 2996 | 2019-03-29 11:14:05 | 商品Q | 1700.0 | 201903 | 尾形小雁 | おがた こがん | B市 | ogata_kogan@example.com | 2017-03-15 | 201703 | |
| 2997 | 2019-07-14 12:56:49 | 商品H | 800.0 | 201907 | 芦田博之 | あしだ ひろゆき | E市 | ashida_hiroyuki@example.com | 2018-07-13 | 201807 | |
| 2998 | 2019-07-21 00:31:36 | 商品D | 400.0 | 201907 | 石田郁恵 | いしだ いくえ | B市 | ishida_ikue@example.com | 2017-02-05 | 201702 | |

2999 rows × 10 columns

　left_on、right_onで、結合するキーとなるデータを指定します。

　left_onには引数最初に指定したuriage_dataに含まれるキー候補を記載します。

　right_onには次に指定したkokyaku_dataに含まれるキー候補を記載します。

　howは結合方法で「left」を指定しました。これはuriage_dataを主として、kokyaku_dataを副として結合するという意味になります。

　データの加工により、分析に適したデータの形になってきたと思います。

　このようなデータ加工を「**クレンジング**」と呼ぶ事もあります。

## ノック19：
## クレンジングしたデータをダンプしよう

　データの補正処理を実施し、綺麗に整えたデータができましたが、ここでプログラムを中断してしまうと、またすべての処理をやり直す必要があります。

　目的は「データ加工・クレンジング」ではなく「データ分析」です。

　綺麗になったデータをファイルに出力（ダンプ）して、分析をする際は出力ファイルから読み込み分析を行う事で、クレンジングのやり直しを省略する事ができます。

　さて、さっそくCSVにダンプしてみましょう。

　……と言いたいところですが、ダンプする前に最後の調整を行いましょう。

　クレンジングされたデータの列の並び順がpurchase_date、item_name、item_price、purchase_month、顧客名、（略）となっています。

　purchase_dateとpurchase_monthは近くにあった方がデータとして分かりやすくなります。

　そのため、列の配置を調整してから、ファイルに吐き出した方が後々データを見たときに直観的に分かりやすくなります。

　細かい事ではありますが、実際の現場でもっと膨大なデータを扱う時に苦労しないために、普段から整形癖を付けておく事をお勧めします。

```
dump_data = join_data[["purchase_date", "purchase_month", "item_name", "item_price", "顧客名", "かな", "地域", "メールアドレス", "登録日"]]
dump_data
```

### ■図：整形結果

join_dataから必要な列を任意の順番に並び替えています。カラム名を指定するだけでできますので、とっても簡単に整形ができました。

　これをdump_dataという変数に格納します。

```
dump_data.to_csv("dump_data.csv", index=False)
```

　整形したdump_dataをto_csv()でファイル出力を行います。

　この行を実行すると、同じ階層にdump_data.csvが出力されている事が確認

できるかと思います。

　これでクレンジングと整形まで終わったデータが無事ダンプされました。

　元のデータに変更があった場合は、再度データ加工処理を行い直す必要がありますが、元のデータが変わらない限りは、このファイルを読み込んで分析する事ができます。

　さっそくダンプファイルを読み込んで、集計を行ってみましょう。

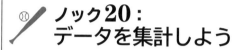

## ノック20：
## データを集計しよう

まずは、ダンプファイルを読み込みます。

```
import_data = pd.read_csv("dump_data.csv")
import_data
```

### ▐図：インポート結果

```
import_data = pd.read_csv("dump_data.csv")
import_data
```

| | purchase_date | purchase_month | item_name | item_price | 顧客名 | かな | 地域 | メールアドレス | 登録日 |
|---|---|---|---|---|---|---|---|---|---|
| 0 | 2019-06-13 18:02:34 | 201906 | 商品A | 100.0 | 深井菜々美 | ふかい ななみ | C市 | fukai_nanami@example.com | 2017-01-26 00:00:00 |
| 1 | 2019-07-13 13:05:29 | 201907 | 商品S | 1900.0 | 浅田賢二 | あさだ けんじ | C市 | asada_kenji@example.com | 2018-04-07 00:00:00 |
| 2 | 2019-05-11 19:42:07 | 201905 | 商品A | 100.0 | 南部慶二 | なんぶ けいじ | A市 | nannbu_keiji@example.com | 2018-06-19 00:00:00 |
| 3 | 2019-02-12 23:40:45 | 201902 | 商品Z | 2600.0 | 麻生莉緒 | あそう りお | D市 | asou_rio@example.com | 2018-07-22 00:00:00 |
| 4 | 2019-04-22 03:09:35 | 201904 | 商品A | 100.0 | 平田鉄二 | ひらた てつじ | D市 | hirata_tetsuji@example.com | 2017-06-07 00:00:00 |
| ... | ... | ... | ... | ... | ... | ... | ... | ... | ... |
| 2994 | 2019-02-15 02:56:39 | 201902 | 商品Y | 2500.0 | 福島友也 | ふくしま ともや | B市 | fukushima_tomoya@example.com | 2017-07-01 00:00:00 |
| 2995 | 2019-06-22 04:03:43 | 201906 | 商品M | 1300.0 | 大倉晃司 | おおくら こうじ | E市 | ookura_kouji@example.com | 2018-03-31 00:00:00 |
| 2996 | 2019-03-29 11:14:05 | 201903 | 商品Q | 1700.0 | 尾形小雁 | おがた こがん | B市 | ogata_kogan@example.com | 2017-03-15 00:00:00 |
| 2997 | 2019-07-14 12:56:49 | 201907 | 商品H | 800.0 | 芦田博之 | あしだ ひろゆき | E市 | ashida_hiroyuki@example.com | 2018-07-13 00:00:00 |
| 2998 | 2019-07-21 00:31:36 | 201907 | 商品D | 400.0 | 石田郁恵 | いしだ いくえ | B市 | ishida_ikue@example.com | 2017-02-05 00:00:00 |

2999 rows × 9 columns

　もはや説明するまでもありませんが、read_csvにてダンプデータを読み込んでいます。

　続いて、purchase_monthを縦軸に、商品毎の集計を行いましょう。

```
byItem = import_data.pivot_table(index="purchase_month", columns="item_na
```

```
me", aggfunc="size", fill_value=0)
byItem
```

### ◤図：購入年月、商品の集計結果

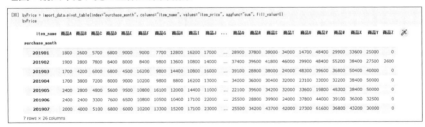

```
[29] byItem = import_data.pivot_table(index="purchase_month", columns="item_name", aggfunc="size", fill_value=0)
     byItem
```

| item_name | 商品A | 商品B | 商品C | 商品D | 商品E | 商品F | 商品G | 商品H | 商品I | 商品J | ... | 商品Q | 商品R | 商品S | 商品T | 商品U | 商品V | 商品W | 商品X | 商品Y | 商品Z | |
|---|---|---|---|---|---|---|---|---|---|---|---|---|---|---|---|---|---|---|---|---|---|---|
| purchase_month | | | | | | | | | | | | | | | | | | | | | | |
| 201901 | 18 | 13 | 19 | 17 | 18 | 15 | 11 | 16 | 18 | 17 | ... | 17 | 21 | 20 | 17 | 7 | 22 | 13 | 14 | 10 | 0 | |
| 201902 | 19 | 14 | 26 | 21 | 16 | 14 | 14 | 17 | 12 | 14 | ... | 22 | 22 | 23 | 19 | 22 | 24 | 16 | 11 | 1 | |
| 201903 | 17 | 21 | 20 | 17 | 9 | 27 | 14 | 18 | 12 | 16 | ... | 23 | 16 | 20 | 12 | 23 | 18 | 16 | 21 | 16 | 0 | |
| 201904 | 17 | 19 | 24 | 20 | 18 | 17 | 14 | 11 | 18 | 13 | ... | 20 | 20 | 16 | 16 | 11 | 15 | 14 | 16 | 20 | 0 | |
| 201905 | 24 | 14 | 16 | 14 | 19 | 18 | 23 | 15 | 16 | 11 | ... | 13 | 22 | 18 | 16 | 16 | 9 | 21 | 16 | 16 | 0 | |
| 201906 | 24 | 12 | 11 | 19 | 13 | 18 | 15 | 13 | 19 | 22 | ... | 15 | 16 | 21 | 12 | 18 | 20 | 17 | 15 | 13 | 0 | |
| 201907 | 20 | 20 | 17 | 17 | 12 | 17 | 19 | 19 | 19 | 23 | ... | 15 | 19 | 23 | 21 | 13 | 28 | 16 | 18 | 12 | 0 | |

7 rows × 26 columns

　下部に「26 columns」とあるように、正しく商品A～Zの26商品毎の購入年月の集計が行えました。

　続いて、purchase_monthを縦軸に、売上金額、顧客、地域の集計を行いましょう。

```
byPrice = import_data.pivot_table(index="purchase_month", columns="item_n
ame", values="item_price", aggfunc="sum", fill_value=0)
byPrice
```

### ◤図：購入年月、売上金額の集計結果

```
[30] byPrice = import_data.pivot_table(index="purchase_month", columns="item_name", values="item_price", aggfunc="sum", fill_value=0)
     byPrice
```

| item_name | 商品A | 商品B | 商品C | 商品D | 商品E | 商品F | 商品G | 商品H | 商品I | 商品J | ... | 商品Q | 商品R | 商品S | 商品T | 商品U | 商品V | 商品W | 商品X | 商品Y | 商品Z | |
|---|---|---|---|---|---|---|---|---|---|---|---|---|---|---|---|---|---|---|---|---|---|---|
| purchase_month | | | | | | | | | | | | | | | | | | | | | | |
| 201901 | 1800 | 2600 | 5700 | 6800 | 9000 | 9000 | 7700 | 12800 | 16200 | 17000 | ... | 28900 | 37800 | 38000 | 34000 | 14700 | 48400 | 29900 | 33600 | 25000 | 0 | |
| 201902 | 1900 | 2800 | 7800 | 8400 | 8000 | 8400 | 9800 | 13600 | 10800 | 14000 | ... | 37400 | 39600 | 41800 | 46000 | 39900 | 48400 | 55200 | 38400 | 27500 | 2600 | |
| 201903 | 1700 | 4200 | 6000 | 6800 | 4500 | 16200 | 9800 | 14400 | 10800 | 16000 | ... | 39100 | 28800 | 38000 | 24000 | 48300 | 39600 | 36800 | 50400 | 40000 | 0 | |
| 201904 | 1700 | 3800 | 7200 | 8000 | 9000 | 10200 | 9800 | 8800 | 16200 | 13000 | ... | 34000 | 36000 | 30400 | 32000 | 23100 | 33000 | 32200 | 38400 | 50000 | 0 | |
| 201905 | 2400 | 2800 | 4800 | 5600 | 9500 | 10800 | 16100 | 12000 | 14400 | 11000 | ... | 22100 | 39600 | 34200 | 32000 | 33600 | 19800 | 44300 | 38400 | 50000 | 0 | |
| 201906 | 2400 | 2400 | 3300 | 7600 | 6500 | 10800 | 10500 | 10400 | 17100 | 22000 | ... | 25500 | 28800 | 39900 | 24000 | 37800 | 44000 | 39100 | 36000 | 32500 | 0 | |
| 201907 | 2000 | 4000 | 5100 | 6800 | 6000 | 10200 | 13300 | 15200 | 17100 | 23000 | ... | 25500 | 34200 | 43700 | 42000 | 27300 | 61600 | 36800 | 43200 | 30000 | 0 | |

7 rows × 26 columns

```
byCustomer = import_data.pivot_table(index="purchase_month", columns="顧客
名", aggfunc="size", fill_value=0)
byCustomer
```

**■図：購入年月、各顧客の購入数の集計結果**

```
byRegion = import_data.pivot_table(index="purchase_month", columns="地域",
aggfunc="size", fill_value=0)
byRegion
```

**■図：購入年月、地域における販売数の集計結果**

最後に、集計期間で購入していないユーザーがいないかチェックしてみましょう。

```
away_data = pd.merge(uriage_data, kokyaku_data, left_on="customer_name",
right_on="顧客名", how="right")
away_data[away_data["purchase_date"].isnull()][["顧客名", "メールアドレス", "
登録日"]]
```

81

## ■図：集計期間内での離脱顧客

```
[33]  away_data = pd.merge(uriage_data, kokyaku_data, left_on="customer_name", right_on="顧客名", how="right")
      away_data[away_data["purchase_date"].isnull()][["顧客名", "メールアドレス", "登録日"]]
```

|  | 顧客名 | メールアドレス | 登録日 | |
|---|---|---|---|---|
| 2999 | 福井美希 | fukui_miki1@example.com | 2019-04-23 | |

　売上履歴と顧客台帳をライトジョインし、顧客台帳を主体として結合してみましょう。

　集計期間内に購買を行っていない顧客は「購買日」等がNaNで結合されます。

　それを条件にデータを抽出する事で、集計期間に購入を行っていない顧客を調べる事が可能です。

　これで、第2章の10本ノックは終了です。

　データ分析を行うにあたり、とても大事なデータ加工の基礎について学んできました。冒頭にもあります通り、データの状態を見極め、どのように加工するかを現場の方と密に相談しながらすすめ、的確にデータ加工を行う必要があります。ここを疎かにすると後でとても痛い目にあうので、今回のような基礎的なクレンジングだけではなく、複雑なデータのクレンジングに挑戦してみてください。本章がそのきっかけとなれば幸いです。

　次章からは、より高度で具体的な分析に踏み込んでいきます。

# 第2部
# 実践編① : 機械学習

　第1部を一通り学ぶことで、実際のビジネス現場でデータ分析をどのように始めるのかについて、イメージがつかめるようになったのではないでしょうか。データを読み込み、「綺麗」でないデータの処理を行いながら、全体を可視化して傾向を掴むという一通りの流れを理解できれば、ほとんどのデータ分析業務を「はじめる」力は十分に身についたと言えます。

　ここからは、いよいよ、本格的にデータ分析業務で「結果を出す」ための技術についての学びを深めていきます。データ数が急激に増加している昨今、機械（コンピュータ）の力を借りながら対話的に分析を進めていく手段である機械学習は必須スキルとなりつつあります。

　こうした背景から、ここでは、機械学習による分析、そして、将来予測に関する技術を学びます。これらの技術を理解し、現場で適切に活用していくことができれば、ほとんどのデータ分析業務は怖くありません。現場で「結果を出す」ための力を身につけることができると言えます。

　第3章では、統計を使って、機械学習に向けた事前分析を行います。機械学習といってもさまざまな手法があり、どのような手法を利用すべきかを判断するために、事前分析をうまく行うことが肝になります。第4章では、機械学習の中でも「教師なし学習」と呼ばれるクラスタリングと、将来予測を可能にする回帰分析を行います。最後に、第5章では、「教師あり学習」を呼ばれる決定木という手法をもちいたデータの分類方法を学んでいきます。

## 第2部で取り扱うPythonライブラリ

データ加工：Pandas
可視化：Matplotlib
機械学習：scikit-learn

# 第3章
# 顧客の全体像を把握する
# 10本ノック

　データ分析の醍醐味は、何といっても、現在のデータから未来の予測が可能になることです。更に言うならば、現状を分析することで、問題点を把握し、より良い未来に変える最適な施策を実施できるようになるのです。

　未来を予測する手段として、さまざまな分析手法が提案されています。しかしながら、実際は、データを適切に加工して可視化するだけでも多くの情報が得られることが多く、結果の出せるデータ分析エンジニアは、そうした適切な加工技術を駆使しています。本章では、機械学習を行う前段階の、人間の手による分析を適切に行うためのデータ加工技術について学び、顧客行動の分析、把握を行っていくノウハウを習得します。これによって、今、取り扱っているデータがどのようなものであるかを把握することができ、どのような機械学習の手法を用いれば良い結果が出せるのかを判断できるようになります。それでは、これまでと同じように、「顧客の声」と「前提条件」を確認し、データの読み込みを行っていきましょう。

---

ノック21：データを読み込んで把握しよう
ノック22：顧客データを整形しよう
ノック23：顧客データの基礎集計をしよう
ノック24：最新顧客データの基礎集計をしよう
ノック25：利用履歴データを集計しよう
ノック26：利用履歴データから定期利用フラグを作成しよう
ノック27：顧客データと利用履歴データを結合しよう
ノック28：会員期間を計算しよう
ノック29：顧客行動の各種統計量を把握しよう
ノック30：退会ユーザーと継続ユーザーの違いを把握しよう

**顧客の声**

　私の経営するスポーツジムは、トレーニングブームも手伝って、これまで顧客数を増やしてきました。ただ、ここ一年、なんとなく顧客数が伸び悩んでいる気がするんです。トレーナーは、よく利用する顧客のことは知ってるみたいなんですが、たまにしか来ない人は、いつの間にか来なくなってしまうこともあるみたいです。そもそも、しっかりデータを分析したことがないんで、どんな顧客が定着しているのかわからないんです。データ分析を行うことで、何かわかったりするんでしょうか？

## 前提条件

　ここから30本のノックでは、スポーツジムのデータを扱っていきます。

　ここで扱うスポーツジムは、いつでも使えるオールタイム会員、日中使用できるデイタイム会員、夜のみのナイト会員の3種類の会員区分が存在します。また、通常は入会費がかかりますが、不定期に入会費半額キャンペーンや入会費無料キャンペーンを実施し、新規会員獲得を行っています。退会は、月末までに申告することで、来月末に退会することができます。

　扱うデータは、表に示した4種類のデータとなります。

　use_log.csvは、ジム利用履歴で、会員がジムを利用すると利用日がシステムに自動入力されるデータです。2018年度（2018年4月～ 2019年3月まで）の1年分のデータとなります。

　customer_master.csvは、2019年3月末時点での会員データとなります。ただし、2018年に退会した会員もデータとして存在しています。

　class_master.csv、campaign_master.csvは、それぞれ会員区分、入会時のキャンペーン種別のデータとなります。

**■表：データ一覧**

| No. | ファイル名 | 概要 |
|---|---|---|
| 1 | use_log.csv | ジムの利用履歴データ。期間は2018年4月～ 2019年3月 |
| 2 | customer_master.csv | 2019年3月末時点での会員データ |

| 3 | class_master.csv | 会員区分データ(オールタイム、デイタイム等) |
| 4 | campaign_master.csv | キャンペーン区分データ(入会費無料等) |

## ノック21：
## データを読み込んで把握しよう

　まずは、これまでと同様に4種類のデータをそれぞれ読み込んで、先頭5行のみ表示し、データを眺めてみましょう。また、同時にそれぞれのデータの件数を把握しておきましょう。

```
import pandas as pd
uselog = pd.read_csv('use_log.csv')
print(len(uselog))
uselog.head()
```

```
customer = pd.read_csv('customer_master.csv')
print(len(customer))
customer.head()
```

```
class_master = pd.read_csv('class_master.csv')
print(len(class_master))
class_master.head()
```

```
campaign_master = pd.read_csv('campaign_master.csv')
print(len(campaign_master))
campaign_master.head()
```

## ■図：データの読み込み結果

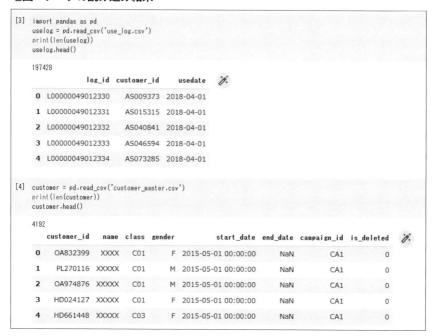

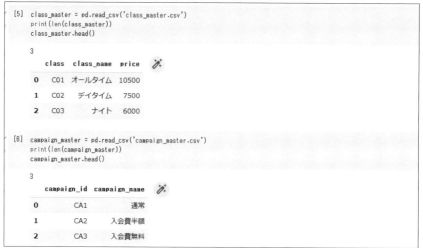

実行すると、それぞれのデータの先頭5行のデータが確認できます。

　第1部でも述べましたが、最初は先頭数行を表示させ、どのようなデータ列が存在するのか、それぞれのデータ列の関係性など、データの大枠を掴むことが重要です。また、今回はデータ件数を把握するために、len()を用いてデータ件数の表示も行っています。

　利用履歴であるuse_log.csvを読み込んだuselogは、顧客ID、利用日を含んだ3列のみのシンプルなデータであることがわかります。これは、どの顧客がいつジムを利用したのかがわかるデータとなっています。件数は、197428件と縦に長いデータとなっていることがわかります。

　次に、会員データのcustomer_master.csvを読み込んだcustomerには、顧客ID、名前、会員クラス、性別、登録日等の情報が含まれていることがわかります。名前は、マスキングされており、名前だけで個人が特定できないようになっています。また、is_deleted列は、2019年3月時点で退会しているユーザーをシステム的に素早く検索するための列となります。これらから、uselogのcustomer_idと紐付けが可能であることがわかります。会員データのデータ件数は、既に退会済みのユーザーも含めて4192人となっていることがわかります。

　会員区分、キャンペーン区分データは、それぞれの区分をデータに含んでおり、それぞれ、class、campaign_id列を用いると、会員データと結合できることがわかります。

　次は、分析のためのデータ加工に進んでいきますが、そのためには、主とするデータを考える必要があります。

　分析の目的によって、主とするデータは違ってきますが、この章のケースでは、どのデータを主とするべきでしょうか。

　ここで考えられるのは、顧客データであるcustomerと利用履歴データであるuselogです。

　まずは、データ数も少ないので、顧客データを主に考えてみましょう。

　後半で、利用履歴データ（uselog）を主とした分析も行っていきます。

　まず、利用履歴データは一旦無視して、顧客データを整形し、どのような顧客が何人くらいいるのか等の全体像を掴んでいきましょう。

## ⚾ ノック22：
## 顧客データを整形しよう

　ここでは、顧客データの整形を行います。ノック21で読み込んだcustomerに、会員区分のclass_masterとキャンペーン区分のcampaign_masterを結合します。

　顧客データを主にして横に結合するので、**レフトジョイン**となります。
**ジョインキー**は自分で探してみましょう。

　また、ジョイン前後でデータ件数が変わらないことを確認しましょう。

```python
customer_join = pd.merge(customer, class_master, on="class", how="left")
customer_join = pd.merge(customer_join, campaign_master, on="campaign_id", how="left")
customer_join.head()
```

```python
print(len(customer))
print(len(customer_join))
```

### ■図：データユニオン

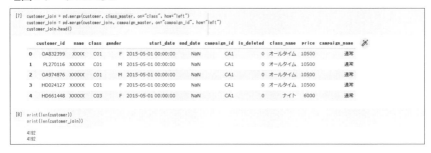

　1行目で、会員区分のマスタデータであるclass_masterと、2行目で、キャンペーン区分であるcampaign_masterとそれぞれ結合しています。実際に先頭5行の出力結果を見ると、class_name、price、campaign_name列が追加され、会員区分や金額等が分かるようにデータを整形できました。データ件数も、ジョイン前後で変化がないことが確認できます。

　ジョインする際、キーが見つからないなど、上手くジョインができないと、欠損値が自動で入ります。そのため、ジョイン後は欠損値の確認をするようにしましょう。

```
customer_join.isnull().sum()
```

**■図：欠損値の確認**

```
[9]  customer_join.isnull().sum()

     customer_id        0
     name               0
     class              0
     gender             0
     start_date         0
     end_date        2842
     campaign_id        0
     is_deleted         0
     class_name         0
     price              0
     campaign_name      0
     dtype: int64
```

　end_date以外は欠損値が0となっており、今回ジョインで追加した、class_name、price、campaign_name列にしっかりデータが入っていることが確認できました。また、end_dateに欠損値が入っていること以外は比較的綺麗なデータであることもわかります。

　また、end_dateに欠損が入っている理由としては、退会していないユーザーは、退会日であるend_dateを保持していないため、欠損値となっていることが考えられます。

## ノック23：
## 顧客データの基礎集計をしよう

　データ加工が完了したので、この顧客データを集計し、全体像を見ていきましょう。
　まずは、集計する項目を考えてみます。どの会員区分やキャンペーン区分が多いか、いつ入会/退会が多いのか、男女比率や退会するまでの期間等を集計することができることに気づくと思います。まずは、会員区分、キャンペーン区分、性別、既に退会済みかどうか(is_deleted列)毎に全体の数を把握してみましょう。

```python
customer_join.groupby("class_name").count()["customer_id"]
```

```python
customer_join.groupby("campaign_name").count()["customer_id"]
```

```python
customer_join.groupby("gender").count()["customer_id"]
```

```python
customer_join.groupby("is_deleted").count()["customer_id"]
```

### ■図：顧客データの集計

```
[10]  customer_join.groupby("class_name").count()["customer_id"]

      class_name
      オールタイム    2045
      デイタイム     1019
      ナイト       1128
      Name: customer_id, dtype: int64

[11]  customer_join.groupby("campaign_name").count()["customer_id"]

      campaign_name
      入会費半額     650
      入会費無料     492
      通常       3050
      Name: customer_id, dtype: int64

[12]  customer_join.groupby("gender").count()["customer_id"]

      gender
      F    1983
      M    2209
      Name: customer_id, dtype: int64

      customer_join.groupby("is_deleted").count()["customer_id"]

      is_deleted
      0    2842
      1    1350
      Name: customer_id, dtype: int64
```

　第1部でも取り扱ったgroupbyを用いて集計を行っています。今回は、customer_id毎にカウントを行っています。

　上から見ていくと、会員クラスはオールタイムがおよそ半数を占め、次いでナイト、最後にデイタイムとなっています。キャンペーンに関しては、通常時の入会が多く、入会キャンペーン中に入会したのはおよそ20%となっています。男女比に関しては、わずかに男性(M)の方が多い結果となっていることがわかりま

す。最後に、退会しているユーザーは1350人で、2019年3月時点で在籍しているユーザーは2842人であることがわかりました。

このように見ていくと、いろんな仮説や気になる点が出てくるかと思います。例えば、キャンペーンはいつ行われていたのか、性別と会員クラスの関係、今年度の入会人数など、多く浮かんでくるかと思います。こういった仮説や疑問点は、集計して確認するのはもちろんのこと、現場の人にヒアリングすることで理解が進むことが多々あります。積極的にヒアリングをしていくと良いと思います。

ここでは、試しに入会人数を集計してみましょう。

入会人数は、start_date列が2018年4月1日から2019年3月31日までのユーザーとなります。第1部でも取り扱ったように、まずはstart_dateをdatetime型に変換した後、customer_startというデータフレームに該当ユーザーのデータを格納した上で、数を数えましょう。

```
customer_join["start_date"] = pd.to_datetime(customer_join["start_date"])
customer_start = customer_join.loc[customer_join["start_date"]>pd.to_date
time("20180401")]
print(len(customer_start))
```

実行すると、1361が出力され、入会会員は1361人で、退会した人数よりも11人多いですが、全体の会員数はほぼ変わらない結果となることがわかりました。

他にも気になる部分はありますが、一旦、ここで区切り、最新月の顧客情報を見てみましょう。気になる部分は、どんどん手を動かして自分なりに集計してみると良いと思います。

## ⚾ ノック24：最新顧客データの基礎集計をしてみよう

ここでは、最新月の顧客データの把握を行います。理由としては、現在の顧客データには既に離脱しているユーザーも含まれているため、単月の実態とは違いがあります。そこで、最新月の顧客データを集計することで、現状顧客の全体像を把握します。

まずは、最新月のユーザーのみに絞り込みを行います。

　最新月に絞り込むためには、①2019年3月（2019年3月31日）に退会したユーザーもしくは、在籍しているユーザーで絞り込むか、②is_deleted列で絞り込むかのどちらかになります。②の場合、2019年3月に退会したユーザーはカウントされないので、注意が必要です。どちらで集計するかは、目的にもよりますが、今回は、最新月に在籍していたユーザーということで、①を採用していきます。

　まずは、対象ユーザーに絞り込みを行いましょう。また、絞り込んだデータが、正しく絞り込めているのかを確認するために、end_dateのユニーク件数も確認してみましょう。

```
customer_join["end_date"] = pd.to_datetime(customer_join["end_date"])
customer_newer = customer_join.loc[(customer_join["end_date"]>=pd.to_date
time("20190331"))|(customer_join["end_date"].isna())]
print(len(customer_newer))
customer_newer["end_date"].unique()
```

　出力した結果、データ件数が2953件で、end_dateのユニークは、**NaT**と2019-03-31のみが表示されれば正しく絞り込みができています。NaTは、datetime型の欠損値という意味で、このデータにおいては退会していない顧客を示します。

　それでは、会員区分、キャンペーン区分、性別毎に全体の数を把握してみましょう。

```
customer_newer.groupby("class_name").count()["customer_id"]
```

```
customer_newer.groupby("campaign_name").count()["customer_id"]
```

```
customer_newer.groupby("gender").count()["customer_id"]
```

**■図：最新月顧客の集計結果**

```
[15]  customer_join["end_date"] = pd.to_datetime(customer_join["end_date"])
      customer_newer = customer_join.loc[(customer_join["end_date"]>=pd.to_datetime("20190331"))|(customer_join["end_date"].isna())]
      print(len(customer_newer))
      customer_newer["end_date"].unique()

      2953
      array([                        'NaT', '2019-03-31T00:00:00.000000000'],
            dtype='datetime64[ns]')

[16]  customer_newer.groupby("class_name").count()["customer_id"]

      class_name
      オールタイム    1444
      デイタイム      696
      ナイト         813
      Name: customer_id, dtype: int64

[17]  customer_newer.groupby("campaign_name").count()["customer_id"]

      campaign_name
      入会費半額    311
      入会費無料    242
      通常      2400
      Name: customer_id, dtype: int64

[18]  customer_newer.groupby("gender").count()["customer_id"]

      gender
      F    1400
      M    1553
      Name: customer_id, dtype: int64
```

　出力結果を見ると、会員区分、性別は、ノック23で全体を集計した際と比率が大きく変わっていません。これは、特定の会員区分や性別が退会しているわけではないと考えられます。キャンペーン区分に関しては、若干違いがあり、全体で集計した際には、通常で入会しているユーザーが72%であったのに対して、最新月の顧客は、通常で入会しているユーザーの比率が81%となっています。入会キャンペーンは、比率が変化するくらいに、何かしらの効果を生んでいることが推測できます。

　会員や性別の区分が大きく変化しているわけではないので、ここからは**利用履歴データの活用**を検討していきましょう。

　利用履歴データで分かることを考えていきます。

　利用履歴データでは、顧客データと違い、時間的な要素の分析をすることができます。例えば、月内の利用回数がどのように変化しているのか、定期的にジムを活用しているユーザーなのか等が考えられます。

　それでは、利用履歴データを集計して、顧客の把握に活用していきましょう。

## ノック25：
## 利用履歴データを集計しよう

　まずは、簡単に時間的な要素を取り入れていきましょう。

　今回は、月利用回数の**平均値**、**中央値**、**最大値**、**最小値**と定期的に利用しているかのフラグを作成し、顧客データに追加していきましょう。まずは集計を行っていきます。

　最初に、顧客ごとの月利用回数を集計したデータを作成していきます。

```python
uselog["usedate"] = pd.to_datetime(uselog["usedate"])
uselog["年月"] = uselog["usedate"].dt.strftime("%Y%m")
uselog_months = uselog.groupby(["年月","customer_id"],as_index=False).count()
uselog_months.rename(columns={"log_id":"count"}, inplace=True)
del uselog_months["usedate"]
uselog_months.head()
```

### ▣図：月/顧客毎利用回数の集計結果

　1行目、2行目で、年月（201804など）のデータを作成し、年月かつ顧客ID毎にgroupbyで集計を行っています。集計はlog_idのカウントを取れば良いので、余分なusedateは削除してあります。

　顧客AS002855が2018年4月に4回利用していることがわかります。

ここから、顧客毎に絞り込み、平均値、中央値、最大値、最小値を集計します。

```
uselog_customer = uselog_months.groupby("customer_id").agg(["mean", "medi
an", "max", "min" ])["count"]
uselog_customer = uselog_customer.reset_index(drop=False)
uselog_customer.head()
```

### ■図：顧客毎の月内利用回数の集計結果

```
[20] uselog_customer = uselog_months.groupby("customer_id").agg(["mean", "median", "max", "min" ])["count"]
    uselog_customer = uselog_customer.reset_index(drop=False)
    uselog_customer.head()
```

|   | customer_id | mean | median | max | min |
|---|---|---|---|---|---|
| 0 | AS002855 | 4.500000 | 5.0 | 7 | 2 |
| 1 | AS008805 | 4.000000 | 4.0 | 8 | 1 |
| 2 | AS009013 | 2.000000 | 2.0 | 2 | 2 |
| 3 | AS009373 | 5.083333 | 5.0 | 7 | 3 |
| 4 | AS015233 | 7.545455 | 7.0 | 11 | 4 |

1行目で、平均値、中央値、最大値、最小値をgroupbyで集計しています。2行目は、groupbyをした影響でindexに入っているcustomer_id列をカラムに変更して、indexの振り直しを行っています。顧客AS002855は、平均値4.5、中央値5、最大値7、最小値2であることがわかります。

これで、顧客毎の月内の利用回数の集計ができました。

次は、定期的にジムを利用している場合のフラグ作成を行いましょう。

## ノック26：
## 利用履歴データから定期利用フラグを
## 作成しよう

ジムの場合、習慣化が継続の重要なファクターの1つであると考えられます。そこで、定期的にジムを利用しているユーザーを特定してみましょう。定期的をどう定義にするかによりますが、毎週同じ曜日に来ているかどうかで判断してみ

ます。

　月によって定期的に利用しているかのばらつきもあるかとは思いますが、ここでは、顧客毎に月/曜日別に集計を行い、最大値が4以上の曜日が1ヶ月でもあったユーザーはフラグ1とします。

　それではやってみましょう。

　まずは、顧客毎に月/曜日別に集計を行います。

```
uselog["weekday"] = uselog["usedate"].dt.weekday
uselog_weekday = uselog.groupby(["customer_id","年月","weekday"], as_index
=False).count()[["customer_id","年月", "weekday","log_id"]]
uselog_weekday.rename(columns={"log_id":"count"}, inplace=True)
uselog_weekday.head()
```

■図：顧客毎の月/曜日別集計結果

　1行目は、曜日の計算を行っています。0から6が付与され、それぞれ月曜から日曜に相当します。2行目では顧客、年月、曜日毎にlog_idを数えています。表示された結果を見ると、顧客AS002855は、2018年4月に、weekdayが5、つまり土曜日に4回来ています。2018年5月にも土曜日に4回来ているため、毎週土曜日をジムの日として考えているようです。

　ここから、顧客毎の各月の最大値を取得し、その最大値が4以上の場合、フラグを立ててみましょう。

```
uselog_weekday = uselog_weekday.groupby("customer_id",as_index=False).ma
x()[["customer_id", "count"]]
uselog_weekday["routine_flg"] = 0
```

```
uselog_weekday["routine_flg"] = uselog_weekday["routine_flg"].where(uselo
g_weekday["count"]<4, 1)
uselog_weekday.head()
```

### ■図：フラグ作成結果

```
[22] uselog_weekday = uselog_weekday.groupby("customer_id",as_index=False).max()[["customer_id", "count"]]
    uselog_weekday["routine_flg"] = 0
    uselog_weekday["routine_flg"] = uselog_weekday["routine_flg"].where(uselog_weekday["count"]<4, 1)
    uselog_weekday.head()
```

| | customer_id | count | routine_flg |
|---|---|---|---|
| 0 | AS002855 | 5 | 1 |
| 1 | AS008805 | 4 | 1 |
| 2 | AS009013 | 2 | 0 |
| 3 | AS009373 | 5 | 1 |
| 4 | AS015233 | 5 | 1 |

1行目で、顧客単位まで集計を行い、その際に最大値を取得しています。つまり、月内かつ特定の曜日で最も利用した回数です。ここが4もしくは5の人は、少なくともどこかの月では、毎週特定の曜日で来たユーザーとなります。2行目、3行目では、4未満の場合は元の値である0をそのまま、4以上の場合は1を代入しています。

実際に、先頭5行を見てみると、countが2の顧客は0が入っていることがわかります。

これで、フラグの作成が完了しました。

次に、顧客データと結合し、利用履歴も含んだ顧客データを整形しましょう。

## ノック27：
## 顧客データと利用履歴データを結合しよう

ここでは、ノック25、ノック26で作成したuselog_customer、uselog_weekdayを、customer_joinと結合しましょう。

これまで何度も結合はやってきているので、自分なりに考えて挑戦しましょう。

```
customer_join = pd.merge(customer_join, uselog_customer, on="customer_
id", how="left")
customer_join = pd.merge(customer_join, uselog_weekday[["customer_id", "r
outine_flg"]], on="customer_id", how="left")
customer_join.head()
```

■図：顧客データと利用履歴データの結合結果

```
[23] customer_join = pd.merge(customer_join, uselog_customer, on="customer_id", how="left")
     customer_join = pd.merge(customer_join, uselog_weekday[["customer_id", "routine_flg"]], on="customer_id", how="left")
     customer_join.head()
```

| | customer_id | name | class | gender | start_date | end_date | campaign_id | is_deleted | class_name | price | campaign_name | mean | median | max | min | routine_flg |
|---|---|---|---|---|---|---|---|---|---|---|---|---|---|---|---|---|
| 0 | OA832399 | XXXX | C01 | F | 2015-05-01 | NaT | CA1 | 0 | オールタイム | 10500 | 通常 | 4.833333 | 5.0 | 8 | 2 | 1 |
| 1 | PL270116 | XXXXX | C01 | M | 2015-05-01 | NaT | CA1 | 0 | オールタイム | 10500 | 通常 | 5.083333 | 5.0 | 7 | 3 | 1 |
| 2 | OA974876 | XXXXX | C01 | M | 2015-05-01 | NaT | CA1 | 0 | オールタイム | 10500 | 通常 | 4.583333 | 5.0 | 6 | 3 | 1 |
| 3 | HD024127 | XXXXX | C01 | F | 2015-05-01 | NaT | CA1 | 0 | オールタイム | 10500 | 通常 | 4.833333 | 4.5 | 7 | 2 | 1 |
| 4 | HD661448 | XXXXX | C03 | F | 2015-05-01 | NaT | CA1 | 0 | ナイト | 6000 | 通常 | 3.916667 | 4.0 | 6 | 1 | 1 |

もうだいぶ慣れてきたのではないでしょうか。

2回結合を行っていますが、結合に使用する**ジョインキー**はcustomer_idで、結合方法は**レフトジョイン**となります。表示された結果を見ると、先ほど集計した、median等やroutine_flgが結合されていることがわかります。

2行目の結合の際には、結合するuselog_weekdayの列をジョインキーのcustomer_idと結合したいroutine_flgに絞って結合を行っています。

念の為、欠損値も確認しておきましょう。

```
customer_join.isnull().sum()
```

実行するとend_date以外に欠損値がないことがわかります。これで、結合が問題なくできていることが確認できました。

いよいよ、利用履歴も加味した形で顧客の分析となるのですが、その前に、せっかく利用履歴で**時間的な変化のデータ**を追加することができたので、会員期間という軸をもう1つ追加しておきましょう。

## ノック28：
## 会員期間を計算しよう

　それでは、会員期間を計算して列に追加していきます。

　会員期間は、単純には start_date と end_date の差になります。ただし、2019年3月までに退会していないユーザーに関しては、end_date に欠損値が入っています。そのため、差の計算ができません。そこで、ここでは2019年4月30日として会員期間を算出しましょう。いろんな計算方法はありますが、2019年3月31日で算出する場合、実際に2019年3月31日で退会した人(2月末までに退会申請をした人)と区別がつかなくなるためです。

　それでは、期間を計算していきましょう。ここでは、月単位で集計を行いましょう。

```
from dateutil.relativedelta import relativedelta
customer_join["calc_date"] = customer_join["end_date"]
customer_join["calc_date"] = customer_join["calc_date"].fillna(pd.to_date
time("20190430"))
customer_join["membership_period"] = 0
for i in range(len(customer_join)):
    delta = relativedelta(customer_join["calc_date"].iloc[i], customer_jo
in["start_date"].iloc[i])
    customer_join.loc[i,"membership_period"] = delta.years*12 + delta.mon
ths
customer_join.head()
```

### ■図：会員期間の計算結果

　1行目でrelativedeltaを使用するためにライブラリのインポートをしています。これは、日付の比較に使用します。2行目で、日付計算用の列をend_dateベー

スに作成し、3行目で、欠損値に2019年4月30日を代入しています。

その後、データフレームを上から順番に計算し、会員期間を月単位で算出しています。

これで、会員期間の列を追加できました。

それでは、いよいよ利用履歴も加味した形で顧客の分析を行っていきます。

まずは、いつものように各種統計量を把握しましょう。

---

## ノック29：
## 顧客行動の各種統計量を把握しよう

---

まずは、全体の数を押さえていきましょう。

データ加工により追加した、mean、median、max、minはノック7で扱ったdescribeを用いて数値を把握しましょう。routine_flgに関しては、それぞれのflg毎に顧客数を集計してみましょう。

```
customer_join[["mean", "median", "max", "min"]].describe()
```

■図：各種統計量の計算結果

```
[26] customer_join[["mean", "median", "max", "min"]].describe()
```

|  | mean | median | max | min |
|---|---|---|---|---|
| count | 4192.000000 | 4192.000000 | 4192.000000 | 4192.000000 |
| mean | 5.333127 | 5.250596 | 7.823950 | 3.041269 |
| std | 1.777533 | 1.874874 | 2.168959 | 1.951565 |
| min | 1.000000 | 1.000000 | 1.000000 | 1.000000 |
| 25% | 4.250000 | 4.000000 | 7.000000 | 2.000000 |
| 50% | 5.000000 | 5.000000 | 8.000000 | 3.000000 |
| 75% | 6.416667 | 6.500000 | 9.000000 | 4.000000 |
| max | 12.000000 | 12.000000 | 14.000000 | 12.000000 |

実行すると、ノック7の時と同様に、件数、平均値などが表示されます。ここで用いた列の名前がmean、median、max、minであるため、少し混乱しやすいので注意してください。

　列名のmeanは顧客の月内平均利用回数であり、行にあるmeanは顧客の月内平均利用回数の平均です。つまり、表示されている値は、一人当たりの月内平均利用回数です。平均値、中央値に大きな違いはなく、顧客一人当たりおよそ5回程度の月内利用回数となっていることがわかります。

　続けて、routine_flgを集計してみましょう。

```
customer_join.groupby("routine_flg").count()["customer_id"]
```

　実行すると、0が779に対して、1が3413となっており、定期的に利用しているユーザーの方が多いことがわかります。

　最後に、会員期間の分布を見ておきましょう。

　分布は、数字ではわかりにくいので、**matplotlib**を使ってヒストグラムを作成します。

```
import matplotlib.pyplot as plt
%matplotlib inline
plt.hist(customer_join["membership_period"])
```

■図：会員期間の分布

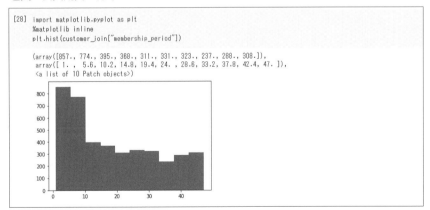

　実行するとヒストグラムが表示されます。第1部でも用いたmatplotlibですが、ここではhist()を用いてヒストグラムを作成しています。この結果を見ると、会

員期間が10ヶ月以内のユーザーの方が多く、10ヶ月以上はほぼ横ばいで分布していることがわかります。これは、短期でユーザーが離れていく業界であることを示唆しています。

　それでは、離れていくユーザーの特徴はどういったものなのかを、次に調べてみましょう。

---

## ⚾ 🏏 ノック30：退会ユーザーと継続ユーザーの違いを把握しよう

　これまでは全体の数字を把握してきました。本章の最後に、これまでの知見を頭に入れながら、退会ユーザーの特徴を探していきましょう。これまでのノックでやってきたことを、退会ユーザーと継続ユーザーに分けて比較しましょう。

　まずは、退会ユーザーと継続ユーザーの数は、ノック23で集計済みで、退会ユーザーが1350人で、継続ユーザーが2840人になります。

　退会ユーザーと継続ユーザーを分けて、describeで比較してみましょう。

```
customer_end = customer_join.loc[customer_join["is_deleted"]==1]
customer_end.describe()
```

```
customer_stay = customer_join.loc[customer_join["is_deleted"]==0]
customer_stay.describe()
```

### ■図：統計量の集計結果

```
[29] customer_end = customer_join.loc[customer_join["is_deleted"]==1]
     customer_end.describe()
```

|       | is_deleted | price        | mean        | median      | max         | min         | routine_flg | membership_period |
|-------|-----------|-------------|-------------|-------------|-------------|-------------|-------------|-------------------|
| count | 1350.0    | 1350.000000 | 1350.000000 | 1350.000000 | 1350.000000 | 1350.000000 | 1350.000000 | 1350.000000       |
| mean  | 1.0       | 8595.555556 | 3.865474    | 3.621852    | 6.461481    | 1.821481    | 0.456296    | 8.026667          |
| std   | 0.0       | 1949.163652 | 1.246385    | 1.270847    | 2.584021    | 0.976361    | 0.498271    | 5.033692          |
| min   | 1.0       | 6000.000000 | 1.000000    | 1.000000    | 1.000000    | 1.000000    | 0.000000    | 1.000000          |
| 25%   | 1.0       | 6000.000000 | 3.000000    | 3.000000    | 4.000000    | 1.000000    | 0.000000    | 4.000000          |
| 50%   | 1.0       | 7500.000000 | 4.000000    | 4.000000    | 7.000000    | 2.000000    | 0.000000    | 7.000000          |
| 75%   | 1.0       | 10500.000000| 4.666667    | 4.500000    | 8.000000    | 2.000000    | 1.000000    | 11.000000         |
| max   | 1.0       | 10500.000000| 9.000000    | 9.000000    | 13.000000   | 8.000000    | 1.000000    | 23.000000         |

```
[30] customer_stay = customer_join.loc[customer_join["is_deleted"]==0]
     customer_stay.describe()
```

|       | is_deleted | price        | mean        | median      | max         | min         | routine_flg | membership_period |
|-------|-----------|-------------|-------------|-------------|-------------|-------------|-------------|-------------------|
| count | 2842.0    | 2842.000000 | 2842.000000 | 2842.000000 | 2842.000000 | 2842.000000 | 2842.000000 | 2842.000000       |
| mean  | 0.0       | 8542.927516 | 6.030288    | 6.024279    | 8.471147    | 3.620690    | 0.984156    | 23.970443         |
| std   | 0.0       | 1977.189779 | 1.553587    | 1.599765    | 1.571048    | 2.030488    | 0.124855    | 13.746761         |
| min   | 0.0       | 6000.000000 | 3.166667    | 3.000000    | 5.000000    | 1.000000    | 0.000000    | 1.000000          |
| 25%   | 0.0       | 6000.000000 | 4.833333    | 5.000000    | 7.000000    | 2.000000    | 1.000000    | 12.000000         |
| 50%   | 0.0       | 7500.000000 | 5.583333    | 5.000000    | 8.000000    | 3.000000    | 1.000000    | 24.000000         |
| 75%   | 0.0       | 10500.000000| 7.178030    | 7.000000    | 10.000000   | 5.000000    | 1.000000    | 35.000000         |
| max   | 0.0       | 10500.000000| 12.000000   | 12.000000   | 14.000000   | 12.000000   | 1.000000    | 47.000000         |

　実行すると、退会ユーザーは、月内の利用回数の平均値、中央値、最大値、最小値いずれも継続ユーザーよりも低く出ています。特に、平均値や中央値は1.5倍程度の違いが出ていることがわかります。一方で月内最大利用回数の平均値に関しても継続ユーザーの方が高く出ていますが、退会ユーザーでも6.4程度はあります。routine_flgの平均値に大きく差が出ており、継続ユーザーは0.98と多くのユーザーが定期的に利用していることが伺えますが、退会ユーザーは、0.45となり、およそ半分くらいのユーザーはランダムに利用していると考えられます。

　このように、行動データを紐解いていくと、退会ユーザーとの違いが見えてきそうな気がしませんか。さらに、期間で絞ったり、会員の在籍期間ごとに深掘りしていくとさらに見えてくると思います。

　最後に、ここまで使用したcustomer_joinをcsv出力しておきましょう。

```
customer_join.to_csv("customer_join.csv", index=False)
```

　これで、10本のノックは終了です。

　ここでは、まずはデータを理解するという作業をご理解いただけましたでしょうか。機械学習は、データをもとにコンピュータが推論を行います。そのため、どのようなデータで学習させるかという部分がとても重要となります。そのためにも、できる限りデータを理解し、特徴となりそうな変数を掴んでおくのが重要です。

　次章では、いよいよ機械学習を行っていきます。

# 第4章
# 顧客の行動を予測する
# 10本ノック

　データ分析を駆使することで可能になることは、これまで見てきたように、可視化や相関関係を掴むことだけではありません。ある出来事の原因を、半自動的に特定できることは、ビジネスを現場の勘や経験に頼ることなく、データを用いることでエレガントに最適な意思決定を行うことにつながります。

　本章では、前章で事前分析を行ったスポーツジムの会員の行動情報を用いて、機械学習による予測を行っていきます。会員の行動は、その利用頻度などによって傾向が大きく異なります。このため、**クラスタリング**という手法を用いることで、会員を**グルーピング**していくことができ、それぞれのグループの行動パターンを掴むことで、**将来予測**を精度よく行うことが可能になります。本章の例を通して、機械学習と呼ばれる手法をビジネスの現場で活用するコツを身につけていきましょう。

---

　ノック31：データを読み込んで確認しよう
　ノック32：クラスタリングで顧客をグループ化しよう
　ノック33：クラスタリング結果を分析しよう
　ノック34：クラスタリング結果を可視化しよう
　ノック35：クラスタリング結果をもとに退会ユーザーの傾向を把握しよう
　ノック36：翌月の利用回数予測を行うためのデータ準備をしよう
　ノック37：特徴となる変数を付与しよう
　ノック38：来月の利用回数予測モデルを作成しよう
　ノック39：モデルに寄与している変数を確認しよう
　ノック40：来月の利用回数を予測しよう

## 顧客の声

　前回、分析を行っていただいて、何となく傾向がつかめてきたと思うので、引き続き分析をお願いしたいと思っています。そうは言っても、まだ何となくしか傾向がつかめていないと思うので、今度は、詳細な分析をお願いしたいと思うんです。具体的には、顧客ごとに利用方法の傾向が違うと思うんですよね。それが分析できるなら、顧客ごとに利用回数とか予測できたりするんじゃないかと思うんですよね。そういう分析も、できるものなんですか？

### 前提条件

　前回に引き続き、スポーツジムのデータを取り扱っていきます。

　前回のデータに加えて、第3章で作成した利用履歴を集計した結果に顧客データを結合したcustomer_join.csvデータがあります。

　ここでは、use_log.csv、customer_join.csvのみを使用していきます。

#### ■表：データ一覧

| No. | ファイル名 | 概要 |
|---|---|---|
| 1 | use_log.csv | ジムの利用履歴データ。期間は2018年4月～2019年3月 |
| 2 | customer_master.csv | 2019年3月末時点での会員データ |
| 3 | class_master.csv | 会員区分データ(オールタイム、デイタイム等) |
| 4 | campaign_master.csv | キャンペーン区分データ(入会費無料等) |
| 5 | customer_join.csv | 第3章で作成した利用履歴を含んだ顧客データ |

## ノック31：
## データを読み込んで確認しよう

　それでは、use_log.csv、customer_join.csvのみ読み込んでおきましょう。customer_join.csvを変数customerとして読み込みます。

念の為、欠損値の状況も出力しておきましょう。

```python
import pandas as pd
uselog = pd.read_csv('use_log.csv')
uselog.isnull().sum()
```

```python
customer = pd.read_csv('customer_join.csv')
customer.isnull().sum()
```

■図：データの読み込み結果

```
[3]  import pandas as pd
     uselog = pd.read_csv('use_log.csv')
     uselog.isnull().sum()

     log_id           0
     customer_id      0
     usedate          0
     dtype: int64

[4]  customer = pd.read_csv('customer_join.csv')
     customer.isnull().sum()

     customer_id          0
     name                 0
     class                0
     gender               0
     start_date           0
     end_date          2842
     campaign_id          0
     is_deleted           0
     class_name           0
     price                0
     campaign_name        0
     mean                 0
     median               0
     max                  0
     min                  0
     routine_flg          0
     calc_date            0
     membership_period    0
     dtype: int64
```

　実行すると、読み込みが完了し、欠損値の数が表示されます。

　第3章でも見たように、end_date以外は欠損値が0であることが確認できます。

　それでは、顧客データをグループ化してみましょう。ここでは、退会している
かどうかなどを分類するのではなく、利用履歴に基づいたグループ化を行います。
その場合、あらかじめ決められた正解がないので、教師なし学習のクラスタリン

グを用います(機械学習の詳細に関してはAppendix ②参照)。

それではやってみましょう。

ノック**32**：
クラスタリングで顧客をグループ化し
よう

ここでは、顧客のグループ化を行いますので、customerデータを用います。クラスタリングに用いる変数ですが、顧客の月内利用履歴に関するデータであるmean、median、max、min、membership_periodにしましょう。

まずは、必要な変数に絞り込みます。

```
customer_clustering = customer[["mean", "median","max", "min", "membershi
p_period"]]
customer_clustering.head()
```

■図：クラスタリング用データの抽出

```
[5]  customer_clustering = customer[["mean", "median","max", "min", "membership_period"]]
     customer_clustering.head()
```

|   | mean | median | max | min | membership_period |
|---|------|--------|-----|-----|-------------------|
| 0 | 4.833333 | 5.0 | 8 | 2 | 47 |
| 1 | 5.083333 | 5.0 | 7 | 3 | 47 |
| 2 | 4.583333 | 5.0 | 6 | 3 | 47 |
| 3 | 4.833333 | 4.5 | 7 | 2 | 47 |
| 4 | 3.916667 | 4.0 | 6 | 1 | 47 |

customer変数の列を指定し、mean、median、max、min、membership_periodに絞り込んでいます。

それでは、クラスタリングを行います。今回使用するクラスタリングの手法は**K-means法**となります。K-means法は最もオーソドックスなクラスタリング手法で、変数間の距離をベースにグループ化を行います。

その際に、あらかじめグルーピングしたい数を指定する必要があります。ここ

では、4つのグループに指定してみましょう。

また、「mean、median、max、min」と「membership_period」ではデータが大きく異なります。前者は、月内の利用回数なので、1〜8程度ですが、後者は最大値が47となっています。その場合、membership_periodに引っ張られてしまうので、標準化が必要となります。

それでは、やってみましょう。

```
from sklearn.cluster import KMeans
from sklearn.preprocessing import StandardScaler
sc = StandardScaler()
customer_clustering_sc = sc.fit_transform(customer_clustering)

kmeans = KMeans(n_clusters=4, random_state=0)
clusters = kmeans.fit(customer_clustering_sc)
customer_clustering = customer_clustering.assign(cluster = clusters.labels_)

print(customer_clustering["cluster"].unique())
customer_clustering.head()
```

### ■図：クラスタリング結果

```
[6]  from sklearn.cluster import KMeans
     from sklearn.preprocessing import StandardScaler
     sc = StandardScaler()
     customer_clustering_sc = sc.fit_transform(customer_clustering)

     kmeans = KMeans(n_clusters=4, random_state=0)
     clusters = kmeans.fit(customer_clustering_sc)
     customer_clustering = customer_clustering.assign(cluster = clusters.labels_)

     print(customer_clustering["cluster"].unique())
     customer_clustering.head()

     [1 2 3 0]
```

|   | mean | median | max | min | membership_period | cluster |
|---|------|--------|-----|-----|-------------------|---------|
| 0 | 4.833333 | 5.0 | 8 | 2 | 47 | 1 |
| 1 | 5.083333 | 5.0 | 7 | 3 | 47 | 1 |
| 2 | 4.583333 | 5.0 | 6 | 3 | 47 | 1 |
| 3 | 4.833333 | 4.5 | 7 | 2 | 47 | 1 |
| 4 | 3.916667 | 4.0 | 6 | 1 | 47 | 1 |

　1行目、2行目でK-means法や標準化を使用するために、scikit-learnというライブラリをインポートしています。scikit-learnは、機械学習を使用するために欠かせないライブラリで、この後も数多く出てきます。

　3、4行目で、標準化を実行し、新たにcustomer_clustring_scに格納しています。

　空行を挟んで、K-meansのモデル構築を行っています。まず、クラスタ数に4を指定し、作成するモデル定義を行います。その後、データを代入し、実際にクラスタリングを実行(モデル構築)しています。最後に、もとのデータ(customer_clustring)にクラスタリング結果を反映させています。

　0～3の4グループ作成されており、先頭5行の結果のように各顧客データにグループが割り振られているのが確認できます。

　これで、コンピュータがデータに基づいてグループ分けを行ってくれました。

　それでは、このコンピュータが導き出したグループの特徴を考えていきましょう。

## ノック33：
## クラスタリング結果を分析しよう

　最初に、データ件数を把握しておきましょう。

　また、列名がmean、median、max、min、membership_periodだと、集計時に混乱するので、月内平均値、月内中央値、月内最大値、月内最小値、会員期間に変更しておきましょう。

```
customer_clustering.columns = ["月内平均値","月内中央値", "月内最大値", "月内最小
値","会員期間", "cluster"]
customer_clustering.groupby("cluster").count()
```

**▪図：グループ毎のデータ件数**

```
[7]  customer_clustering.columns = ["月内平均値","月内中央値","月内最大値","月内最小値","会員期間", "cluster"]
     customer_clustering.groupby("cluster").count()
```

| cluster | 月内平均値 | 月内中央値 | 月内最大値 | 月内最小値 | 会員期間 |
|---|---|---|---|---|---|
| 0 | 840 | 840 | 840 | 840 | 840 |
| 1 | 1249 | 1249 | 1249 | 1249 | 1249 |
| 2 | 771 | 771 | 771 | 771 | 771 |
| 3 | 1332 | 1332 | 1332 | 1332 | 1332 |

　1行目で列名の変更を行っています。2行目で、列cluster毎に集計を行っています。

　ここでは、count()によりデータ件数を取っているので、どの列も同じ数字になっています。この結果から、グループ3が最も多く、1332人の顧客が存在し、次いで、グループ1、グループ0、グループ2の順番となっています。

　それでは、これらのグループの特徴を掴むためにグループ毎の平均値を集計してみます。

```
customer_clustering.groupby("cluster").mean()
```

**▪図：グループ毎の平均**

```
[8]  customer_clustering.groupby("cluster").mean()
```

| cluster | 月内平均値 | 月内中央値 | 月内最大値 | 月内最小値 | 会員期間 |
|---|---|---|---|---|---|
| 0 | 8.061942 | 8.047024 | 10.014286 | 6.175000 | 7.019048 |
| 1 | 4.677561 | 4.670937 | 7.233787 | 2.153723 | 36.915933 |
| 2 | 3.065504 | 2.900130 | 4.783398 | 1.649805 | 9.276265 |
| 3 | 5.539535 | 5.391141 | 8.756006 | 2.702703 | 14.867868 |

　結果を見ると、グループ0は会員期間が短く、利用率が高い顧客であることがわかります。また、グループ2は、会員期間が短く、最も利用率が低い顧客となって、グループ1、グループ3は、グループ0、グループ2よりも会員期間が長くなっています。グループ1、グループ3を比較すると、会員期間が長いグループ1の方が若干利用率は低く出ています。このように、グループ毎に集計を行うと、グルー

プの特徴が見えてきます。グループの特徴がわかれば、これらのグループ毎に別の施策を打つことが可能になります。

　今回は、変数を5つしか選択していませんが、さらに特徴的な変数を組み込むことで、より複雑なグルーピングも可能になります。

　次に、簡易的にクラスタリング結果を可視化してみましょう。

## ⚾🏏 ノック34：
## クラスタリング結果を可視化してみよう

　ここでは、複数の変数をどのように可視化すれば良いのかを説明していきます。

　ここまで扱ってきたクラスタリングに使用した変数は5つです。5つの変数を二次元上にプロットする場合、**次元削除**を行います。次元削除とは、教師なし学習の一種で、情報をなるべく失わないように変数を削減して、新しい軸を作り出すことです。これによって、5つの変数を2つの変数で表現することができ、グラフ化することが可能になります。ここでは、次元削除の代表的な手法である**主成分分析**を用います。また、主成分分析をやる際にも、ノック32で用いた標準化したデータを用いましょう。

```python
from sklearn.decomposition import PCA
X = customer_clustering_sc
pca = PCA(n_components=2)
pca.fit(X)
x_pca = pca.transform(X)
pca_df = pd.DataFrame(x_pca)
pca_df["cluster"] = customer_clustering["cluster"]
```

```python
import matplotlib.pyplot as plt
%matplotlib inline
for i in customer_clustering["cluster"].unique():
    tmp = pca_df.loc[pca_df["cluster"]==i]
    plt.scatter(tmp[0], tmp[1])
```

■図：次元削除による可視化

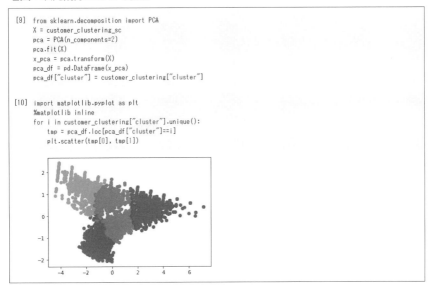

```
[9]  from sklearn.decomposition import PCA
     X = customer_clustering_sc
     pca = PCA(n_components=2)
     pca.fit(X)
     x_pca = pca.transform(X)
     pca_df = pd.DataFrame(x_pca)
     pca_df["cluster"] = customer_clustering["cluster"]


[10] import matplotlib.pyplot as plt
     %matplotlib inline
     for i in customer_clustering["cluster"].unique():
         tmp = pca_df.loc[pca_df["cluster"]==i]
         plt.scatter(tmp[0], tmp[1])
```

　前半のブロックでは、主成分分析を行っています。1行目で主成分分析のライブラリをインポートしています。3行目でモデルを定義し、4行目、5行目で主成分分析を実行しています。2次元に削減したデータをpca_dfとしてデータフレームに格納し、ノック32で作成したクラスタリング結果を付与しています。

　後半のブロックでは、matplotlibによる可視化を行っています。3行目からのfor文でグループ毎に散布図をプロットすることで、色分けしたグラフを表示しています。

　この結果を見ると、綺麗に色分けされており、情報を残したまま綺麗に削減できていることがわかります。一般的には、今回作成された2つの軸(変数)が、どの変数から成り立っているかを分析していくと、軸の意味づけが可能となりますが、この本では、次元削除の話はここまでに留めます。

　それでは、次にクラスタリング結果を深掘りして、退会顧客の傾向の把握を行っていきます。

## ノック35：
## クラスタリング結果をもとに退会顧客の傾向を把握しよう

　クラスタリングによって、4つのグループに分割しましたが、これらのグループの継続顧客と退会顧客はどのくらいいるのでしょうか。

　継続顧客と退会顧客の集計を行ってみましょう。

　まずは、退会顧客を特定するためにis_deleted列をcustomer_clusteringに追加し、cluster、is_deleted毎に集計を行ってみます。

```
customer_clustering = pd.concat([customer_clustering, customer], axis=1)
customer_clustering.groupby(["cluster","is_deleted"],as_index=False).count()[["cluster","is_deleted","customer_id"]]
```

**■図：グループごとの退会/継続顧客の集計**

```
[11] customer_clustering = pd.concat([customer_clustering, customer], axis=1)
     customer_clustering.groupby(["cluster","is_deleted"],as_index=False).count()[["cluster","is_deleted","customer_id"]]
```

| | cluster | is_deleted | customer_id |
|---|---|---|---|
| 0 | 0 | 0 | 821 |
| 1 | 0 | 1 | 19 |
| 2 | 1 | 0 | 1231 |
| 3 | 1 | 1 | 18 |
| 4 | 2 | 1 | 771 |
| 5 | 3 | 0 | 790 |
| 6 | 3 | 1 | 542 |

　1行目、customer_clusteringにcustomerを結合しています。customer_clusteringとcustomerはindexで紐付けされているので、concatで列の結合が可能です。2行目で、cluster、is_deleted毎にcustmer_idの件数を集計しています。

　結果を見てみると、グループ0、グループ1は、継続顧客が多く、グループ2は退会顧客が多く、グループ3はバランス良く含まれています。

　ノック33の集計結果も鑑みて考えると、グループ0は、会員期間が短く初期のモチベーション等が影響しているのか全体的に利用率が高く、グループ1は会

員期間が長く利用率はグループ0よりも低いが継続顧客が多いことを考えると、利用が安定していることなどが考えられます。

　それでは、定期利用しているかどうかも見ていきましょう。

```
customer_clustering.groupby(["cluster","routine_flg"],as_index=False).cou
nt()[["cluster","routine_flg","customer_id"]]
```

■図：グループ/定期利用Flg毎の集計

```
customer_clustering.groupby(["cluster","routine_flg"],as_index=False).count()[["cluster","routine_flg","customer_id"]]
```

| | cluster | routine_flg | customer_id |
|---|---|---|---|
| 0 | 0 | 0 | 52 |
| 1 | 0 | 1 | 788 |
| 2 | 1 | 0 | 2 |
| 3 | 1 | 1 | 1247 |
| 4 | 2 | 0 | 499 |
| 5 | 2 | 1 | 272 |
| 6 | 3 | 0 | 226 |
| 7 | 3 | 1 | 1106 |

　次は、定期的にジムを利用している場合のフラグ作成を行いましょう。

　先ほどと同様に、groupbyを用いて、cluster、routine_flg毎にcustmer_idの件数を集計しています。

　この結果から、継続顧客が多いグループ0、グループ1には定期利用している顧客が多いことがわかります。これは第3章でも見えていた特徴と一致し、直感的に理解しやすいです。

　このように、クラスタリングによるグループ化を行うことで、顧客の特徴を掴むことができます。さらに、分析の目的に応じて様々な切り口で分析を進めていくと良いでしょう。

　ここからは、利用回数の**予測モデル**を作成していきます。

　これまでの分析からも、顧客の利用の仕方(行動)が重要であることが見えてきています。そこで、顧客の過去の行動データから翌月の利用回数を予測することに挑戦してみましょう。

## ノック36：
## 翌月の利用回数予測を行うための準備をしよう

　顧客の過去の行動データから翌月の利用回数を予測する場合は、**教師あり学習の回帰**を用います。教師あり学習では、あらかじめ正解がわかっているデータを用いて予測を行います。今回の予測したい利用回数というデータは、数字データなので教師あり学習の回帰となります（詳細はAppendix ②に記載）。ここでは、過去6ヶ月の利用データを用いて、翌月の利用データを予測しましょう。

　それでは、過去のデータから翌月の利用回数を予測する場合にどんなデータを準備すれば良いのかを考えてみましょう。当月が2018年10月で2018年11月の利用回数を予測することを考えてみます。予測が目的なので、当然2018年11月以降のデータは使用できません。この場合、2018年5月〜10月の6ヶ月の利用データと2018年11月の利用回数を教師データとして学習に使います。つまり、これまでの顧客データとは違いある特定の顧客の特定の月のデータを作成する必要があります。

　まずは、uselogデータを用いて年月、顧客毎に集計を行いましょう。

```
uselog["usedate"] = pd.to_datetime(uselog["usedate"])
uselog["年月"] = uselog["usedate"].dt.strftime("%Y%m")
uselog_months = uselog.groupby(["年月","customer_id"],as_index=False).count()
uselog_months.rename(columns={"log_id":"count"}, inplace=True)
del uselog_months["usedate"]
uselog_months.head()
```

　こちらはノック25とほぼ同じコードになります。
　strftimeで文字列の年月列を作成し、年月、顧客毎にlog_idを集計しています。
　次に、当月から過去5ヶ月分の利用回数と、翌月の利用回数を付与していきます。
　データの関係上、対象となる年月は、2018年10月から2019年3月までの半年になります。

```
year_months = list(uselog_months["年月"].unique())
```

```
predict_data = pd.DataFrame()
for i in range(6, len(year_months)):
    tmp = uselog_months.loc[uselog_months["年月"]==year_months[i]].copy()
    tmp.rename(columns={"count":"count_pred"}, inplace=True)
    for j in range(1, 7):
        tmp_before = uselog_months.loc[uselog_months["年月"]==year_
months[i-j]].copy()
        del tmp_before["年月"]
        tmp_before.rename(columns={"count":"count_{}".format(j-1)}, inpla
ce=True)
        tmp = pd.merge(tmp, tmp_before, on="customer_id", how="left")
    predict_data = pd.concat([predict_data, tmp], ignore_index=True)
predict_data.head()
```

**■図：データ整形結果**

```
[13] uselog["usedate"] = pd.to_datetime(uselog["usedate"])
     uselog["年月"] = uselog["usedate"].dt.strftime("%Y%m")
     uselog_months = uselog.groupby(["年月","customer_id"],as_index=False).count()
     uselog_months.rename(columns=["log_id":"count"], inplace=True)
     del uselog_months["usedate"]
     uselog_months.head()
```

|  | 年月 | customer_id | count |
|---|---|---|---|
| 0 | 201804 | AS002855 | 4 |
| 1 | 201804 | AS009013 | 2 |
| 2 | 201804 | AS009373 | 3 |
| 3 | 201804 | AS015315 | 6 |
| 4 | 201804 | AS015739 | 7 |

```
[14] year_months = list(uselog_months["年月"].unique())
     predict_data = pd.DataFrame()
     for i in range(6, len(year_months)):
         tmp = uselog_months.loc[uselog_months["年月"]==year_months[i]].copy()
         tmp.rename(columns=["count":"count_pred"], inplace=True)
         for j in range(1, 7):
             tmp_before = uselog_months.loc[uselog_months["年月"]==year_months[i-j]].copy()
             del tmp_before["年月"]
             tmp_before.rename(columns=["count":"count_{}".format(j-1)], inplace=True)
             tmp = pd.merge(tmp, tmp_before, on="customer_id", how="left")
         predict_data = pd.concat([predict_data, tmp], ignore_index=True)
     predict_data.head()
```

|  | 年月 | customer_id | count_pred | count_0 | count_1 | count_2 | count_3 | count_4 | count_5 |
|---|---|---|---|---|---|---|---|---|---|
| 0 | 201810 | AS002855 | 3 | 7.0 | 3.0 | 5.0 | 5.0 | 5.0 | 4.0 |
| 1 | 201810 | AS008805 | 2 | 2.0 | 5.0 | 7.0 | 8.0 | NaN | NaN |
| 2 | 201810 | AS009373 | 5 | 6.0 | 6.0 | 7.0 | 4.0 | 4.0 | 3.0 |
| 3 | 201810 | AS015233 | 7 | 9.0 | 11.0 | 5.0 | 7.0 | 7.0 | NaN |
| 4 | 201810 | AS015315 | 4 | 7.0 | 3.0 | 6.0 | 3.0 | 3.0 | 6.0 |

1行目で、今回対象となる年月データをリストに格納しています。

その後、for文を使って、2018年10月から2019年3月までを回しています。その中で、過去6ヶ月分の利用データを取得し、それらを列に追加しています。

出力結果を見るとわかると思いますが、count_pred列が予測したい月のデータで、count_0から当月、1ヶ月、2ヶ月前と過去6ヶ月のデータを並べています。

2行目のデータのcount_4、count_5に欠損値が入っていますが、これは、まだ入会してからの期間が短く、データが存在しないためです。

機械学習を行う場合は、欠損値の対応を行う必要がありますので、除去しましょう。これによって、対象顧客は6ヶ月以上滞在している顧客に絞られます。

```
predict_data = predict_data.dropna()
predict_data = predict_data.reset_index(drop=True)
predict_data.head()
```

dropnaで欠損値を含むデータを除去した後、indexを初期化しています。

これで、基本となるデータが完成しました。

次は、特徴となる変数をいくつか足しましょう。

## ⚾ ノック37：
## 特徴となる変数を付与しよう

ここでは、特徴となるデータを付与していきます。ここでは、会員期間を付与したいと思います。会員期間は、時系列毎に変化が見られるので、今回のデータのようにベースとなるデータが時系列別に持っているデータの場合、有効である可能性があります。まずは、顧客データであるcustomerのstart_date列を先ほど作成したpredict_dataに結合しましょう。

```
predict_data = pd.merge(predict_data, customer[["customer_id","start_date"]], on="customer_id", how="left")
predict_data.head()
```

**■図：顧客データのstart_date列の結合**

```
[16]  predict_data = pd.merge(predict_data, customer[["customer_id","start_date"]], on="customer_id", how="left")
      predict_data.head()
```

|  | 年月 | customer_id | count_pred | count_0 | count_1 | count_2 | count_3 | count_4 | count_5 | start_date | |
|---|---|---|---|---|---|---|---|---|---|---|---|
| 0 | 201810 | AS002855 | 3 | 7.0 | 3.0 | 5.0 | 5.0 | 5.0 | 4.0 | 2016-11-01 | |
| 1 | 201810 | AS009373 | 5 | 6.0 | 6.0 | 7.0 | 4.0 | 4.0 | 3.0 | 2015-11-01 | |
| 2 | 201810 | AS015315 | 4 | 7.0 | 3.0 | 6.0 | 3.0 | 3.0 | 6.0 | 2015-07-01 | |
| 3 | 201810 | AS015739 | 5 | 6.0 | 5.0 | 8.0 | 6.0 | 5.0 | 7.0 | 2017-06-01 | |
| 4 | 201810 | AS019860 | 7 | 5.0 | 7.0 | 4.0 | 6.0 | 8.0 | 6.0 | 2017-10-01 | |

結果を見ると、start_date列が追加されているのが確認できます。

次に、年月とstart_dateの差から、会員期間を月単位で作成してみましょう。

```
predict_data["now_date"] = pd.to_datetime(predict_data["年月"], format="%Y%m")
predict_data["start_date"] = pd.to_datetime(predict_data["start_date"])
from dateutil.relativedelta import relativedelta
predict_data["period"] = None
for i in range(len(predict_data)):
    delta = relativedelta(predict_data.loc[i,"now_date"], predict_data.loc[i,"start_date"])
    predict_data.loc[i,"period"] = delta.years*12 + delta.months
predict_data.head()
```

**■図：会員期間の追加**

```
[17]  predict_data["now_date"] = pd.to_datetime(predict_data["年月"], format="%Y%m")
      predict_data["start_date"] = pd.to_datetime(predict_data["start_date"])
      from dateutil.relativedelta import relativedelta
      predict_data["period"] = None
      for i in range(len(predict_data)):
          delta = relativedelta(predict_data.loc[i,"now_date"], predict_data.loc[i,"start_date"])
          predict_data.loc[i,"period"] = delta.years*12 + delta.months
      predict_data.head()
```

|  | 年月 | customer_id | count_pred | count_0 | count_1 | count_2 | count_3 | count_4 | count_5 | start_date | now_date | period | |
|---|---|---|---|---|---|---|---|---|---|---|---|---|---|
| 0 | 201810 | AS002855 | 3 | 7.0 | 3.0 | 5.0 | 5.0 | 5.0 | 4.0 | 2016-11-01 | 2018-10-01 | 23 | |
| 1 | 201810 | AS009373 | 5 | 6.0 | 6.0 | 7.0 | 4.0 | 4.0 | 3.0 | 2015-11-01 | 2018-10-01 | 35 | |
| 2 | 201810 | AS015315 | 4 | 7.0 | 3.0 | 6.0 | 3.0 | 3.0 | 6.0 | 2015-07-01 | 2018-10-01 | 39 | |
| 3 | 201810 | AS015739 | 5 | 6.0 | 5.0 | 8.0 | 6.0 | 5.0 | 7.0 | 2017-06-01 | 2018-10-01 | 16 | |
| 4 | 201810 | AS019860 | 7 | 5.0 | 7.0 | 4.0 | 6.0 | 8.0 | 6.0 | 2017-10-01 | 2018-10-01 | 12 | |

1行目、2行目で、文字列データである年月列、start_date列をdatetime型

に変換しています。その後は、ノック28でも扱ったように、relativedeltaを使用して会員期間を求めています。

　表示された結果で、計算が正しく行われたのを確認しましょう。

　それでは、いよいよ予測モデルを作成していきます。

## ノック38：
## 来月の利用回数予測モデルを作成しよう

　いよいよ予測モデルを作成していくのですが、今回は2018年4月以降に新規に入った顧客に絞ってモデル作成を行います。古くからいる顧客は、入店時期のデータが存在せず、利用回数が安定状態に入っている可能性があります。そのため、今回は除外してモデル作成を行っていきます。

　ここで使用する回帰モデルは、scikit-learnの**LinearRegression**となります。これは、**線形回帰モデル**と呼ばれ、非常にシンプルな式で表されます。

　また、データを**学習用データ**と**評価用データ**に分割して、学習を行うようにしましょう。

```
predict_data = predict_data.loc[predict_data["start_date"]>=pd.to_datetim
e("20180401")]
from sklearn import linear_model
import sklearn.model_selection
model = linear_model.LinearRegression()
X = predict_data[["count_0","count_1","count_2","count_3","count_4","coun
t_5","period"]]
y = predict_data["count_pred"]
X_train, X_test, y_train, y_test = sklearn.model_selection.train_test_spl
it(X,y, random_state=0)
model.fit(X_train, y_train)
```

**■図：予測モデル構築**

```
[18] predict_data = predict_data.loc[predict_data["start_date"]>=pd.to_datetime("20180401")]
     from sklearn import linear_model
     import sklearn.model_selection
     model = linear_model.LinearRegression()
     X = predict_data[["count_0","count_1","count_2","count_3","count_4","count_5","period"]]
     y = predict_data["count_pred"]
     X_train, X_test, y_train, y_test = sklearn.model_selection.train_test_split(X,y, random_state=0)
     model.fit(X_train, y_train)

     LinearRegression()
```

1行目は、2018年4月以降に新規に入った顧客に絞り込んでいます。

2行目、3行目は、sklearnで線形回帰を行うためのライブラリと、学習用データと評価用データに分割するためのライブラリを読みこんでいます。

その後、モデルの初期化を行い、予測に使う変数Xと予測したい変数yを定義しています。予測に使う変数のことを**説明変数**、予測したい変数のことを**目的変数**と呼びます。

その後、学習用データと評価用データに分割しています。分割の比率は指定することもできますが、無指定の場合、学習用データ75%、評価用データ25%に分割します。その後、学習用データを用いてモデルを作成しています。

ここで、少しだけ、学習用データと評価用データに分割する理由を説明します。機械学習は、あくまでも未知のデータを予測するのが目的となります。そのため、学習に用いたデータに過剰適合してしまうと、未知なデータに対応できなくなり、この状態を**過学習状態**と呼びます。そのため、学習用データで学習を行い、モデルにとっては未知のデータである評価用データで精度の検証を行います。

それでは、精度を検証してみましょう。

```
print(model.score(X_train, y_train))
print(model.score(X_test, y_test))
```

**■図：回帰モデルの精度**

```
[19] print(model.score(X_train, y_train))
     print(model.score(X_test, y_test))

     0.6111525903215709
     0.5964633323568842
```

　構築したmodelに、学習用データ、評価用データを渡すとscoreが算出できます。

　どちらもおよそ60%程度の精度を示しています。

　より詳細に、モデルの評価を行う場合は、**残差プロット**などがありますので、少し調べてみると良いと思います。

　これで、**回帰予測モデル**が構築できました。

　変数を変えたり、データの抽出条件を変えたりすることで、精度も変わるのでいろいろと試してみると良いと思います。

　それでは、次に、このモデルに寄与している変数を確認しましょう。

　精度の高い予測モデルを構築しても、それがどのようなモデルなのかを理解しないと、いろんな場面で説明ができません。説明ができないと現場で運用する側も納得できずに、導入が見送られてしまうこともあります。実際に筆者も経験しましたが、精度の高いブラックボックスなモデルよりも、精度が低くても説明可能なモデルが使用されることも多々あります。

## ノック39： モデルに寄与している変数を確認しよう

　では、説明変数ごとに、寄与している変数の係数を出力してみます。

```
coef = pd.DataFrame({"feature_names":X.columns, "coefficient":model.coe
f_})
coef
```

**■図：寄与している変数**

```
[20]  coef = pd.DataFrame({"feature_names":X.columns, "coefficient":model.coef_})
      coef
```

|   | feature_names | coefficient | ✎ |
|---|---|---|---|
| 0 | count_0 | 0.359133 | |
| 1 | count_1 | 0.181937 | |
| 2 | count_2 | 0.151177 | |
| 3 | count_3 | 0.184593 | |
| 4 | count_4 | 0.076946 | |
| 5 | count_5 | 0.058731 | |
| 6 | period | 0.047007 | |

　実行すると、変数名と係数が出力されます。count_0が最も大きく、過去に遡るほど寄与が小さくなる傾向にあることがわかります。つまり、直近の利用回数が翌月の利用回数に大きく影響しているということです。これは、直感的にも理解しやすい結果となっています。

　これで、モデル構築からモデルの特性まで理解することができました。

　最後に、適当に変数を作成し、予測を行ってみましょう。

## ⚾ ノック40：
## 来月の利用回数を予測しよう

　今回は、2人の顧客の利用データを作成してみましょう。

　1人目は、6ヶ月前から1ヶ月毎に7回、8回、6回、4回、4回、3回来ている顧客で、2人目は、6回、4回、3回、3回、2回、2回来ている顧客で、どちらも8ヶ月の在籍期間の顧客の翌月の来店回数を予測します。

　まずは、それぞれの顧客の利用履歴をリストに格納し、データを作成します。

```
x1 = [3, 4, 4, 6, 8, 7, 8]
x2 = [2, 2, 3, 3, 4, 6, 8]
x_pred = pd.DataFrame(data=[x1, x2],columns=["count_0","count_1","count_2
","count_3","count_4","count_5","period"])
```

作成が完了したら、modelを用いて予測を行います。

```
model.predict(x_pred)
```

■図：予測結果

```
[21] x1 = [3, 4, 4, 6, 8, 7, 8]
     x2 = [2, 2, 3, 3, 4, 6, 8]
     x_pred = pd.DataFrame(data=[x1, x2],columns=["count_0","count_1","count_2","count_3","count_4","count_5","period"])

[22] model.predict(x_pred)

     array([3.77011036, 1.97563148])
```

実行すると、顧客1と顧客2の予測結果がarrayで戻ってきます。

つまり、1人目は、3.8回、2人目は1.9回来ると予測されました。

実際には、構築したモデルはシステムに組み込み、当月が締まった段階で、過去のデータから予測が行われ翌月の利用回数を一斉に集計する仕組みになると考えられます。

このように、自動で予測が行えることで、翌月に行う様々な施策に活用していくことができます。

最後に、次章でも使用できるように、uselog_monthsデータを出力しておきましょう。

```
uselog_months.to_csv("use_log_months.csv",index=False)
```

これで、本章の10本ノックは終了です。

第3章に引き続きスポーツジムのデータを用いて、機械学習を活用して分析を行ったり、予測モデルの構築をしたりしました。コンピュータの知恵を借りながら、分析していくというイメージは湧きましたでしょうか。

次章では、いよいよスポーツジムの退会予測を教師あり学習の分類を用いて行っていきます。

# 第5章
# 顧客の退会を予測する
# 10本ノック

　前章で紹介したクラスタリングによる行動分析は、使い方次第で数多くの可能性がある技術です。行動パターンを分析できるということは、どういった顧客が退会してしまうのかという退会予測もある程度の精度で行うことができ、退会を避けるためのある程度の施策を前もって講じるということも可能になります。

　本章では、既に退会してしまった顧客と継続して利用している顧客のデータを用いて、顧客が退会してしまうのかを予測する流れを、「決定木」と呼ばれる教師あり学習の分類アルゴリズムを用いて学びます。決定木は、シンプルな手法ではありますが、わかりやすく原因の分析を行うことができることから、ビジネスの現場では頻繁に用いられます。それでは、これまでと同様に、まずはデータの読み込みから始めていきましょう。

---

ノック41：データを読み込んで利用データを整形しよう
ノック42：退会前月の退会顧客データを作成しよう
ノック43：継続顧客のデータを作成しよう
ノック44：予測する月の在籍期間を作成しよう
ノック45：欠損値を除去しよう
ノック46：文字列型の変数を処理できるように整形しよう
ノック47：決定木を用いて退会予測モデルを作成してみよう
ノック48：予測モデルの評価を行い、モデルのチューニングをしてみよう
ノック49：モデルに寄与している変数を確認しよう
ノック50：顧客の退会を予測しよう

## 顧客の声

　前回の詳細分析で、かなりいろいろなことがわかってきたので、是非また継続して、分析をお願いします。詳細分析をしていただいて、わかってきたことは多いのですが、よくよく考えてみたら、顧客を定着させて、増やしていくことを考えると、そもそも退会してしまうのを防ぐ必要がありますよね。退会してしまう人がなぜ退会するのかとか、そういう原因を知ることって、できたりするものなんですか?

## 前提条件

　第3章、第4章に引き続き、スポーツジムのデータを取り扱っていきます。
　これまでのデータに加えて、第4章で作成した利用履歴を年月/顧客毎に集計したuse_log_months.csvデータが追加されています。
　ここでは、use_log_months.csv、customer_join.csvを使用していきます。

### ■表:データ一覧

| No. | ファイル名 | 概要 |
|---|---|---|
| 1 | use_log.csv | ジムの利用履歴データ。期間は2018年4月〜2019年3月 |
| 2 | customer_master.csv | 2019年3月末時点での会員データ |
| 3 | class_master.csv | 会員区分データ(オールタイム、デイタイム等) |
| 4 | campaign_master.csv | キャンペーン区分データ(入会費無料等) |
| 5 | customer_join.csv | 第3章で作成した利用履歴を含んだ顧客データ |
| 6 | use_log_months.csv | 第4章で作成した利用履歴を年月/顧客毎に集計したデータ |

> ⚾ **ノック41：**
> **データを読み込んで利用データを整形**
> **しよう**

それでは、use_log_months.csv、customer_join.csvのみ読み込んでおきましょう。

customer_join.csv を 変 数 customer と し て、use_log_months.csv を uselog_monthsとして読み込みます。

```
import pandas as pd
customer = pd.read_csv('customer_join.csv')
uselog_months = pd.read_csv('use_log_months.csv')
```

次に、機械学習用に利用データを加工します。ノック36で取り扱ったのと同じように、ここでも未来の予測を行います。ただし、第4章で利用回数を予測した際とは違い、当月と1ヶ月前のデータの利用履歴のみのデータを作成します。前回と同様に過去6ヶ月分のデータから予測する場合、5ヶ月以内の退会は予測できません。第3章から見てきたように、ほんの数ヶ月で辞めてしまう顧客も多いので、過去6ヶ月分のデータからの予測では意味がありません。まずは、当月と過去1ヶ月の利用回数を集計したデータを作成しましょう。

ノック36が参考になるかと思います。

```
year_months = list(uselog_months["年月"].unique())
uselog = pd.DataFrame()
for i in range(1, len(year_months)):
    tmp = uselog_months.loc[uselog_months["年月"]==year_months[i]].copy()
    tmp.rename(columns={"count":"count_0"}, inplace=True)
    tmp_before = uselog_months.loc[uselog_months["年月"]==year_months[
i-1]].copy()
    del tmp_before["年月"]
    tmp_before.rename(columns={"count":"count_1"}, inplace=True)
    tmp = pd.merge(tmp, tmp_before, on="customer_id", how="left")
    uselog = pd.concat([uselog, tmp], ignore_index=True)
```

```
uselog.head()
```

**■図：利用データの読み込み結果**

```
[3]  import pandas as pd
     customer = pd.read_csv('customer_join.csv')
     uselog_months = pd.read_csv('use_log_months.csv')

[4]  year_months = list(uselog_months["年月"].unique())
     uselog = pd.DataFrame()
     for i in range(1, len(year_months)):
         tmp = uselog_months.loc[uselog_months["年月"]==year_months[i]].copy()
         tmp.rename(columns={"count":"count_0"}, inplace=True)
         tmp_before = uselog_months.loc[uselog_months["年月"]==year_months[i-1]].copy()
         del tmp_before["年月"]
         tmp_before.rename(columns={"count":"count_1"}, inplace=True)
         tmp = pd.merge(tmp, tmp_before, on="customer_id", how="left")
         uselog = pd.concat([uselog, tmp], ignore_index=True)
     uselog.head()
```

|   | 年月 | customer_id | count_0 | count_1 |
|---|------|-------------|---------|---------|
| 0 | 201805 | AS002855 | 5 | 4.0 |
| 1 | 201805 | AS009373 | 4 | 3.0 |
| 2 | 201805 | AS015233 | 7 | NaN |
| 3 | 201805 | AS015315 | 3 | 6.0 |
| 4 | 201805 | AS015739 | 5 | 7.0 |

ノック36と同様に1行目で年月をリスト化しています。

それを用いてfor文で、当月と1ヶ月前の利用回数を集計しています。ノック36と違い、今回は1ヶ月前のみなので、2018年5月からfor文を回しています。

それでは、次に退会前月のデータを作成します。

## ノック42：
## 退会前月の退会顧客データを作成しよう

ここで、退会前月のデータを作成しますが、なぜend_date列の退会月ではなく退会前月を作成するのでしょうか。

退会の予測をする目的は、退会を未然に防ぐことです。このジムでは、月末までに退会申請を提出することで、翌月末で退会できます。例えば、2018年9月30日で退会した顧客がいたとします。その場合、8月には退会申請を提出してお

り、9月のデータを用いても未然に防ぐことはできません（次図参照）。そこで、退会月を2018年8月として、その1ヶ月前の7月のデータから8月に退会申請を出す確率を予測するのです。

■図：退会月の関係性

それでは、まず退会した顧客に絞り込んで、end_date列の1ヶ月前の年月を取得し、ノック41で整形したuselogとcustomer_id、年月をキーにして結合しましょう。

```python
from dateutil.relativedelta import relativedelta
exit_customer = customer.loc[customer["is_deleted"]==1].copy()
exit_customer["exit_date"] = None
exit_customer["end_date"] = pd.to_datetime(exit_customer["end_date"])
for i in exit_customer.index:
    exit_customer.loc[i,"exit_date"] = exit_customer.loc[i,"end_date"] -
relativedelta(months=1)
exit_customer["exit_date"] = pd.to_datetime(exit_customer["exit_date"])
exit_customer["年月"] = exit_customer["exit_date"].dt.strftime("%Y%m")
uselog["年月"] = uselog["年月"].astype(str)
exit_uselog = pd.merge(uselog, exit_customer, on=["customer_id", "年月"],
how="left")
print(len(uselog))
exit_uselog.head()
```

## ■■図：データの整形結果

　新たにexit_dateという列を作成し、end_dateの1ヶ月前を計算しています。そこで得た日付を年月に変換し、uselogをベースにして、結合しています。データ件数と先頭5行を表示しています。

　データ件数は、uselogをベースにしているので、33851件存在します。結合したデータは、退会した顧客の退会前月のデータのみなので欠損値が多く発生しています。

　結合してデータが欠損していないものだけ残して、あとは除外しましょう。

```
exit_uselog = exit_uselog.dropna(subset=["name"])
print(len(exit_uselog))
print(len(exit_uselog["customer_id"].unique()))
exit_uselog.head()
```

## ■■図：欠損値の除去

　これまでにも確認しているように、customerデータはend_date以外に欠損値はありません。そのため、customerデータのname列が欠損値であった場合、退会前月データと結合できない不要なデータと言えるでしょう。

　実際に、データ件数と、customer_idのユニーク数を数えると、一致していることがわかります。これは、ある特定の顧客が辞める前月の状態を表しているデー

タとなります。

　これで、退会顧客のデータが作成できました。では、退会していない継続顧客のデータも作成しましょう。

## ノック43：
## 継続顧客のデータを作成しよう

　続いて継続顧客のデータを作成していきます。継続顧客は、退会月があるわけではないので、どの年月のデータを作成しても良いです。そのため、継続顧客に絞り込んだ後、uselogデータに結合することで作成を行います。

```
conti_customer = customer.loc[customer["is_deleted"]==0]
conti_uselog = pd.merge(uselog, conti_customer, on=["customer_id"], how="
left")
print(len(conti_uselog))
conti_uselog = conti_uselog.dropna(subset=["name"])
print(len(conti_uselog))
```

　uselogとの結合は、customer_idのみで行っています。先ほども述べたように、退会月がないので、2018年5月のAさんのデータでも2018年の12月のAさんのデータでも継続顧客のデータとして使用できます。

　また、ノック42と同様にname列が欠損している場合のデータを除去し、退会顧客を除外しています。これによってデータ件数が、33851件から27422件まで減っています。

　どのデータを継続顧客のデータに活用しても良いのですが、退会データが1104件しかないため、27422件のデータ全てを継続顧客のデータにする場合、不均衡なデータとなってしまいます。クレジットカードの不正検知のように、数%しか片方のデータがない場合は、サンプル数を調整していくことが多いです。

　まずは、簡単に、継続顧客も、顧客あたり1件になるようにアンダーサンプリングしましょう。つまり、2018年5月のAさんか2018年の12月のAさんのどちらかを選ぶということです。

　そのために、データをシャッフルして、重複を削除する方法をとります。

```
conti_uselog = conti_uselog.sample(frac=1, random_state=0).reset_index(dr
op=True)
```
```
conti_uselog = conti_uselog.drop_duplicates(subset="customer_id")
```
```
print(len(conti_uselog))
```
```
conti_uselog.head()
```

### ■図：継続顧客データの作成

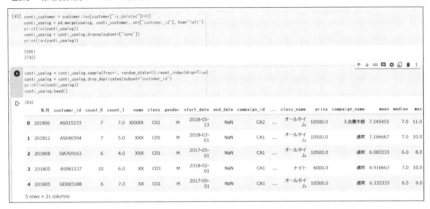

1行目でデータのシャッフルを行い、2行目でcustomer_idが重複しているデータは最初のデータのみを取得します。件数は2842件まで減りました。

これで、継続顧客のデータも作成できました。

それでは、継続顧客のデータと、退会顧客のデータを縦に結合しましょう。

```
predict_data = pd.concat([conti_uselog, exit_uselog],ignore_index=True)
```
```
print(len(predict_data))
```
```
predict_data.head()
```

**図：継続顧客と退会顧客の結合**

実行すると、データ件数とデータの先頭5行が表示されます。

データ件数は、退会顧客の1104件と継続顧客の2842件が結合されるので、3946件になります。

これで、継続と退会の両方が混ざったベースデータが作成できました。

次は、変数を少し追加していきます。

## ノック44： 予測する月の在籍期間を作成しよう

第4章とも同様ですが、時間的な要素が入ったデータなので、在籍期間などのデータを変数として用いるのは良いアプローチと考えられます。そこで、在籍期間の列を追加しましょう。

ノック37を見返しながら実行してみましょう。

```
predict_data["period"] = 0
predict_data["now_date"] = pd.to_datetime(predict_data["年月"], format="%Y%m")
predict_data["start_date"] = pd.to_datetime(predict_data["start_date"])
for i in range(len(predict_data)):
    delta = relativedelta(predict_data.loc[i, "now_date"], predict_data.loc[i, "start_date"])
    predict_data.loc[i, "period"] = int(delta.years*12 + delta.months)
predict_data.head()
```

**■図：在籍期間の作成**

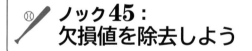

```
[47] predict_data["period"] = 0
     predict_data["now_date"] = pd.to_datetime(predict_data["年月"], format="%Y%m")
     predict_data["start_date"] = pd.to_datetime(predict_data["start_date"])
     for i in range(len(predict_data)):
         delta = relativedelta(predict_data.loc[i, "now_date"], predict_data.loc[i, "start_date"])
         predict_data.loc[i, "period"] = int(delta.years*12 + delta.months)
     predict_data.head()
```

| | 年月 | customer_id | count_0 | count_1 | name | class | gender | start_date | end_date | campaign_id | ... | mean | median | max | min | routine_flg |
|---|---|---|---|---|---|---|---|---|---|---|---|---|---|---|---|---|
| 0 | 201806 | AS015233 | 7 | 7.0 | XXXXX | C01 | M | 2018-05-13 | NaN | CA2 | ... | 7.545455 | 7.0 | 11.0 | 4.0 | 1.0 |
| 1 | 201812 | AS046594 | 7 | 5.0 | XXX | C01 | M | 2018-03-01 | NaN | CA1 | ... | 7.166667 | 7.0 | 10.0 | 5.0 | 1.0 |
| 2 | 201808 | OA769163 | 6 | 4.0 | XXX | C01 | M | 2017-05-01 | NaN | CA1 | ... | 6.083333 | 6.0 | 8.0 | 2.0 | 1.0 |
| 3 | 201805 | AS981537 | 10 | 6.0 | XX | C03 | M | 2018-02-01 | NaN | CA1 | ... | 6.916667 | 7.0 | 10.0 | 5.0 | 1.0 |
| 4 | 201805 | GD065188 | 6 | 7.0 | XX | C01 | M | 2017-09-01 | NaN | CA1 | ... | 6.333333 | 6.5 | 9.0 | 3.0 | 1.0 |

5 rows × 24 columns

　在籍期間は、年月とstart_date列の差から求められます。ここでは、年月をnow_date列として作成した後、差を計算し、period列に追加しています。
　列数が多くなってきたので、右にスクロールしていくとperiod列が確認できると思います。
　これで、使用したい説明変数のデータ作成は完了しました。
　次は、機械学習に向けて欠損値処理を行いましょう。

# ノック45：
# 欠損値を除去しよう

　ノック36でも少し触れましたが、機械学習は欠損値があると対応できません。そのため、欠損値は除外するか補間を行う必要があります。ここでは、欠損値が含まれているデータの除去を行います。
　まずは、欠損値の数を把握しましょう。

```
predict_data.isna().sum()
```

**■図：欠損値の集計**

```
[59] predict_data.isna().sum()

     年月                     0
     customer_id            0
     count_0                0
     count_1              255
     name                   0
     class                  0
     gender                 0
     start_date             0
     end_date            2842
     campaign_id            0
     is_deleted             0
     class_name             0
     price                  0
     campaign_name          0
     mean                   0
     median                 0
     max                    0
     min                    0
     routine_flg            0
     calc_date              0
     membership_period      0
     exit_date           2842
     period                 0
     now_date               0
     dtype: int64
```

　集計した結果を見ると、end_date、exit_date、count_1に欠損値があることがわかります。end_dateとexit_dateは退会顧客しか値を持っておらず、継続顧客は欠損値となります。そこで、count_1が欠損しているデータだけ除外しましょう。

```
predict_data = predict_data.dropna(subset=["count_1"])
predict_data.isna().sum()
```

**■図：欠損値の集計**

```
[60] predict_data = predict_data.dropna(subset=["count_1"])
     predict_data.isna().sum()

     年月                        0
     customer_id               0
     count_0                   0
     count_1                   0
     name                      0
     class                     0
     gender                    0
     start_date                0
     end_date               2639
     campaign_id               0
     is_deleted                0
     class_name                0
     price                     0
     campaign_name             0
     mean                      0
     median                    0
     max                       0
     min                       0
     routine_flg               0
     calc_date                 0
     membership_period         0
     exit_date              2639
     period                    0
     now_date                  0
     dtype: int64
```

　dropnaのsubsetで列を指定することで、特定の列が欠損しているデータを除外できます。ここでは、count_1列を指定しています。欠損値を確認してみると、end_date、exit_dateのみが欠損値を持つことが確認できます。

　これで、欠損値の処理も終わりました。

　しかし、まだデータの処理は終わりません。

　次が、機械学習を実行するための最後のデータ処理となります。

---

## ⚾ ノック46：
## 文字列型の変数を処理できるように整形しよう

　機械学習を行う際に、入会キャンペーン区分、会員区分、性別などの文字列データはどのように対応すれば良いのでしょうか。性別などのカテゴリー関連のデータを**カテゴリカル変数**と呼びます。これらのデータも、機械学習をやる上で重要な変数となってきます。これらのデータを活用するためには、routine_flgを作

成したように**フラグ化**することです。これを**ダミー変数化**と言います。それでは、やっていきましょう。

まずは、今回の予測に使用するデータに絞り込みましょう。

ここでは、1ヶ月前の利用回数count_1、**カテゴリー変数**であるcampaign_name、class_name、gender、定期利用かのフラグであるroutine_flg、在籍期間のperiodを**説明変数**に使用し、**目的変数**は、退会フラグであるis_deletedとなります。章の冒頭で述べたように、ここでは教師あり学習の分類を行います。分類は回帰と違い、退会か継続かの離散値を目的変数に用います（詳細はAppendix ②に記載）。

```
target_col = ["campaign_name", "class_name", "gender", "count_1", "routin
e_flg", "period", "is_deleted"]
predict_data = predict_data[target_col]
predict_data.head()
```

**■図：データの絞り込み**

```
target_col = ["campaign_name", "class_name", "gender", "count_1", "routine_flg", "period", "is_deleted"]
predict_data = predict_data[target_col]
predict_data.head()
```

| | campaign_name | class_name | gender | count_1 | routine_flg | period | is_deleted |
|---|---|---|---|---|---|---|---|
| 0 | 入会費半額 | オールタイム | M | 7.0 | 1.0 | 0 | 0.0 |
| 1 | 通常 | オールタイム | M | 5.0 | 1.0 | 9 | 0.0 |
| 2 | 通常 | オールタイム | M | 4.0 | 1.0 | 15 | 0.0 |
| 3 | 通常 | ナイト | M | 6.0 | 1.0 | 3 | 0.0 |
| 4 | 通常 | オールタイム | M | 7.0 | 1.0 | 8 | 0.0 |

データが絞り込まれたのが確認できました。

次は、カテゴリカル変数を用いてダミー変数を作成します。

```
predict_data = pd.get_dummies(predict_data)
predict_data.head()
```

**■図：ダミー変数化**

```
[62] predict_data = pd.get_dummies(predict_data)
     predict_data.head()
```

| | count_1 | routine_flg | period | is_deleted | campaign_name_入会費半額 | campaign_name_入会費無料 | campaign_name_通常 | class_name_オールタイム | class_name_デイタイム | class_name_ナイト | gender_F | gende |
|---|---|---|---|---|---|---|---|---|---|---|---|---|
| 0 | 7.0 | 1.0 | 0 | 0.0 | 1 | 0 | 0 | 1 | 0 | 0 | 0 | |
| 1 | 5.0 | 1.0 | 9 | 0.0 | 0 | 0 | 1 | 1 | 0 | 0 | 0 | |
| 2 | 4.0 | 1.0 | 15 | 0.0 | 0 | 0 | 1 | 1 | 0 | 0 | 0 | |
| 3 | 6.0 | 1.0 | 3 | 0.0 | 0 | 0 | 1 | 0 | 0 | 1 | 0 | |
| 4 | 7.0 | 1.0 | 8 | 0.0 | 0 | 0 | 1 | 1 | 0 | 0 | 0 | |

　pandasは、get_dummiesを使用すると一括でダミー変数化が可能です。文字列データを列に格納し、簡単にダミー変数化してくれます。

　表示結果を見ると、ダミー変数を理解できるかと思います。

　このダミー変数ですが、一点注意が必要です。

　例えば、男性、女性を表現しようと思った場合、女性列（ここではgender_F）に1が格納されていれば女性ですが、0であれば男性として理解でき、わざわざ男性列（ここではgender_M）は必要ありません。会員区分なども同様で、2つとも0であれば、3つ目のflgが立った状態と同じであることがわかります。そのため、それぞれ1つは消す必要があります。ここでは、campaign_name_通常、class_name_ナイト、gender_M列を削除しましょう。

```
del predict_data["campaign_name_通常"]
del predict_data["class_name_ナイト"]
del predict_data["gender_M"]
predict_data.head()
```

**■図：ダミー変数の整理**

```
[63] del predict_data["campaign_name_通常"]
     del predict_data["class_name_ナイト"]
     del predict_data["gender_M"]
     predict_data.head()
```

| | count_1 | routine_flg | period | is_deleted | campaign_name_入会費半額 | campaign_name_入会費無料 | class_name_オールタイム | class_name_デイタイム | gender_F |
|---|---|---|---|---|---|---|---|---|---|
| 0 | 7.0 | 1.0 | 0 | 0.0 | 1 | 0 | 1 | 0 | 0 |
| 1 | 5.0 | 1.0 | 9 | 0.0 | 0 | 0 | 1 | 0 | 0 |
| 2 | 4.0 | 1.0 | 15 | 0.0 | 0 | 0 | 1 | 0 | 0 |
| 3 | 6.0 | 1.0 | 3 | 0.0 | 0 | 0 | 0 | 0 | 0 |
| 4 | 7.0 | 1.0 | 8 | 0.0 | 0 | 0 | 1 | 0 | 0 |

　これで、やっと機械学習モデルを構築する準備が整いました。

「データ分析は、データ加工が8割」とよく言われますが、実際にこのように手を動かしてみると実感できるかと思います。

## ⚾ ノック47：
## 決定木を用いて退会予測モデルを作成してみよう

それでは、準備が整ったので、モデル構築をやっていきます。ここでは、**決定木**というアルゴリズムを用います。あまり細かく説明はしませんが、決定木は**教師あり学習の分類アルゴリズム**で、非常に直感的でわかりやすく、モデルの説明も容易であることから最初に試してみるアルゴリズムとしてよく利用されます。それではやってみましょう。

```
from sklearn.tree import DecisionTreeClassifier
import sklearn.model_selection

exit = predict_data.loc[predict_data["is_deleted"]==1]
conti = predict_data.loc[predict_data["is_deleted"]==0].sample(len(exit),
random_state=0)

X = pd.concat([exit, conti], ignore_index=True)
y = X["is_deleted"]
del X["is_deleted"]
X_train, X_test, y_train, y_test = sklearn.model_selection.train_test_spl
it(X,y, random_state=0)

model = DecisionTreeClassifier(random_state=0)
model.fit(X_train, y_train)
y_test_pred = model.predict(X_test)
print(y_test_pred)
```

## ■図：退会予測モデルの構築結果

```
from sklearn.tree import DecisionTreeClassifier
import sklearn.model_selection

exit = predict_data.loc[predict_data["is_deleted"]==1]
conti = predict_data.loc[predict_data["is_deleted"]==0].sample(len(exit), random_state=0)

X = pd.concat([exit, conti], ignore_index=True)
y = X["is_deleted"]
del X["is_deleted"]
X_train, X_test, y_train, y_test = sklearn.model_selection.train_test_split(X,y, random_state=0)

model = DecisionTreeClassifier(random_state=0)
model.fit(X_train, y_train)
y_test_pred = model.predict(X_test)
print(y_test_pred)
```

```
[1. 0. 0. 1. 0. 1. 0. 1. 1. 0. 1. 1. 1. 1. 0. 1. 0. 0. 0. 1. 1. 1. 1. 1.
 0. 1. 1. 1. 1. 0. 0. 1. 0. 0. 0. 1. 1. 1. 1. 0. 1. 0. 0. 1. 1. 0. 1. 1.
 1. 0. 1. 0. 0. 0. 0. 1. 1. 1. 0. 1. 0. 1. 0. 1. 0. 0. 0. 1. 1. 0. 1. 1.
 1. 0. 1. 1. 1. 1. 1. 1. 1. 1. 0. 1. 0. 1. 1. 0. 0. 0. 1. 0.
 1. 0. 1. 0. 0. 1. 1. 1. 0. 1. 0. 1. 1. 0. 1. 1. 1. 0. 1. 0. 1.
 0. 1. 1. 1. 1. 0. 1. 0. 1. 1. 1. 1. 1. 1. 0. 0. 1. 0. 1. 1.
 0. 1. 0. 1. 1. 1. 0. 0. 1. 1. 0. 0. 0. 0. 1. 1. 1. 1.
 0. 1. 1. 0. 1. 0. 1. 0. 0. 0. 1. 1. 0. 0. 0. 0. 0. 1. 1. 1.
 0. 1. 1. 0. 1. 0. 1. 0. 0. 0. 1. 0. 1. 1. 0. 1. 0. 1. 1. 1.
 1. 1. 1. 0. 1. 0. 1. 1. 1. 1. 1. 0. 1. 0. 1. 1. 1. 0. 1.
 0. 0. 0. 1. 1. 1. 1. 1. 1. 1. 0. 1. 0. 1. 1. 0. 1. 1. 1. 0.
 0. 1. 1. 0. 1. 0. 1. 1. 0. 1. 0. 0. 0. 1. 1. 1. 1. 0.
 0. 1. 0. 1. 0. 0. 1. 0. 1. 1. 1. 0. 0. 1. 0. 1. 1. 0.
 1. 1. 1. 1. 0. 1. 0. 0. 0. 1. 1. 1. 1. 0. 1. 1. 1. 1. 0.
 0. 0. 1. 0. 0. 0. 1. 1. 0. 0. 0. 0. 1. 1. 1. 1. 1. 0.
 0. 1. 1. 0. 1. 0. 0. 1. 1. 0. 1. 0. 1. 1. 1. 1. 0. 1. 1.
 1. 0. 1. 1. 1. 1. 1. 1. 1. 0. 0. 0. 1. 1. 1. 1. 1. 1.
 0. 0. 1. 0. 0. 0. 1. 1. 1. 1. 1. 1. 0. 1. 0. 1. 1. 0.
 0. 0. 1. 0. 0. 0. 1. 0. 1. 1. 0. 1. 1. 0. 1. 1. 1. 0. 1. 1.]
```

　1行目2行目はライブラリのインポートです。1行目は決定木を使用するためのライブラリです。2行目は第4章でも取り扱った学習データと評価データを分割するのに必要なライブラリです。

　次のブロックに2行では退会と継続のデータ件数を揃えています。継続は2842件、退会は1104件だったのを、継続のデータからランダムに抽出して1104件に抑えて、比率が50対50になるようにしています。

　その次のブロックでは、先ほどバラバラにしたデータを結合したのち、is_deleted列を目的変数のyとし、is_deleted列を削除したデータを説明変数のXとしています。さらに、学習データと評価データの分割を行っています。

　最後のブロックでは、モデルを定義し、fitに学習用データを指定し、モデルの構築を行っています。その後、構築したモデルを用いて評価データの予測を行い、

最後に出力しています。出力結果を見ると、0か1が表示されており、1は退会、0は継続と予測されたのを意味します。

実際に正解との比較を行うために、実際の値y_testと一緒にデータフレームに格納しておきましょう。

```
results_test = pd.DataFrame({"y_test":y_test ,"y_pred":y_test_pred })
results_test.head()
```

**■図：評価データの作成**

```
[65] results_test = pd.DataFrame({"y_test":y_test ,"y_pred":y_test_pred })
     results_test.head()
```

|  | y_test | y_pred |
|---|---|---|
| 1091 | 0.0 | 1.0 |
| 1786 | 0.0 | 0.0 |
| 1439 | 0.0 | 0.0 |
| 745 | 1.0 | 1.0 |
| 820 | 1.0 | 0.0 |

y_testと先ほど予測したy_test_predをデータフレームに格納しました。

先頭5行を見ると、y_testとy_predが一致しているものが正解で、不一致なものが不正解となります。

それでは、次に、このモデルの評価を行い、少しだけモデルのチューニングを行いましょう。

## ⚾ 🏏 ノック48：
## 予測モデルの評価を行い、モデルの
## チューニングをしてみよう

まずは、先ほど作成したresults_testデータを集計して正解率を出してみましょう。正解しているデータは、results_testデータのy_test列とy_pred列が一致しているデータの件数になります。その件数を、全体のデータ件数で割れば正解率が出てきます。

```
correct = len(results_test.loc[results_test["y_test"]==results_test["y_pred"]])
data_count = len(results_test)
score_test = correct / data_count
print(score_test)
```

1行目で、results_testデータのy_test列とy_pred列が一致しているデータの件数をlenで数えています。2行目全体のデータ件数で、3行目で正解率を出力しています。

出力結果は、0.8後半から0.9前半程度を示し、つまり80%後半から90%前半の精度が出ていることがわかります。乱数によって若干精度の違いがあるので注意してください。

この精度を鵜呑みにするのは、まだ早く、第4章のノック38でも述べたように、機械学習の目的はあくまでも未知のデータへの適合であり、学習用データで予測した精度と評価用データで予測した精度の差が小さいのが理想的です。

そこで、それぞれのデータを用いた際の精度を並べて見てみましょう。

先ほどは、関数を使用せずに数えあげましたが、scoreを用いることで簡単に精度を算出できます。

```
print(model.score(X_test, y_test))
print(model.score(X_train, y_train))
```

**■図：学習用データと評価用データを用いた際の予測精度**

```
correct = len(results_test.loc[results_test["y_test"]==results_test["y_pred"]])
data_count = len(results_test)
score_test = correct / data_count
print(score_test)

0.8916349809885932
```

```
[92] print(model.score(X_test, y_test))
     print(model.score(X_train, y_train))

     0.8916349809885932
     0.9759188846641318
```

　出力結果を見てみると、**学習用データ**の精度の方が、**評価用データ**を用いた予測精度よりも高くなっています。これは、学習用データに適合しすぎており、**過学習傾向**にあります。

　その場合、データを増やしたり、変数を見直したり、モデルのパラメータを変更したりすることで理想的なモデルに持っていきます。

　今回は、モデルのパラメータをいじってみましょう。

　決定木は端的に言うと、最も綺麗に0と1を分割できる説明変数およびその条件を探す作業を、木構造状に派生させていく手法です。分割していく木構造の深さを浅くしてしまえばモデルは簡易化できます。

　実際にやってみましょう。

```
X = pd.concat([exit, conti], ignore_index=True)
y = X["is_deleted"]
del X["is_deleted"]
X_train, X_test, y_train, y_test = sklearn.model_selection.train_test_spl
it(X,y, random_state=0)

model = DecisionTreeClassifier(random_state=0, max_depth=5)
model.fit(X_train, y_train)
print(model.score(X_test, y_test))
print(model.score(X_train, y_train))
```

**■図：決定木モデルの簡易化**

```
[93] X = pd.concat([exit, conti], ignore_index=True)
     y = X["is_deleted"]
     del X["is_deleted"]
     X_train, X_test, y_train, y_test = sklearn.model_selection.train_test_split(X,y, random_state=0)

     model = DecisionTreeClassifier(random_state=0, max_depth=5)
     model.fit(X_train, y_train)
     print(model.score(X_test, y_test))
     print(model.score(X_train, y_train))

     0.9201520912547528
     0.9252217997465145
```

基本的には、ノック47の決定木のコードと同じになります。

1つ違うのが、モデルを定義する際にmax_depthに5を指定している点です。これによって、決定木の深さは5階層で止まります。

このスコアを見ると、学習用データ、評価用データの差が小さくなっています。

max_depthを指定しない方が学習用データでの評価は高いですが、過剰適合によって評価用データの精度が低くなっています。

これらの結果から、max_depthを指定し、モデルを簡易化することで、未知のデータにも対応できる良いモデルができました。

次に、第4章と同様、モデルに寄与している変数を確認しましょう。

# ノック49：
# モデルに寄与している変数を確認しよう

第4章のノック39と同様のデータフレームに格納していきます。変数の寄与率の取得をする関数が少し異なります。

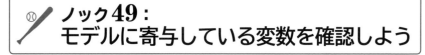

```
importance = pd.DataFrame({"feature_names":X.columns, "coefficient":mode
l.feature_importances_})
```
```
importance
```

### ■図：寄与している変数

```
[94] importance = pd.DataFrame({"feature_names":X.columns, "coefficient":model.feature_importances_})
     importance
```

| | feature_names | coefficient |
|---|---|---|
| 0 | count_1 | 0.363986 |
| 1 | routine_flg | 0.136646 |
| 2 | period | 0.487865 |
| 3 | campaign_name_入会費半額 | 0.000000 |
| 4 | campaign_name_入会費無料 | 0.006751 |
| 5 | class_name_オールタイム | 0.004607 |
| 6 | class_name_デイタイム | 0.000146 |
| 7 | gender_F | 0.000000 |

　回帰の時とは違い、model.feature_importances_で重要変数を取得できます。

　実行結果を見てみると、1ヶ月前の利用回数、在籍期間、定期利用かどうかが大きく寄与しており、入会キャンペーンもわずかに寄与していることがわかります。

　また、決定木アルゴリズムの場合は、木構造上にデータを分類していきます。決定の根拠となる木構造の可視化もできるのでやってみましょう。

```
!pip install japanize_matplotlib
from sklearn import tree
import matplotlib.pyplot as plt
import japanize_matplotlib
%matplotlib inline

plt.figure(figsize=(20,8))
tree.plot_tree(model,feature_names=X.columns,fontsize=8)
```

## ■図：木構造の可視化

```
!pip install japanize_matplotlib
from sklearn import tree
import matplotlib.pyplot as plt
import japanize_matplotlib
%matplotlib inline

plt.figure(figsize=(20,8))
tree.plot_tree(model,feature_names=X.columns,fontsize=8)
```

```
Collecting japanize_matplotlib
  Downloading japanize-matplotlib-1.1.3.tar.gz (4.1 MB)
                                                4.1 MB 10.2 MB/s
Requirement already satisfied: matplotlib in /usr/local/lib/python3.7/dist-packages (from japanize_matplotlib) (3.2.2)
Requirement already satisfied: pyparsing!=2.0.4,!=2.1.2,!=2.1.6,>=2.0.1 in /usr/local/lib/python3.7/dist-packages (from matplotlib->japanize_matplotlib) (3.0.8)
Requirement already satisfied: kiwisolver>=1.0.1 in /usr/local/lib/python3.7/dist-packages (from matplotlib->japanize_matplotlib) (1.4.2)
Requirement already satisfied: python-dateutil>=2.1 in /usr/local/lib/python3.7/dist-packages (from matplotlib->japanize_matplotlib) (2.8.2)
Requirement already satisfied: cycler>=0.10 in /usr/local/lib/python3.7/dist-packages (from matplotlib->japanize_matplotlib) (0.11.0)
Requirement already satisfied: numpy>=1.11 in /usr/local/lib/python3.7/dist-packages (from matplotlib->japanize_matplotlib) (1.21.5)
Requirement already satisfied: typing-extensions in /usr/local/lib/python3.7/dist-packages (from kiwisolver>=1.0.1->matplotlib->japanize_matplotlib) (4.1.1)
Requirement already satisfied: six>=1.5 in /usr/local/lib/python3.7/dist-packages (from python-dateutil>=2.1->matplotlib->japanize_matplotlib) (1.15.0)
Building wheels for collected packages: japanize-matplotlib
  Building wheel for japanize-matplotlib (setup.py) ... done
  Created wheel for japanize-matplotlib: filename=japanize_matplotlib-1.1.3-py3-none-any.whl size=4120275 sha256=d38415f9dddeldaedbcf21fcc19cc26ada8bea760c5b656985316ae724e07012
  Stored in directory: /root/.cache/pip/wheels/03/97/6b/e6e0cde099cc40f972b8dd23367308f7705ae06cdfd4714658
Successfully built japanize-matplotlib
Installing collected packages: japanize-matplotlib
Successfully installed japanize-matplotlib-1.1.3
[Text(0.5972222222222222, 0.9166666666666666, 'period <= 12.5\ngini = 0.5\nsamples = 1578\nvalue = [792, 786]'),
 Text(0.31944444444444444, 0.75, 'count_1 <= 5.5\ngini = 0.377\nsamples = 947\nvalue = [239, 708]'),
 Text(0.18055555555555555, 0.5833333333333334, 'count_1 <= 4.5\ngini = 0.087\nsamples = 611\nvalue = [28, 583]'),
 Text(0.11111111111111111, 0.41666666666666667, 'period <= 11.5\ngini = 0.027\nsamples = 507\nvalue = [7, 500]'),
 Text(0.05555555555555555, 0.25, 'period <= 10.5\ngini = 0.02\nsamples = 5, 492]'),
 Text(0.027777777777777776, 0.08333333333333333, 'gini = 0.009\nsamples = 443\nvalue = [2, 441]'),
 Text(0.08333333333333333, 0.08333333333333333, 'gini = 0.105\nsamples = 54\nvalue = [3, 51]'),
```

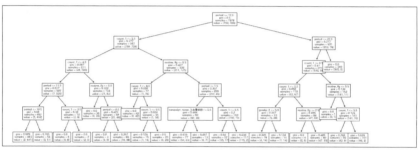

　日本語に対応するために、japanize_matplotlibをインストールします。その後、tree.plot_tree(model,feature_names=X.columns,fontsize=8) で、木構造の可視化が可能です。上部に、様々な文章が出力されますが、無視して出力された木構造を見てみましょう。一番上から、どういう根拠で選ばれているのかの分岐が良く見えます。

　ここでは扱いませんが、昨今では、説明可能性も重要視されているので、興味のある方は、SHAP値なども調べてみると良いでしょう。

　それでは、最後に、変数を作成し、予測を行ってみましょう。

## ノック50： 顧客の退会を予測しよう

　ノック40でやった時と同じように、入力はモデル作成時に使用した説明変数となります。ますは、適当に、1ヶ月前の利用回数3回、定期利用者、在籍期間10、キャンペーン区分は入会費無料、会員区分はオールタイム、性別は男で作成してみましょう。

```
count_1 = 3
routine_flg = 1
period = 10
campaign_name = "入会費無料"
class_name = "オールタイム"
gender = "M"
```

　変数の定義が完了したら、データ加工を行います。カテゴリカル変数を用いている影響で少しだけ複雑になります。

```
if campaign_name == "入会費半額":
    campaign_name_list = [1, 0]
elif campaign_name == "入会費無料":
    campaign_name_list = [0, 1]
elif campaign_name == "通常":
    campaign_name_list = [0, 0]
if class_name == "オールタイム":
    class_name_list = [1, 0]
elif class_name == "デイタイム":
    class_name_list = [0, 1]
elif class_name == "ナイト":
    class_name_list = [0, 0]
if gender == "F":
    gender_list = [1]
elif gender == "M":
    gender_list = [0]
```

```
input_data = [count_1, routine_flg, period]
input_data.extend(campaign_name_list)
input_data.extend(class_name_list)
input_data.extend(gender_list)
input_data = pd.DataFrame(data=[input_data], columns=X.columns)
```

カテゴリカル変数をif文で分岐し、ダミー変数を作成しています。
それらのデータを1つのリストに格納します。
最後に作成したデータをもとに予測を行います。
予測は、1か0の結果だけでなく、確率で表すこともできます。

```
print(model.predict(input_data))
print(model.predict_proba(input_data))
```

**図：退会の予測結果**

```
[96] count_1 = 3
     routine_flg = 1
     period = 10
     campaign_name = "入会費無料"
     class_name = "オールタイム"
     gender = "M"

[97] if campaign_name == "入会費半額":
         campaign_name_list = [1, 0]
     elif campaign_name == "入会費無料":
         campaign_name_list = [0, 1]
     elif campaign_name == "通常":
         campaign_name_list = [0, 0]
     if class_name == "オールタイム":
         class_name_list = [1, 0]
     elif class_name == "デイタイム":
         class_name_list = [0, 1]
     elif class_name == "ナイト":
         class_name_list = [0, 0]
     if gender == "F":
         gender_list = [1]
     elif gender == "M":
         gender_list = [0]
     input_data = [count_1, routine_flg, period]
     input_data.extend(campaign_name_list)
     input_data.extend(class_name_list)
     input_data.extend(gender_list)
     input_data = pd.DataFrame(data=[input_data], columns=X.columns)

[98] print(model.predict(input_data))
     print(model.predict_proba(input_data))

     [1.]
     [[0. 1.]]
```

　実行すると、最初に予測した分類結果。今回の場合、1、つまり退会が予測されています。2行目で出力しているのが、それぞれ0/1の予測確率が出力されます。乱数が関係しているので、お手元の結果と必ずしも一致しない場合があるのでご注意ください。

　また、自分で変数を変えて、予測を出力して遊んでみてください。

　第4章でも述べましたが、実際には、構築したモデルはシステムに組み込んで利用することが多いかと思います。予測モデルを構築することは、迅速かつ自動で退会顧客を見つけ出すことができ、人間の感覚だけでなく、よりデータドリブンな判断を可能とします。あくまでも最後の判断はこれからも人間が行っていくべきだと思いますが、予測モデルの予測結果を賢く活用していくことで、自社のビジネスを劇的に変える可能性を秘めています。

　これで、本章の10本ノック、そして第2部の30本は終了です。

　第2部では、スポーツジムを題材に、コンピュータと対話的にデータ分析を行ってきました。機械学習のモデル構築までの一連の流れを理解していただけたのではないでしょうか。

　第2部で紹介したケースはオーソドックスなものですが、思ったより機械学習モデルの構築までの道のりが長いと感じたのではないでしょうか。実際の現場では、綺麗なデータが用意されていることはほとんどなく、多くのデータ加工とプレ分析が待ち構えています。このノックをクリアしたことで、依頼されたタスクを整理し、分析やモデル構築を推し進めることができるようになったと思います。一連の流れを理解しておけば、様々な障壁は乗り越えられると思います。ここまでの50本、お疲れ様でした。

　残り半分、頑張りましょう。

# 第3部
# 実践編②：最適化問題

　第2部を一通り学ぶことで、実際のビジネス現場においてデータ分析業務をどのように進め、結果を出していくためのイメージがつかめるようになったのではないでしょうか。適切なデータを集め、それらを読み込んだうえで、**相関分析**による**原因分析**、そして、**将来予測（シミュレーション）**などの技術を適切に活用していくことができれば、ほとんどの現場で「結果を出す」ことができます。

　ここからは、さらに複雑な状況でデータ分析を行う手法について説明していきます。まずは、物流などの最適ルートを発見するための**最適経路探索**という手法を紹介します。次に、会社全体の経営の改善などにも応用できる、最適なリソース配分を計算する手法を紹介します。そして、これまでに学んできた将来予測（シミュレーション）を、様々な条件で実施し、理想的な状況を模索していく手法を紹介します。こうした複雑な状況において適用できる技術をシチュエーション毎に学んでいくことで、ビジネス現場での即戦力となるための「応用力」を身につけていきます。

## 第3部で取り扱うPythonライブラリ

ネットワーク可視化：NetworkX
最適化計算：pulp、ortoolpy

# 第6章
# 物流の最適ルートをコンサルティングする10本ノック

　今、あなたは、ある企業の倉庫にいるとします。そこには、一万個の商品の在庫が保管されているとします。商品は、全国の百ヵ所にある小売店で販売されます。この企業の倉庫は、今、あなたがいる倉庫だけではありません。全国で十か所に散らばっています。さらに複雑なことに、それぞれの倉庫に届けられる商品は、全国のさまざまな工場で作られます。このように、広域で商品を販売する企業にとって、どこでどれくらい商品を生産し、どの倉庫で在庫を保管し、どの小売店に幾つの商品を配送するのかという「物流」は、商品の売り上げを左右する生命線と言えます。

　「物流」の概念は、小売店だけでなく、多くの業界に応用できます。保険会社であれば、営業マンがどのようなルートで営業を行うべきかの計画に、タクシー会社であれば、どのルートで個々のタクシーを配車すべきかの計画に用いることができます。「物の流れ」を制御することは、事業の生命線を掴むことにつながるのです。

　本章では、まず、「物流」の基礎となる「輸送最適化」を検討するにあたっての基礎的な技術を習得します。実際の物流データからネットワーク構造を可視化する方法について学び、最適な物流計画を立案する流れを学んでいきます。それでは、「顧客の声」と「前提条件」を確認し、データの読み込みを行っていきましょう。

---

ノック51：物流に関するデータを読み込んでみよう
ノック52：現状の輸送量、コストを確認してみよう
ノック53：ネットワークを可視化してみよう
ノック54：ネットワークにノード（頂点）を追加してみよう
ノック55：ルートの重みづけを実施しよう
ノック56：輸送ルート情報を読み込んでみよう
ノック57：輸送ルート情報からネットワークを可視化してみよう
ノック58：輸送コスト関数を作成しよう
ノック59：制約条件を作ってみよう
ノック60：輸送ルートを変更して、輸送コスト関数の変化を確認しよう

顧客の声

　弊社では、ある製品の製造から物流までを一手に手掛けています。データ分析というものがあるということを最近耳にしまして、相談してみようと思いました。最近、利益が落ち込んでいて、物流のコストを抑えて効率化できないかと思っています。まずは手始めに、ある製品の部品を保管する倉庫から生産工場への輸送コストを下げられるかどうかを検討してみてほしいので、データを見て分析していただけないでしょうか。

## 前提条件

　部品を保管する倉庫から、生産工場に部品を輸送しています。各倉庫と工場の区間の輸送コストは過去データから定量的に設定されています。

　集計期間は2019年1月1日～2019年12月31日とします。

　関東支社と東北支社のデータをシステムから抽出し、CSVとして提供されています。

### ■表：データ一覧

| No. | ファイル名 | 概要 |
|---|---|---|
| 1 | tbl_factory.csv | 生産工場のデータ |
| 2 | tbl_warehouse.csv | 倉庫のデータ |
| 3 | rel_cost.csv | 倉庫と工場間の輸送コスト |
| 4 | tbl_transaction.csv | 2019年の工場への部品輸送実績 |

 ノック51：
物流に関するデータを読み込んでみよう

　システムから抽出された物流のデータを読み込み、データ分析に適した形に整形しましょう。

　今回は4つのデータを読み込みます。「生産工場のデータ（tbl_factory.csv）」「倉庫のデータ（tbl_warehouse.csv）」「倉庫と工場間の輸送コスト（rel_cost.csv）」「輸送実績（tbl_transaction.csv）」をそれぞれデータフレーム形式に読み込んで

いきましょう。

```python
import pandas as pd
```

```python
factories = pd.read_csv("tbl_factory.csv", index_col=0)
factories
```

```python
warehouses = pd.read_csv("tbl_warehouse.csv", index_col=0)
warehouses
```

```python
cost = pd.read_csv("rel_cost.csv", index_col=0)
cost.head()
```

```python
trans = pd.read_csv("tbl_transaction.csv", index_col=0)
trans.head()
```

### ■図：データの読み込み結果

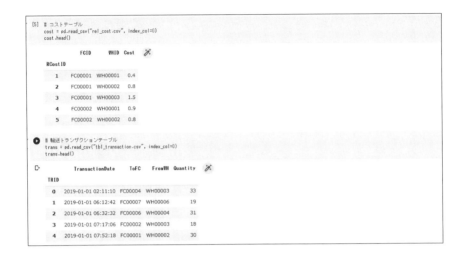

それぞれのデータを見ていきましょう。

工場データの「FCID」、倉庫データの「WHID」はコストデータやトランザクションデータにも出てきていることから、これがキーであることがわかります。

コストデータは工場（FCID）と倉庫（WHID）の組み合わせ毎のコストが管理されています。

上記のデータでは「FC00001工場」へ「WH00001倉庫」から部品を輸送した場合コスト0.4がかかるという意味になります。

トランザクションテーブルは、実際の輸送日時、輸送先工場（ToFC）、輸送元倉庫（FromWH）、輸送個数がログとして保持されているのがわかります。

これら4つのデータをキーで結合していきましょう。

今回もデータ分析の基礎となるべきデータは輸送実績となりますので、これを主体として各情報を結合（レフトジョイン）していきます。

```
join_data = pd.merge(trans, cost, left_on=["ToFC","FromWH"], right_on=["F
CID","WHID"], how="left")
join_data.head()
```

**■図：輸送実績データとコストデータの結合結果**

```
[7]  # トランザクションテーブルに各テーブルをジョインする
     # コストデータを付与
     join_data = pd.merge(trans, cost, left_on=["ToFC","FromWH"], right_on=["FCID","WHID"], how="left")
     join_data.head()
```

| | TransactionDate | ToFC | FromWH | Quantity | FCID | WHID | Cost | |
|---|---|---|---|---|---|---|---|---|
| 0 | 2019-01-01 02:11:10 | FC00004 | WH00003 | 33 | FC00004 | WH00003 | 1.1 | |
| 1 | 2019-01-01 06:12:42 | FC00007 | WH00006 | 19 | FC00007 | WH00006 | 1.3 | |
| 2 | 2019-01-01 06:32:32 | FC00006 | WH00004 | 31 | FC00006 | WH00004 | 0.9 | |
| 3 | 2019-01-01 07:17:06 | FC00002 | WH00003 | 18 | FC00002 | WH00003 | 1.6 | |
| 4 | 2019-01-01 07:52:18 | FC00001 | WH00002 | 30 | FC00001 | WH00002 | 0.8 | |

　輸送実績の「輸送先工場(ToFC)」とコストデータの「工場ID(FCID)」、輸送実績の「輸送元倉庫(FromWH)」とコストデータの「倉庫ID(WHID)」の2つのキーでデータを結合します。結合方法は輸送実績を主体とするべく、「left」を指定しています。

　結果を確認すると、輸送情報テーブルの末尾にコストテーブルのデータが2つのキー値で結合していることが確認できます。

　結合したデータに、工場のデータを付与していきます。

```
join_data = pd.merge(join_data, factories, left_on="ToFC", right_on="FCI
D", how="left")
join_data.head()
```

**■図：工場データを追加結合した結果**

```
[8]  # 工場情報を付与
     join_data = pd.merge(join_data, factories, left_on="ToFC", right_on="FCID", how="left")
     join_data.head()
```

| | TransactionDate | ToFC | FromWH | Quantity | FCID | WHID | Cost | FCName | FCDemand | FCRegion | |
|---|---|---|---|---|---|---|---|---|---|---|---|
| 0 | 2019-01-01 02:11:10 | FC00004 | WH00003 | 33 | FC00004 | WH00003 | 1.1 | 横須賀工場 | 25 | 関東 | |
| 1 | 2019-01-01 06:12:42 | FC00007 | WH00006 | 19 | FC00007 | WH00006 | 1.3 | 那須工場 | 25 | 東北 | |
| 2 | 2019-01-01 06:32:32 | FC00006 | WH00004 | 31 | FC00006 | WH00004 | 0.9 | 山形工場 | 30 | 東北 | |
| 3 | 2019-01-01 07:17:06 | FC00002 | WH00003 | 18 | FC00002 | WH00003 | 1.6 | 木更津工場 | 29 | 関東 | |
| 4 | 2019-01-01 07:52:18 | FC00001 | WH00002 | 30 | FC00001 | WH00002 | 0.8 | 東京工場 | 28 | 関東 | |

　工場ID(ToFC、FCID)を条件にデータを結合します。
　末尾に工場のデータが付与されました。

　さらに倉庫情報も付与し、直観的に見やすいように列データの並び替えも行います。

```
join_data = pd.merge(join_data, warehouses, left_on="FromWH", right_on="W
HID", how="left")
join_data = join_data[["TransactionDate","Quantity","Cost","ToFC","FCName
","FCDemand","FromWH","WHName","WHSupply","WHRegion"]]
join_data.head()
```

### ■図：倉庫データを追加結合し、カラム整形を実施した結果

```
[9]  # 倉庫情報を付与
     join_data = pd.merge(join_data, warehouses, left_on="FromWH", right_on="WHID", how="left")
     # カラムの並び替え
     join_data = join_data[["TransactionDate","Quantity","Cost","ToFC","FCName","FCDemand","FromWH","WHName","WHSupply","WHRegion"]]
     join_data.head()
```

| | TransactionDate | Quantity | Cost | ToFC | FCName | FCDemand | FromWH | WHName | WHSupply | WHRegion |
|---|---|---|---|---|---|---|---|---|---|---|
| 0 | 2019-01-01 02:11:10 | 33 | 1.1 | FC00004 | 横須賀工場 | 25 | WH0003 | 豊洲倉庫 | 42 | 関東 |
| 1 | 2019-01-01 06:12:42 | 19 | 1.3 | FC00007 | 那須工場 | 25 | WH0006 | 山形倉庫 | 65 | 東北 |
| 2 | 2019-01-01 06:32:32 | 31 | 0.9 | FC00006 | 山形工場 | 30 | WH0004 | 郡山倉庫 | 60 | 東北 |
| 3 | 2019-01-01 07:17:06 | 18 | 1.6 | FC00002 | 木更津工場 | 29 | WH0003 | 豊洲倉庫 | 42 | 関東 |
| 4 | 2019-01-01 07:52:18 | 30 | 0.8 | FC00001 | 東京工場 | 28 | WH0002 | 品川倉庫 | 41 | 関東 |

　倉庫情報を付与した上で、データを見やすいように「輸送実施日、輸送数量、コスト、工場ID、工場名、工場需要、倉庫ID、倉庫名、倉庫供給量、支社」という並びに変更しました。

　また、その際に連結に用いて複数残っていたFCID等、重複したキーを指定しないことで整形後のデータからは除外しています。

　次に、関東支社と東北支社のデータを比較するために、それぞれ該当するデータのみを抽出した変数を生成します。

```
kanto = join_data.loc[join_data["WHRegion"]=="関東"]
kanto.head()
```

**■図：関東支社のデータのみ抽出した結果**

```
[10] # 関東データを抽出
     kanto = join_data.loc[join_data["WHRegion"]=="関東"]
     kanto.head()
```

| | TransactionDate | Quantity | Cost | ToFC | FCName | FCDemand | FromWH | WHName | WHSupply | WHRegion |
|---|---|---|---|---|---|---|---|---|---|---|
| 0 | 2019-01-01 02:11:10 | 33 | 1.1 | FC00004 | 横須賀工場 | 25 | WH00003 | 豊洲倉庫 | 42 | 関東 |
| 3 | 2019-01-01 07:17:06 | 18 | 1.6 | FC00002 | 木更津工場 | 29 | WH00003 | 豊洲倉庫 | 42 | 関東 |
| 4 | 2019-01-01 07:52:18 | 30 | 0.8 | FC00001 | 東京工場 | 28 | WH00002 | 品川倉庫 | 41 | 関東 |
| 7 | 2019-01-01 09:09:30 | 12 | 1.5 | FC00001 | 東京工場 | 28 | WH00003 | 豊洲倉庫 | 42 | 関東 |
| 8 | 2019-01-01 10:52:55 | 27 | 1.5 | FC00003 | 多摩工場 | 31 | WH00003 | 豊洲倉庫 | 42 | 関東 |

```
tohoku = join_data.loc[join_data["WHRegion"]=="東北"]
tohoku.head()
```

**■図：東北支社のデータのみ抽出した結果**

```
[11] # 東北データを抽出
     tohoku = join_data.loc[join_data["WHRegion"]=="東北"]
     tohoku.head()
```

| | TransactionDate | Quantity | Cost | ToFC | FCName | FCDemand | FromWH | WHName | WHSupply | WHRegion |
|---|---|---|---|---|---|---|---|---|---|---|
| 1 | 2019-01-01 06:12:42 | 19 | 1.3 | FC00007 | 那須工場 | 25 | WH00006 | 山形倉庫 | 65 | 東北 |
| 2 | 2019-01-01 06:32:32 | 31 | 0.9 | FC00006 | 山形工場 | 30 | WH00004 | 郡山倉庫 | 60 | 東北 |
| 5 | 2019-01-01 08:56:09 | 31 | 0.3 | FC00005 | 仙台工場 | 21 | WH00005 | 仙台倉庫 | 72 | 東北 |
| 6 | 2019-01-01 09:00:15 | 33 | 0.7 | FC00006 | 山形工場 | 30 | WH00006 | 山形倉庫 | 65 | 東北 |
| 9 | 2019-01-01 14:12:51 | 21 | 0.7 | FC00006 | 山形工場 | 30 | WH00006 | 山形倉庫 | 65 | 東北 |

　これでデータの読み込みと整形は完了しました。

　それでは、次項では実際の輸送量や掛かっているコストを確認し、支社間で比較してみましょう。

## ノック52：
## 現状の輸送量、コストを確認してみよう

実際に1年間に輸送した部品数やそれに掛かったコストを集計してみましょう。
すでにデータは整形済みなので、簡単に集計することができます。

```
print("関東支社の総コスト: " + str(kanto["Cost"].sum()) + "万円")
print("東北支社の総コスト: " + str(tohoku["Cost"].sum()) + "万円")
```

### ■図：輸送実績の総コスト集計結果

```
[12] # 支社のコスト合計を算出
    print("関東支社の総コスト: " + str(kanto["Cost"].sum()) + "万円")
    print("東北支社の総コスト: " + str(tohoku["Cost"].sum()) + "万円")

    関東支社の総コスト: 2189.3万円
    東北支社の総コスト: 2062.0万円
```

1年間の輸送実績で掛かったコストを.sum()で集計しています(単位：万円)。
関東支社の方が東北支社より輸送コストの総額が多くかかっていることがわか
ります。

```
print("関東支社の総部品輸送個数: " + str(kanto["Quantity"].sum()) + "個")
print("東北支社の総部品輸送個数: " + str(tohoku["Quantity"].sum()) + "個")
```

### ■図：輸送実績の総輸送部品個数集計結果

```
[13] # 支社の総輸送個数
    print("関東支社の総部品輸送個数: " + str(kanto["Quantity"].sum()) + "個")
    print("東北支社の総部品輸送個数: " + str(tohoku["Quantity"].sum()) + "個")

    関東支社の総部品輸送個数: 49146個
    東北支社の総部品輸送個数: 50214個
```

1年間の輸送実績で実際に輸送した部品の点数を集計しています(単位：個)。
関東支社より東北支社のほうが多く部品を輸送していることがわかります。

```
tmp = (kanto["Cost"].sum() / kanto["Quantity"].sum()) * 10000
```

```
print("関東支社の部品1つ当たりの輸送コスト: " + str(int(tmp)) + "円")
tmp = (tohoku["Cost"].sum() / tohoku["Quantity"].sum()) * 10000
print("東北支社の部品1つ当たりの輸送コスト: " + str(int(tmp)) + "円")
```

### ■図：輸送部品1つ当たりの輸送コスト

```
[14] # 部品一つ当たりの輸送コスト
     tmp = (kanto["Cost"].sum() / kanto["Quantity"].sum()) * 10000
     print("関東支社の部品1つ当たりの輸送コスト: " + str(int(tmp)) + "円")
     tmp = (tohoku["Cost"].sum() / tohoku["Quantity"].sum()) * 10000
     print("東北支社の部品1つ当たりの輸送コスト: " + str(int(tmp)) + "円")

     関東支社の部品1つ当たりの輸送コスト: 445円
     東北支社の部品1つ当たりの輸送コスト: 410円
```

　総コストと総輸送個数がわかりましたので、割り算して部品1つ当たりの輸送コストを算出します。当然、東北支社の方が1つ当たりの輸送コストが低いことがわかります。

　今回の輸送コストは「倉庫⇒工場間」で発生するため、単純にコスト削減を行うというのもコストを抑えるひとつの手かもしれません。しかし、安易に結論を出してしまう前に、各支社の輸送コストの平均を算出してみましょう。

```
cost_chk = pd.merge(cost, factories, on="FCID", how="left")
print("東京支社の平均輸送コスト:" + str(cost_chk["Cost"].loc[cost_chk["FCRegi
on"]=="関東"].mean()) + "万円")
print("東北支社の平均輸送コスト:" + str(cost_chk["Cost"].loc[cost_chk["FCRegi
on"]=="東北"].mean()) + "万円")
```

### ■図：コストデータから支社ごとの平均輸送コストの算出

```
[15] # コストテーブルを支社ごとに集計
     cost_chk = pd.merge(cost, factories, on="FCID", how="left")
     # 平均
     print("東京支社の平均輸送コスト:" + str(cost_chk["Cost"].loc[cost_chk["FCRegion"]=="関東"].mean()) + "万円")
     print("東北支社の平均輸送コスト:" + str(cost_chk["Cost"].loc[cost_chk["FCRegion"]=="東北"].mean()) + "万円")

     東京支社の平均輸送コスト:1.075万円
     東北支社の平均輸送コスト:1.05万円
```

　各支社の平均輸送コストはほぼ同じということがわかりました。
　つまり、関東支社より東北支社の方が「効率よく」部品の輸送が行えているとい

うことが上記の集計結果からわかります。

　さて、ここで本章のテーマである「物流の最適ルート」をデータ分析し、コンサルティングしていきましょう。

## ⚾ ノック53：
## ネットワークを可視化してみよう

　ここからは、最適化問題を解くためのウォーミングアップです。最適化問題を解くライブラリはいくつもありますが、ただ使い方を学ぶだけでは、実際のビジネスの現場では役に立ちません。最適化プログラムが導き出した答えが正しいかどうか、そのプランを実際に採用するかどうかは、現場の意思決定者が納得できるかどうかにかかっています。このため、最適化プログラムによって導き出されたプランを可視化するプロセスと、いくつかの条件を実際に満たしていることを確認するプロセスが重要になります。そこで、ノック53からは、最適ルートを可視化する手法であるネットワーク可視化について学んでいきましょう。

　**ネットワークの可視化**に有用なライブラリとしては**NetworkX**というものがあります。ここでは、その基礎的なプロセスを説明します。まずは、以下のソースコードを実行してみてください。

```python
import networkx as nx
import matplotlib.pyplot as plt

# グラフオブジェクトの作成
G=nx.Graph()

# 頂点の設定
G.add_node("nodeA")
G.add_node("nodeB")
G.add_node("nodeC")

# 辺の設定
G.add_edge("nodeA","nodeB")
G.add_edge("nodeA","nodeC")
```

```
G.add_edge("nodeB","nodeC")

# 座標の設定
pos={}
pos["nodeA"]=(0,0)
pos["nodeB"]=(1,1)
pos["nodeC"]=(0,1)

# 描画
nx.draw(G,pos)

# 表示
plt.show()
```

## ■図：ネットワークの可視化の結果

```
[16]  import networkx as nx
      import matplotlib.pyplot as plt

      # グラフオブジェクトの作成
      G=nx.Graph()

      # 頂点の設定
      G.add_node("nodeA")
      G.add_node("nodeB")
      G.add_node("nodeC")

      # 辺の設定
      G.add_edge("nodeA","nodeB")
      G.add_edge("nodeA","nodeC")
      G.add_edge("nodeB","nodeC")

      # 座標の設定
      pos={}
      pos["nodeA"]=(0,0)
      pos["nodeB"]=(1,1)
      pos["nodeC"]=(0,1)

      # 描画
      nx.draw(G,pos)

      # 表示
      plt.show()
```

　まず、グラフオブジェクトを宣言し、頂点(nodeA, nodeB, nodeC)とそれをつなぐ辺を設定します。次に、頂点の座標位置を設定し、関数drawを用いて描画します。画面上への表示は、matplotlibの関数showを用います。この一連の流れによって、ネットワークを可視化することができ、倉庫から小売店までの物流などを表現することができます。ネットワークを可視化することで、数値だけではわかりにくかった物流の偏りなどの全体像を掴むことができるのです。

## ⚾🏏 ノック54： ネットワークにノード(頂点)を追加してみよう

　ノック53で作成したネットワークをカスタマイズしていくことで、ネットワーク作成に関する理解を深めていきましょう。さきほど作成したグラフに、新たに頂点nodeDを追加してみてください。

```
G.add_node("nodeD")
G.add_edge("nodeA","nodeD")
pos["nodeD"]=(1,0)
nx.draw(G,pos, with_labels=True)
```

## ■図：ノードの追加結果

```
[17]  # グラフオブジェクトの作成.
      G=nx.Graph()

      # 頂点の設定
      G.add_node("nodeA")
      G.add_node("nodeB")
      G.add_node("nodeC")
      G.add_node("nodeD")

      # 辺の設定
      G.add_edge("nodeA","nodeB")
      G.add_edge("nodeA","nodeC")
      G.add_edge("nodeB","nodeC")
      G.add_edge("nodeA","nodeD")

      # 座標の設定
      pos={}
      pos["nodeA"]=(0,0)
      pos["nodeB"]=(1,1)
      pos["nodeC"]=(0,1)
      pos["nodeD"]=(1,0)

      # 描画
      nx.draw(G,pos, with_labels=True)

      # 表示
      plt.show()
```

　ノック53と同様に、add_nodeで頂点を追加したうえで、既存の頂点とのリンクをadd_edgeによって作成します。位置はdict形式のposに追加します。最後にdrawによってネットワークを可視化するのですが、ここでは、引数にwith_labels=Trueを加えることで、頂点につけられた名前(ラベル)を表示しています。このように、効果的な見せ方を考え、それに必要な機能を追加していくと、良い可視化に近づけます。

## ノック55：
## ルートの重みづけを実施しよう

　ノード(頂点)間のリンクの太さを変えていく(重みづけを行う)ことで、物流の最適ルートをわかりやすく可視化していくことができるようになります。重みづけにはさまざまな方法がありますが、ここでは、CSVファイルに格納された重み情報をデータフレーム形式で読み込み、その数値を使って重みづけする方法を試みましょう。

```python
import numpy as np

# データ読み込み
df_w = pd.read_csv('network_weight.csv')
df_p = pd.read_csv('network_pos.csv')

# グラフオブジェクトの作成
G = nx.Graph()

# 頂点の設定
for i in range(len(df_w.columns)):
    G.add_node(df_w.columns[i])

# 辺の設定&エッジの重みのリスト化
size = 10
edge_weights = []
for i in range(len(df_w.columns)):
    for j in range(len(df_w.columns)):
        if not (i==j):
            # 辺の追加
            G.add_edge(df_w.columns[i],df_w.columns[j])
            # エッジの重みの追加
            edge_weights.append(df_w.iloc[i][j]*size)

# 座標の設定
```

```
pos = {}
for i in range(len(df_w.columns)):
    node = df_w.columns[i]
    pos[node] = (df_p[node][0],df_p[node][1])

# 描画
nx.draw(G, pos, with_labels=True,font_size=16, node_size = 1000, node_col
or='k', font_color='w', width=edge_weights)

# 表示
plt.show()
```

## ■図：ルートの重みづけの結果

　まず、pandasを用いて、CSV形式のリンクごとの重みを記載したファイル network_weight.csvと、各リンクの位置を記載したファイルnetwork_pos.csvをデータフレーム形式で読み込みます。次に、リンクの重みをリスト形式で格納し直していきます。このリンクの重みリストの順番は、後で登録する辺(リンク)の設定の順番と一致させる必要があります。以降の処理は、ノック53および54と同様に行います。

　まず、グラフオブジェクトを宣言し、頂点とそれをつなぐ辺、そして頂点の位置のそれぞれを、データフレームから読み込むことで設定します。次に、関数drawによる描画では、フォントサイズ、ノードサイズ、ノードの色、フォントの色を引数によって指定し、最後に、widthとして先ほど作成したリンクの重みリストを与えることで、重みづけしたリンクを描画することができます。

　ネットワーク可視化に関するノックはここまでとし、ここからは、ノック51、52で見てきた物流データを用いて、最適化を行うための実践的な流れを解説していきます。

## ノック56：
## 輸送ルート情報を読み込んでみよう

　ノック51、52で分析したデータを簡略化した以下のデータを用いて、輸送ルートの分析を行ってみましょう。

### ■表：データ一覧

| No. | ファイル名 | 概要 |
|---|---|---|
| 1 | trans_route.csv | 輸送ルート |
| 2 | trans_route_pos.csv | 倉庫・工場の位置情報 |
| 3 | trans_cost.csv | 倉庫と工場間の輸送コスト |
| 4 | demand.csv | 工場の製品生産量に対する需要 |
| 5 | supply.csv | 倉庫が供給可能な部品数の上限 |
| 6 | trans_route_new.csv | 新しく設計し直した輸送ルート |

　ある製品の部品を格納した倉庫W1、W2、W3から、必要な量の部品を、組み立て工場F1、F2、F3、F4に運びます。なるべく最小のコストで部品の輸送を

実施したいのですが、そのためには、どの倉庫からどの工場に、どれだけの量を輸送すべきかを検討しなければなりません。

まずは、現状、どの倉庫からどの工場へ、どれだけの量の輸送が行われているのかを記録したファイルtrans_route.csvを読み込んでみましょう。

```
df_tr = pd.read_csv('trans_route.csv', index_col="工場")
df_tr.head()
```

**■図：ルート情報の読み込み**

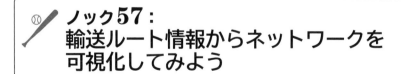

この読み込み結果を見ると、どの倉庫からどの倉庫への物流が多いのかなどは、数値を読むことである程度わかりますが、一目で見るだけでは、全体像を想像するのは容易ではありません。これまで習得したネットワーク可視化手法によって、輸送ルートを可視化していきましょう。

## ノック57： 輸送ルート情報からネットワークを 可視化してみよう

ノック56で読み込んだ輸送ルート情報の可視化は、ノック55までで習得したネットワーク可視化の知識を使うことで十分実現可能です。一度、自分自身でコードを作成してみてください。

```python
# データ読み込み
df_tr = pd.read_csv('trans_route.csv', index_col="工場")
df_pos = pd.read_csv('trans_route_pos.csv')


# グラフオブジェクトの作成
G = nx.Graph()

# 頂点の設定
for i in range(len(df_pos.columns)):
  G.add_node(df_pos.columns[i])

# 辺の設定&エッジの重みのリスト化
num_pre = 0
edge_weights = []
size = 0.1
for i in range(len(df_pos.columns)):
  for j in range(len(df_pos.columns)):
    if not (i==j):
      # 辺の追加
      G.add_edge(df_pos.columns[i],df_pos.columns[j])
      # エッジの重みの追加
      if num_pre<len(G.edges):
        num_pre = len(G.edges)
        weight = 0
        if (df_pos.columns[i] in df_tr.columns)and(df_pos.columns[j] in
df_tr.index):
          if df_tr[df_pos.columns[i]][df_pos.columns[j]]:
            weight = df_tr[df_pos.columns[i]][df_pos.columns[j]]*size
        elif(df_pos.columns[j] in df_tr.columns)and(df_pos.columns[i] in
df_tr.index):
          if df_tr[df_pos.columns[j]][df_pos.columns[i]]:
            weight = df_tr[df_pos.columns[j]][df_pos.columns[i]]*size
        edge_weights.append(weight)

# 座標の設定
```

```
pos = {}
for i in range(len(df_pos.columns)):
  node = df_pos.columns[i]
  pos[node] = (df_pos[node][0],df_pos[node][1])


# 描画
nx.draw(G, pos, with_labels=True,font_size=16, node_size = 1000, node_col
or='k', font_color='w', width=edge_weights)


# 表示
plt.show()
```

## ■図：輸送ルート情報の可視化

```
# データ読み込み
df_tr = pd.read_csv('trans_route.csv', index_col="工場")
df_pos = pd.read_csv('trans_route_pos.csv')


# グラフオブジェクトの作成
G = nx.Graph()

# 頂点の設定
for i in range(len(df_pos.columns)):
    G.add_node(df_pos.columns[i])

# 辺の設定&エッジの重みのリスト化
num_pre = 0
edge_weights = []
size = 0.1
for i in range(len(df_pos.columns)):
    for j in range(len(df_pos.columns)):
        if not (i==j):
            # 辺の追加
            G.add_edge(df_pos.columns[i],df_pos.columns[j])
            # エッジの重みの追加
            if num_pre<len(G.edges):
                num_pre = len(G.edges)
                weight = 0
                if (df_pos.columns[i] in df_tr.columns)and(df_pos.columns[j] in df_tr.index):
                    if df_tr[df_pos.columns[i]][df_pos.columns[j]]:
                        weight = df_tr[df_pos.columns[i]][df_pos.columns[j]]*size
                elif(df_pos.columns[j] in df_tr.columns)and(df_pos.columns[i] in df_tr.index):
                    if df_tr[df_pos.columns[j]][df_pos.columns[i]]:
                        weight = df_tr[df_pos.columns[j]][df_pos.columns[i]]*size
                edge_weights.append(weight)


# 座標の設定
pos = []
for i in range(len(df_pos.columns)):
    node = df_pos.columns[i]
    pos[node] = (df_pos[node][0],df_pos[node][1])

# 描画
nx.draw(G, pos, with_labels=True,font_size=16, node_size = 1000, node_color='k', font_color='w', width=edge_weights)

# 表示
plt.show()
```

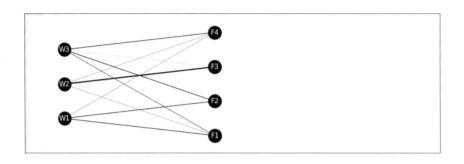

　輸送ルート情報に加え、倉庫と工場を頂点として表現するために、それらを表示するための位置情報を格納したtrans_route_pos.csvを作成し、読み込みます。左側に倉庫W1、W2、W3が、右側に工場F1、F2、F3、F4が並ぶようにすると、全体像を把握しやすくなります。

　次に、グラフオブジェクトの宣言を行い、頂点を設定します。頂点情報は、位置情報を含めて記載しているtrans_route_pos.csvを用いると作りやすいです。そして、辺の設定と、エッジの重みリストの作成を同時に行います。こうすることで、辺の数と、エッジの重みの数がずれなくなります。そして、読み込んだ頂点の位置情報をposに格納したうえで、描画を行います。描画したネットワークを見ると、どの倉庫とどの工場の間に多くの輸送が行われているかがわかります。

　そして、ここで注目すべきなのは、どの倉庫からどの工場へも、まんべんなくリンク（輸送ルート）が見えることです。輸送コストを考えると、輸送ルートはある程度集約していったほうが、効率が良いはずです。改善の余地が見込めるかもしれない、などと考えながら分析・改善を行っていくと、改善プランを見つけやすいかもしれません。

## ⚾ ノック58：
## 輸送コスト関数を作成しよう

　ノック57を通して輸送ルートを可視化することで、「改善の余地が見込めるかもしれない」という感覚的な仮説を立てることができました。実際に改善を行うためには、輸送最適化問題を解く必要があります。「**最適化問題**」と呼ばれるものは、解くためのパターンが決まっています。まず、最小化（または最大化）したいもの

を関数として定義します。これを「**目的関数**」と呼びます。次に、最小化(または最大化)を行うにあたって、守るべき条件を定義します。これを「**制約条件**」と呼びます。考えられるあらゆる輸送ルートの組み合わせの中から、制約条件を満たしたうえで目的関数を最小化(または最大化)する組み合わせを選択する、というのが、最適化問題の大きな流れです。

それでは、今、私たちが直面している輸送ルートを最適なものにしていくための方法を考えていきましょう。ノック57で立てた仮説は、「輸送コストを下げられる効率的な輸送ルートがあるのではないか」ということでした。この仮説を立証し、輸送ルートを最適化するためには、まず、輸送コストを計算する関数を作成し、それを目的関数とします。すでに読み込んでいる輸送ルート情報trans_route.csvと、各輸送ルートに必要なコストを記載したtrans_cost.csvから、輸送コストを計算する関数を作成してみましょう。

```
# データ読み込み
df_tr = pd.read_csv('trans_route.csv', index_col="工場")
df_tc = pd.read_csv('trans_cost.csv', index_col="工場")

# 輸送コスト関数
def trans_cost(df_tr,df_tc):
    cost = 0
    for i in range(len(df_tc.index)):
        for j in range(len(df_tr.columns)):
            cost += df_tr.iloc[i][j]*df_tc.iloc[i][j]
    return cost

print("総輸送コスト:"+str(trans_cost(df_tr,df_tc)))
```

### ■図：輸送コストの計算

```
[21]  # データ読み込み
      df_tr = pd.read_csv('trans_route.csv', index_col="工場")
      df_tc = pd.read_csv('trans_cost.csv', index_col="工場")

      # 輸送コスト関数
      def trans_cost(df_tr,df_tc):
          cost = 0
          for i in range(len(df_tc.index)):
              for j in range(len(df_tr.columns)):
                  cost += df_tr.iloc[i][j]*df_tc.iloc[i][j]
          return cost

      print("総輸送コスト:"+str(trans_cost(df_tr,df_tc)))

      総輸送コスト:1493
```

　今回の輸送コスト計算は単純です。ある輸送ルートの輸送量とコストを掛け合わせ、それらをすべて足し合わせることで算出できます。この関数を作成しておくことで、変更後のルートでの輸送コストを簡単に計算でき、現在のルートとの比較がしやすくなります。現在の総輸送コストは1493(万円)でした。数パーセントでも輸送コストを削減できれば、大きなコスト削減につながります。

## ⚾ ノック59：
## 制約条件を作ってみよう

　今度は、ノック58で作成した輸送コスト関数を最適化していくうえでの制約条件について考えていきましょう。各倉庫には供給可能な部品数の上限があり、また、各工場には、満たすべき最低限の製品製造量があります。それぞれを格納したsupply.csvおよびdemand.csvを読み込んだうえで、制約条件を満たすかどうかを確認していきましょう。

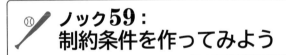

```
# データ読み込み
df_tr = pd.read_csv('trans_route.csv', index_col="工場")
df_demand = pd.read_csv('demand.csv')
df_supply = pd.read_csv('supply.csv')


# 需要側の制約条件
```

```
for i in range(len(df_demand.columns)):
    temp_sum = sum(df_tr[df_demand.columns[i]])
    print(str(df_demand.columns[i])+"への輸送量:"+str(temp_sum)+"（需要量
:"+str(df_demand.iloc[0][i])+")")
    if temp_sum>=df_demand.iloc[0][i]:
        print("需要量を満たしています。")
    else:
        print("需要量を満たしていません。輸送ルートを再計算して下さい。")

# 供給側の制約条件
for i in range(len(df_supply.columns)):
    temp_sum = sum(df_tr.loc[df_supply.columns[i]])
    print(str(df_supply.columns[i])+"からの輸送量:"+str(temp_sum)+"（供給限界
:"+str(df_supply.iloc[0][i])+")")
    if temp_sum<=df_supply.iloc[0][i]:
        print("供給限界の範囲内です。")
    else:
        print("供給限界を超過しています。輸送ルートを再計算して下さい。")
```

**■図：制約条件の作成**

```
# データ読み込み
df_tr = pd.read_csv('trans_route.csv', index_col="工場")
df_demand = pd.read_csv('demand.csv')
df_supply = pd.read_csv('supply.csv')

# 需要側の制約条件
for i in range(len(df_demand.columns)):
    temp_sum = sum(df_tr[df_demand.columns[i]])
    print(str(df_demand.columns[i])+"への輸送量:"+str(temp_sum)+"（需要量:"+str(df_demand.iloc[0][i])+")")
    if temp_sum>=df_demand.iloc[0][i]:
        print("需要量を満たしています。")
    else:
        print("需要量を満たしていません。輸送ルートを再計算して下さい。")

# 供給側の制約条件
for i in range(len(df_supply.columns)):
    temp_sum = sum(df_tr.loc[df_supply.columns[i]])
    print(str(df_supply.columns[i])+"からの輸送量:"+str(temp_sum)+"（供給限界:"+str(df_supply.iloc[0][i])+")")
    if temp_sum<=df_supply.iloc[0][i]:
        print("供給限界の範囲内です。")
    else:
        print("供給限界を超過しています。輸送ルートを再計算して下さい。")
```

```
F1への輸送量:30（需要量:28）
需要量を満たしています。
F2への輸送量:30（需要量:29）
需要量を満たしています。
F3への輸送量:32（需要量:31）
需要量を満たしています。
F4への輸送量:25（需要量:25）
需要量を満たしています。
W1からの輸送量:35（供給限界:35）
供給限界の範囲内です。
W2からの輸送量:40（供給限界:41）
供給限界の範囲内です。
W3からの輸送量:42（供給限界:42）
供給限界の範囲内です。
```

　まず、工場で製造される製品の数が需要量を満たすかどうかは、各工場に運び込まれる部品の数と、各工場に対する需要量を比較することで検討可能であり、それがそのまま制約条件となります。同様に、倉庫から工場に出荷される部品の数が、倉庫の供給限界を超えるかどうかは、各倉庫から出荷される部品の数と、各倉庫の供給限界量とを比較することで検討可能です。if文によって確認することで、現状の輸送ルートは、制約条件を満たしていることがわかります。この制約条件を作っておくことで、輸送ルートを変更した後に、新しいルートが制約条件を満たすかどうかを確認できます。

## ノック60：
## 輸送ルートを変更して、輸送コスト関数の変化を確認しよう

　ノック57のような可視化を行うと、「改善できるのではないか」という感情が起こるものですが、実際は、ノック59で作成した多くの制約条件を満たしながら、ノック58で作成した目的関数を改善していくのは容易ではありません。目的関数と制約条件を前もって定義しておくことで、改善をシステマチックに行うことができます。trans_route_new.csvに記載された、試しに変更してみたルートが、制約条件を満たしているかどうか、そしてどの程度のコスト改善が見込めるのかを計算してみましょう。

```
# データ読み込み
df_tr_new = pd.read_csv('trans_route_new.csv', index_col="工場")
print(df_tr_new)


# 総輸送コスト再計算
print("総輸送コスト(変更後):"+str(trans_cost(df_tr_new,df_tc)))


# 制約条件計算関数
# 需要側
def condition_demand(df_tr,df_demand):
    flag = np.zeros(len(df_demand.columns))
```

```
    for i in range(len(df_demand.columns)):
        temp_sum = sum(df_tr[df_demand.columns[i]])
        if (temp_sum>=df_demand.iloc[0][i]):
            flag[i] = 1
    return flag


# 供給側
def condition_supply(df_tr,df_supply):
    flag = np.zeros(len(df_supply.columns))
    for i in range(len(df_supply.columns)):
        temp_sum = sum(df_tr.loc[df_supply.columns[i]])
        if temp_sum<=df_supply.iloc[0][i]:
            flag[i] = 1
    return flag


print("需要条件計算結果:"+str(condition_demand(df_tr_new,df_demand)))
print("供給条件計算結果:"+str(condition_supply(df_tr_new,df_supply)))
```

## ■図：コスト改善の計算

```
[23]  # データ読み込み
      df_tr_new = pd.read_csv('trans_route_new.csv', index_col="工場")
      print(df_tr_new)

      # 総輸送コスト再計算
      print("総輸送コスト(変更後):"+str(trans_cost(df_tr_new,df_tc)))

      # 制約条件計算関数
      # 需要側
      def condition_demand(df_tr,df_demand):
          flag = np.zeros(len(df_demand.columns))
          for i in range(len(df_demand.columns)):
              temp_sum = sum(df_tr[df_demand.columns[i]])
              if (temp_sum>=df_demand.iloc[0][i]):
                  flag[i] = 1
          return flag

      # 供給側
      def condition_supply(df_tr,df_supply):
          flag = np.zeros(len(df_supply.columns))
          for i in range(len(df_supply.columns)):
              temp_sum = sum(df_tr.loc[df_supply.columns[i]])
              if temp_sum<=df_supply.iloc[0][i]:
                  flag[i] = 1
          return flag

      print("需要条件計算結果:"+str(condition_demand(df_tr_new,df_demand)))
      print("供給条件計算結果:"+str(condition_supply(df_tr_new,df_supply)))

          F1  F2  F3  F4
      工場
      W1  15  15   0   0
      W2   5   0  30  10
      W3  10  15   2  15
      総輸送コスト(変更後):1428
      需要条件計算結果:[1. 1. 1. 1.]
      供給条件計算結果:[1. 0. 1.]
```

　まず、輸送コストは、ノック58で作成した関数trans_costを用いれば、すぐに計算することができます。次に、制約条件は、ノック59で作ったif文による判断結果をフラグ化しておく（条件を満たす場合は1を、そうでない場合は0を表記する）ことで、各制約条件を満たせているかどうかを確認できます。

　今回、読み込んだルートは、工場W1からF4への輸送を減らし、その分を工場W2からF4への輸送で補う、というものです。これによる輸送コストは1428（万円）であり、もとの輸送コスト1433（万円）に比べて若干のコストカットは見込めそうです。しかしながら、二番目の供給条件が満たせておらず、工場W2からの供給限界を超えてしまっていることがわかります。すべての制約条件を満たしつつコスト削減を行うことは、そう容易ではないということがわかってきました。

　さて、本章では、ネットワーク可視化について学び、最適な物流計画を立案するための流れを学びました。次章では、本章での知見を生かしながら、ライブラリを使って最適計算を行う方法を学び、物流ネットワーク全体の最適化を検討します。

# 第7章
# ロジスティクスネットワークの最適設計を行う10本ノック

「あなたのお持ちのデータ分析技術を駆使して、我が社の経営状況を改善してほしい」

このような依頼を受けたら、あなたは、どのようにして、その業務を遂行するでしょうか。本書を通して多くの技術を学んだあなたは、まず、必要なデータを集め、それを可視化するでしょう。小売店であれば、一年間の売り上げの状況を可視化し、売れ行きが良いものとそうでないものの原因分析を行うでしょう。そして、売れ行きをさらに良好にするための施策を、最適化計算によって検討するでしょう。

しかしながら、「ロジスティクスネットワーク」と呼ばれるモノの流れを中心とした経営全般的な問題となると、問題は途端に複雑化します。前章で習得したネットワークの可視化や、輸送最適化の検討だけでは十分とは言えません。個別の最適化を行うだけでなく、物流ネットワーク（ロジスティクスネットワーク）全体の最適化が必要になります。

本章では、最適化計算を行ういくつかのライブラリを用いて、最適化計算を実際に行っていきます。そして、前章で用いたネットワーク可視化などの技術を駆使し、計算結果の妥当性を確認する方法についても学んでいきます。それでは、まずは第6章で取り組んだ輸送最適化問題を解くところからはじめていきましょう。

ノック61：輸送最適化問題を解いてみよう
ノック62：最適輸送ルートをネットワークで確認しよう
ノック63：最適輸送ルートが制約条件内に収まっているかどうかを確認しよう
ノック64：生産計画に関するデータを読み込んでみよう
ノック65：利益を計算する関数を作ってみよう
ノック66：生産最適化問題を解いてみよう
ノック67：最適生産計画が制約条件内に収まっているかどうかを確認しよう
ノック68：ロジスティクスネットワーク設計問題を解いてみよう
ノック69：最適ネットワークにおける輸送コストとその内訳を計算しよう
ノック70：最適ネットワークにおける生産コストとその内訳を計算しよう

顧客の声

> 倉庫から工場までの輸送コストだけでも最適化できる可能性が見えてきましたね。是非、継続しての分析をお願いします。どうせなら、弊社が手掛ける、製造から物流までの全体の流れの中で、どこにコスト改善の可能性があるのかを分析してほしいのです。

## 前提条件

この企業が手掛ける物流の全体像は、以下のロジスティクスネットワーク（物流ネットワーク）です。最終的に製品を販売する小売店（商店P、Q）があり、そこで販売される製品群（製品A、B）には一定の需要が見込まれており、それらの需要量に基づいて工場（工場X、Y）での生産量は決められます。それぞれの製品をどの工場のどの生産ライン（レーン0、1）で製造するのかについては、各工場から小売店への輸送費や、製造コストなどを加味して決められます。

■図：ロジスティクスネットワークの全体図

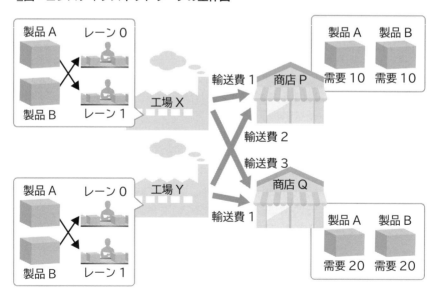

# ノック61：
# 輸送最適化問題を解いてみよう

　第6章で取り組んだ輸送最適化問題を、いよいよ最適化計算ライブラリによっ
て解いていきます。ここで用いるライブラリは、**pulp**と**ortoolpy**の2つです。
前者は最適化モデルの作成を行う役割を、後者は目的関数を生成して解く役割を
担います。まずは実際に動かして動作を確認してみましょう。

```
!pip install pulp
!pip install ortoolpy
```

```
import numpy as np
import pandas as pd
from itertools import product
from pulp import LpVariable, lpSum, value
from ortoolpy import model_min, addvars, addvals

# データ読み込み
df_tc = pd.read_csv('trans_cost.csv', index_col="工場")
df_demand = pd.read_csv('demand.csv')
df_supply = pd.read_csv('supply.csv')

# 初期設定 #
np.random.seed(1)
nw = len(df_tc.index)
nf = len(df_tc.columns)
pr = list(product(range(nw), range(nf)))

# 数理モデル作成 #
m1 = model_min()
v1 = {(i,j):LpVariable('v%d_%d'%(i,j),lowBound=0) for i,j in pr}

m1 += lpSum(df_tc.iloc[i][j]*v1[i,j] for i,j in pr)
for i in range(nw):
```

```
    m1 += lpSum(v1[i,j] for j in range(nf)) <= df_supply.iloc[0][i]
for j in range(nf):
    m1 += lpSum(v1[i,j] for i in range(nw)) >= df_demand.iloc[0][j]
m1.solve()

# 総輸送コスト計算 #
df_tr_sol = df_tc.copy()
total_cost = 0
for k,x in v1.items():
    i,j = k[0],k[1]
    df_tr_sol.iloc[i][j] = value(x)
    total_cost += df_tc.iloc[i][j]*value(x)

print(df_tr_sol)
print("総輸送コスト:"+str(total_cost))
```

### ■図：輸送最適化問題

```
[3] !pip install pulp
    !pip install ortoolpy

    Collecting pulp
      Downloading PuLP-2.6.0-py3-none-any.whl (14.2 MB)
      |                              | 14.2 MB 4.6 MB/s
    Installing collected packages: pulp
    Successfully installed pulp-2.6.0
    Collecting ortoolpy
      Downloading ortoolpy-0.2.38-py3-none-any.whl (24 kB)
    Requirement already satisfied: pulp<3.0.0,>=2.3.1 in /usr/local/lib/python3.7/dist-packages (from ortoolpy) (2.6.0)
    Requirement already satisfied: more-itertools<9.0.0,>=8.6.0 in /usr/local/lib/python3.7/dist-packages (from ortoolpy) (8.12.0)
    Requirement already satisfied: pandas<2.0.0,>=1.1.4 in /usr/local/lib/python3.7/dist-packages (from ortoolpy) (1.3.5)
    Requirement already satisfied: pytz>=2017.3 in /usr/local/lib/python3.7/dist-packages (from pandas<2.0.0,>=1.1.4->ortoolpy) (2018.9)
    Requirement already satisfied: numpy>=1.17.3 in /usr/local/lib/python3.7/dist-packages (from pandas<2.0.0,>=1.1.4->ortoolpy) (1.21.5)
    Requirement already satisfied: python-dateutil>=2.7.3 in /usr/local/lib/python3.7/dist-packages (from pandas<2.0.0,>=1.1.4->ortoolpy) (2.8.2)
    Requirement already satisfied: six>=1.5 in /usr/local/lib/python3.7/dist-packages (from python-dateutil>=2.7.3->pandas<2.0.0,>=1.1.4->ortoolpy) (1.15.0)
    Installing collected packages: ortoolpy
    Successfully installed ortoolpy-0.2.38
```

```
[4]  import numpy as np
     import pandas as pd
     from itertools import product
     from pulp import LpVariable, lpSum, value
     from ortoolpy import model_min, addvars, addvals

     # データ読み込み
     df_tc = pd.read_csv('trans_cost.csv', index_col="工場")
     df_demand = pd.read_csv('demand.csv')
     df_supply = pd.read_csv('supply.csv')

     # 初期設定 #
     np.random.seed(1)
     nw = len(df_tc.index)
     nf = len(df_tc.columns)
     pr = list(product(range(nw), range(nf)))

     # 数理モデル作成 #
     m1 = model_min()
     v1 = {(i,j):LpVariable('v%d_%d'%(i,j),lowBound=0) for i,j in pr}

     m1 += lpSum(df_tc.iloc[i][j]*v1[i,j] for i,j in pr)
     for i in range(nw):
         m1 += lpSum(v1[i,j] for j in range(nf)) <= df_supply.iloc[0][i]
     for j in range(nf):
         m1 += lpSum(v1[i,j] for i in range(nw)) >= df_demand.iloc[0][j]
     m1.solve()

     # 総輸送コスト計算 #
     df_tr_sol = df_tc.copy()
     total_cost = 0
     for k,x in v1.items():
         i,j = k[0],k[1]
         df_tr_sol.iloc[i][j] = value(x)
         total_cost += df_tc.iloc[i][j]*value(x)

     print(df_tr_sol)
     print("総輸送コスト:"+str(total_cost))

         F1  F2  F3  F4
     工場
     W1  28   7   0   0
     W2   0   0  31   5
     W3   0  22   0  20
     総輸送コスト:1296.0
```

まずは、Google Colaboratoryには、pulpとortoolpyが入っていないので、pip installでインストールします。

本サンプルコードで最も重要な部分は「**数理モデル作成**」のところです。第6章のノック58で解説した通り、最適化計算は、目的関数と制約条件を定義できれば、解くことができます。「数理モデル作成」の部分では、それらを順番に定義しています。一行ずつ解説していきましょう。

```
m1 = model_min()
```

まず、1行目は、m1として「最小化を行う」モデルを定義します。これから定義する目的関数を、制約条件のもとで「最小化」できます。

次に、m1に条件を加えることで、目的関数と制約条件を加えていきます。

```
v1 = {(i,j):LpVariable('v%d_%d'%(i,j),lowBound=0) for i,j in pr}
m1 += lpSum(df_tc.iloc[i][j]*v1[i,j] for i,j in pr)
```

　この2行では、lpSumによって、目的関数をm1に定義します。各輸送ルートのコストを格納したデータフレームdf_tcと、（これを変化させることで最適ルートを求める）主役となる変数v1とのそれぞれの要素の積の和によって、目的関数を定義します。変数v1は、LpVariableを用いてdict形式で与えます。そして、制約条件をm1に定義します。

```
for i in range(nw):
    m1 += lpSum(v1[i,j] for j in range(nf)) <= df_supply.iloc[0][i]
for j in range(nf):
    m1 += lpSum(v1[i,j] for i in range(nw)) >= df_demand.iloc[0][j]
```

　制約条件もまた、lpSumを用いて与えることができます。ここでは、工場の製造する製品が需要量を満たすように、また、倉庫の供給する部品が供給限界を超過しないように制約条件を与えます。これらによって与えた条件からなる最適化問題をsolveによって解きます。

```
m1.solve()
```

　solveを実行することによって、変数v1が最適化され、最適な総輸送コストが求められます。最適化計算の結果、総輸送コストは1296（万円）という結果が算出され、ノック58で計算した現状の総輸送コスト1433（万円）と比較し、大きくコスト削減ができることがわかります。

## ノック62：最適輸送ルートをネットワークで確認しよう

　計算された最適輸送ルートをネットワーク可視化によって確認していきましょう。ノック57で用いたのと同じ手法です。

```
import matplotlib.pyplot as plt
import networkx as nx

# データ読み込み
df_tr = df_tr_sol.copy()
df_pos = pd.read_csv('trans_route_pos.csv')

# グラフオブジェクトの作成
G = nx.Graph()

# 頂点の設定
for i in range(len(df_pos.columns)):
    G.add_node(df_pos.columns[i])

# 辺の設定&エッジの重みのリスト化
num_pre = 0
edge_weights = []
size = 0.1
for i in range(len(df_pos.columns)):
    for j in range(len(df_pos.columns)):
        if not (i==j):
            # 辺の追加
            G.add_edge(df_pos.columns[i],df_pos.columns[j])
            # エッジの重みの追加
            if num_pre<len(G.edges):
                num_pre = len(G.edges)
                weight = 0
```

```
            if (df_pos.columns[i] in df_tr.columns)and(df_pos.columns
[j] in df_tr.index):
                if df_tr[df_pos.columns[i]][df_pos.columns[j]]:
                    weight = df_tr[df_pos.columns[i]][df_pos.columns[
j]]*size
                elif(df_pos.columns[j] in df_tr.columns)and(df_pos.column
s[i] in df_tr.index):
                if df_tr[df_pos.columns[j]][df_pos.columns[i]]:
                    weight = df_tr[df_pos.columns[j]][df_pos.columns[
i]]*size
            edge_weights.append(weight)


# 座標の設定
pos = {}
for i in range(len(df_pos.columns)):
    node = df_pos.columns[i]
    pos[node] = (df_pos[node][0],df_pos[node][1])


# 描画
nx.draw(G, pos, with_labels=True,font_size=16, node_size = 1000, node_col
or='k', font_color='w', width=edge_weights)


# 表示
plt.show()
```

■図：ネットワークの可視化

```
import matplotlib.pyplot as plt
import networkx as nx

# データ読み込み
df_tr = df_tr_sol.copy()
df_pos = pd.read_csv('trans_route_pos.csv')

# グラフオブジェクトの作成
G = nx.Graph()

# 頂点の設定
for i in range(len(df_pos.columns)):
    G.add_node(df_pos.columns[i])

# 辺の設定&エッジの重みのリスト化
num_pre = 0
edge_weights = []
size = 0.1
for i in range(len(df_pos.columns)):
    for j in range(len(df_pos.columns)):
        if not (i==j):
            # 辺の追加
            G.add_edge(df_pos.columns[i],df_pos.columns[j])
            # エッジの重みの追加
            if num_pre<len(G.edges):
                weight = 0
                if (df_pos.columns[i] in df_tr.columns)and(df_pos.columns[j] in df_tr.index):
                    if df_tr[df_pos.columns[i]][df_pos.columns[j]]:
                        weight = df_tr[df_pos.columns[i]][df_pos.columns[j]]*size
                elif(df_pos.columns[j] in df_tr.columns)and(df_pos.columns[i] in df_tr.index):
                    if df_tr[df_pos.columns[j]][df_pos.columns[i]]:
                        weight = df_tr[df_pos.columns[j]][df_pos.columns[i]]*size
                edge_weights.append(weight)

# 座標の設定
pos = []
for i in range(len(df_pos.columns)):
    node = df_pos.columns[i]
    pos[node] = (df_pos[node][0],df_pos[node][1])

# 描画
nx.draw(G, pos, with_labels=True,font_size=16, node_size = 1000, node_color='k', font_color='w', width=edge_weights)
```

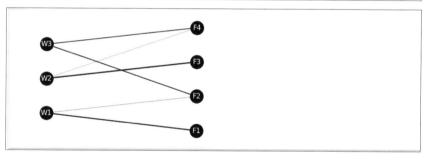

　こうして、最適化計算を行ったうえで可視化すると、ノック57で作成した「ほ
ぼ全結合」のネットワークとの差は歴然ではないでしょうか。倉庫W1からは工場
F1への、倉庫W2から工場F3への、そして、倉庫W3から工場F2および
F4への供給がほとんどであり、それ以外への供給はごくわずかに抑えられていま
す。すなわち、ノック57で立てた「輸送ルートはある程度集約すべき」という仮
説の正しさが、最適化計算によって明らかになったと言えます。

# ノック63：
# 最適輸送ルートが制約条件内に収まっているかどうかを確認しよう

　ノック60で作成した制約条件を計算する関数を用いて、最適計算を行った結果の輸送ルートが制約条件に収まっているかどうかを確認してみましょう。

```python
# データ読み込み
df_demand = pd.read_csv('demand.csv')
df_supply = pd.read_csv('supply.csv')


# 制約条件計算関数
# 需要側
def condition_demand(df_tr,df_demand):
    flag = np.zeros(len(df_demand.columns))
    for i in range(len(df_demand.columns)):
        temp_sum = sum(df_tr[df_demand.columns[i]])
        if (temp_sum>=df_demand.iloc[0][i]):
            flag[i] = 1
    return flag


# 供給側
def condition_supply(df_tr,df_supply):
    flag = np.zeros(len(df_supply.columns))
    for i in range(len(df_supply.columns)):
        temp_sum = sum(df_tr.loc[df_supply.columns[i]])
        if temp_sum<=df_supply.iloc[0][i]:
            flag[i] = 1
    return flag

print("需要条件計算結果:"+str(condition_demand(df_tr_sol,df_demand)))
print("供給条件計算結果:"+str(condition_supply(df_tr_sol,df_supply)))
```

**■図：制約条件の確認**

```
[6]  # データ読み込み
     df_demand = pd.read_csv('demand.csv')
     df_supply = pd.read_csv('supply.csv')

     # 制約条件計算関数
     # 需要側
     def condition_demand(df_tr,df_demand):
         flag = np.zeros(len(df_demand.columns))
         for i in range(len(df_demand.columns)):
             temp_sum = sum(df_tr[df_demand.columns[i]])
             if (temp_sum>=df_demand.iloc[0][i]):
                 flag[i] = 1
         return flag

     # 供給側
     def condition_supply(df_tr,df_supply):
         flag = np.zeros(len(df_supply.columns))
         for i in range(len(df_supply.columns)):
             temp_sum = sum(df_tr.loc[df_supply.columns[i]])
             if temp_sum<=df_supply.iloc[0][i]:
                 flag[i] = 1
         return flag

     print("需要条件計算結果:"+str(condition_demand(df_tr_sol,df_demand)))
     print("供給条件計算結果:"+str(condition_supply(df_tr_sol,df_supply)))

     需要条件計算結果:[1. 1. 1. 1.]
     供給条件計算結果:[1. 1. 1.]
```

　需要側も供給側も、すべての制約条件が１を示しており、満たされていることがわかります。ノック60で見た通り、手計算によってコスト改善を行うのは骨が折れる作業ですが、目的関数と制約条件さえ明確に定義すれば、このように最適化計算ツールによって遥かに簡単に解を求めることができます。

　最適化問題にはさまざまな種類があり、必ずしもすべての最適化計算が「解ける」とは限らないのですが、輸送最適化問題のように、**線形最適化**に定式化できるものは、比較的短時間に解を求めることができるとわかっています。最適化問題の種類については、Appendix ③にまとめていますので、そちらもご覧ください。

## ノック64：
## 生産計画に関するデータを読み込んでみよう

　ここまでは、あくまで輸送コストの最適化計算を行うものでした。しかしながら、ロジスティクスネットワーク全体においては、輸送だけでなく、生産計画もまた、重要な要素です。すなわち、どの製品をどれだけ作るか、という計画です。生産計画に取り組むイントロダクションとして、まずは、データの読み込みを行ってみましょう。

■表：データ一覧

| No. | ファイル名 | 概要 |
|---|---|---|
| 1 | product_plan_material.csv | 製品の製造に必要な原料の割合 |
| 2 | product_plan_profit.csv | 製品の利益 |
| 3 | product_plan_stock.csv | 原料の在庫 |
| 4 | product_plan.csv | 製品の生産量 |

```
df_material = pd.read_csv('product_plan_material.csv', index_col="製品")
print(df_material)
df_profit = pd.read_csv('product_plan_profit.csv', index_col="製品")
print(df_profit)
df_stock = pd.read_csv('product_plan_stock.csv', index_col="項目")
print(df_stock)
df_plan = pd.read_csv('product_plan.csv', index_col="製品")
print(df_plan)
```

**■図：生産計画データの読み込み**

```
[7]  df_material = pd.read_csv('product_plan_material.csv', index_col="製品")
     print(df_material)
     df_profit = pd.read_csv('product_plan_profit.csv', index_col="製品")
     print(df_profit)
     df_stock = pd.read_csv('product_plan_stock.csv', index_col="項目")
     print(df_stock)
     df_plan = pd.read_csv('product_plan.csv', index_col="製品")
     print(df_plan)

          原料1  原料2  原料3
     製品
     製品1    1    4    3
     製品2    2    4    1
             利益
     製品
     製品1   5.0
     製品2   4.0
          原料1  原料2  原料3
     項目
     在庫    40   80   50
             生産量
     製品
     製品1    16
     製品2     0
```

　まず、product_plan_material.csvには、顧客が作る二種類の製品（製品1、製品2）と、それらを製造するのに必要な三種類の原料（原料1、原料2、原料3）の割合が格納されています。次に、product_plan_profit.csvには、それぞれの製品に関する利益（売上高から売上原価を差し引いたもの）が格納されています。そして、product_plan_stock.csvには、それぞれの原料の在庫が格納されています。最後に、product_plan.csvには、現在のそれぞれの製品の生産量が格納されています。すなわち、現在は、利益の大きな製品1のみが製造されており、製品2は製造されていません。これでは、原料もうまく使われておらず、製品2の製造量を増やすことで、利益を高めていくことができるはずです。そうした仮説のもと、生産計画を見直していくことにしましょう。

## ⚾ ノック65：
## 利益を計算する関数を作ってみよう

　生産計画の最適化（すなわち生産最適化）の解き方もまた、最適化問題の一般的な流れと同じです。すなわち、まず、目的関数と制約条件を定義し、制約条件下で目的関数を最小化（または最大化）する変数の組み合わせを探し出します。まずは、利益を計算する関数を作り、これを目的関数として最大化することを検討し

ていきましょう。

```python
# 利益計算関数
def product_plan(df_profit,df_plan):
    profit = 0
    for i in range(len(df_profit.index)):
        for j in range(len(df_plan.columns)):
            profit += df_profit.iloc[i][j]*df_plan.iloc[i][j]
    return profit

print("総利益:"+str(product_plan(df_profit,df_plan)))
```

### ■図：利益を計算する関数

```
[8]  # 利益計算関数
     def product_plan(df_profit,df_plan):
         profit = 0
         for i in range(len(df_profit.index)):
             for j in range(len(df_plan.columns)):
                 profit += df_profit.iloc[i][j]*df_plan.iloc[i][j]
         return profit

     print("総利益:"+str(product_plan(df_profit,df_plan)))

     総利益:80.0
```

　生産計画の総利益は、各製品の利益と製造量との積の和によって計算できます。今回の総利益は80（万円）でした。今回は製品1のみの製造による結果でしたので、製品2を増やしていくことで、どれだけの利益増加が見込めるかを計算しましょう。

## ノック66：
## 生産最適化問題を解いてみよう

　さて、いま定式化した目的関数である利益関数を最大化することを目的とし、最適化計算を実施していきます。問題を解く流れは、ノック61と同じです。

```python
from pulp import LpVariable, lpSum, value
from ortoolpy import model_max, addvars, addvals


df = df_material.copy()
inv = df_stock

m = model_max()
v1 = {(i):LpVariable('v%d'%(i),lowBound=0) for i in range(len(df_profit))}
m += lpSum(df_profit.iloc[i]*v1[i] for i in range(len(df_profit)))
for i in range(len(df_material.columns)):
    m += lpSum(df_material.iloc[j,i]*v1[j] for j in range(len(df_profit))) <= df_stock.iloc[:,i]
m.solve()

df_plan_sol = df_plan.copy()
for k,x in v1.items():
    df_plan_sol.iloc[k] = value(x)
print(df_plan_sol)
print("総利益:"+str(value(m.objective)))
```

## ■図：生産最適化問題

```
[9]  from pulp import LpVariable, lpSum, value
     from ortoolpy import model_max, addvars, addvals

     df = df_material.copy()
     inv = df_stock

     m = model_max()
     v1 = {(i):LpVariable('v%d'%(i),lowBound=0) for i in range(len(df_profit))}
     m += lpSum(df_profit.iloc[i]*v1[i] for i in range(len(df_profit)))
     for i in range(len(df_material.columns)):
         m += lpSum(df_material.iloc[j,i]*v1[j] for j in range(len(df_profit)) ) <= df_stock.iloc[:,i]
     m.solve()

     df_plan_sol = df_plan.copy()
     for k,x in v1.items():
         df_plan_sol.iloc[k] = value(x)
     print(df_plan_sol)
     print("総利益:"+str(value(m.objective)))

          生産量
     製品
     製品1    15
     製品2     5
     総利益:95.0
```

最適化計算の部分について、解説していきます。

```
m = model_max()
```

まず、model_maxを宣言することで、「最大化」計算実施の準備を行います。

```
v1 = {(i):LpVariable('v%d'%(i),lowBound=0) for i in range(len(df_profi
t))}
m += lpSum(df_profit.iloc[i]*v1[i] for i in range(len(df_profit)))
```

次に、変数v1を、製品数と同じ次元数で定義したうえで、変数v1と製品ごとの利益との積の和によって、目的関数を定義します。そして、制約条件を定義します。

```
for i in range(len(df_material.columns)):
    m += lpSum(df_material.iloc[j,i]*v1[j] for j in range(len(df_profit))
) <= df_stock.iloc[:,i]
```

それぞれの原料の使用量が在庫を超えないようにします。

```
m.solve()
```

　最後に、これらの流れで定義した最適化問題を解きます。
　こうして解いた結果、製品1の製造量を15にし、1減らすことで、製品2の製造量を5増やすことができ、結果として利益を95(万円)まで増やすことができるとわかりました。

# ノック67：
# 最適生産計画が制約条件内に収まって
# いるかどうかを確認しよう

　最適化問題を解くうえで、最も注意すべき点は、最適化計算を行った結果を「鵜呑み」にしてしまうことです。結果だけを鵜呑みにしてしまうと、現実の条件が少し異なってしまっていて、想定していた結果とかけ離れてしまうなど、望んでいた効果が得られないということが往々にしてあります。最もありがちなこととしては、目的関数と制約条件が、実は現実とかけ離れてしまっており、導き出された結果も、現実とかけ離れてしまう、ということがあります。そうした不幸を避けるためにも、また、目的関数と制約条件を現実に近づけるヒントとしても、最適化計算を行った結果を、「あの手この手で」少しでも理解していく必要があります。
　生産最適化において「あの手この手で」理解できることとしては、まず、制約条件で規定した、「それぞれの原料の使用量」がどの程度であり、それが「在庫を効率よく利用できているか」です。この様子を調べてみましょう。

```
# 制約条件計算関数
def condition_stock(df_plan,df_material,df_stock):
    flag = np.zeros(len(df_material.columns))
    for i in range(len(df_material.columns)):
        temp_sum = 0
```

```
        for j in range(len(df_material.index)):
            temp_sum = temp_sum + df_material.iloc[j][i]*float(df_plan.il
oc[j])
        if (temp_sum<=float(df_stock.iloc[0][i])):
            flag[i] = 1
        print(df_material.columns[i]+" 使用量:"+str(temp_sum)+", 在庫:"+str
(float(df_stock.iloc[0][i])))
    return flag

print("制約条件計算結果:"+str(condition_stock(df_plan_sol,df_material,df_sto
ck)))
```

**■図：制約条件の確認**

```
[10]  # 制約条件計算関数
      def condition_stock(df_plan,df_material,df_stock):
          flag = np.zeros(len(df_material.columns))
          for i in range(len(df_material.columns)):
              temp_sum = 0
              for j in range(len(df_material.index)):
                  temp_sum = temp_sum + df_material.iloc[j][i]*float(df_plan.iloc[j])
              if (temp_sum<=float(df_stock.iloc[0][i])):
                  flag[i] = 1
              print(df_material.columns[i]+" 使用量:"+str(temp_sum)+", 在庫:"+str(float(df_stock.iloc[0][i])))
          return flag

      print("制約条件計算結果:"+str(condition_stock(df_plan_sol,df_material,df_stock)))

      原料1  使用量:25.0, 在庫:40.0
      原料2  使用量:80.0, 在庫:80.0
      原料3  使用量:50.0, 在庫:50.0
      制約条件計算結果:[1. 1. 1.]
```

　計算結果が示すように、制約条件はすべて満たされており、そのうえで、原料
2と原料3に関しては、在庫をすべて利用できています。原料1が少しだけ余っ
ていますが、最適化計算前と比べると、原料の利用効率が大きく改善できている
ことがわかります。こうした分析から、今回の改善は「合理的である」と判断でき
るのです。

# ノック68：
# ロジスティクスネットワーク設計問題を解いてみよう

　これまで、輸送ルートと生産計画の最適化問題を、それぞれ個別に考えてきました。しかしながら、実際のロジスティクスネットワーク(物流ネットワーク)を考える場合、それらを同時に考える必要があります。ロジスティクスネットワークは、次図で示すように、最終的に製品を販売する小売店(商店P、Q)があり、そこで販売される製品群(製品A、B)には一定の需要が見込まれており、それらの需要量に基づいて工場(工場X、Y)での生産量は決められます。それぞれの製品をどの工場のどの生産ライン(レーン0、1)で製造するのかについては、各工場から小売店への輸送費や、製造コストなどを加味して決められます。

**🔋図：ロジスティクスネットワークの全体図(再掲)**

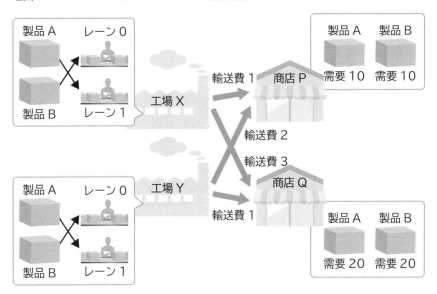

　こうしたロジスティクスネットワークの最適化を行うには、どのような最適化問題を定式化するのが良いでしょうか。商品の需要が既に決まっているのであれば(需要を促すような広告や宣伝などを考慮しないのであれば)、最も重要なのは、

　いかにコストを下げるかでしょう。したがって、輸送コストと製造コストが、需要を満たしつつ最小になるように定式化します。すなわち、目的関数としては輸送コストと製造コストの和を与え、制約条件としては各商店での販売数が需要数を上回ることを考えます。ここでは、ライブラリ**ortoolpy**を用いて、関数logistics_networkによって最適設計を行うことを試してみましょう。

```python
製品 = list('AB')
需要地 = list('PQ')
工場 = list('XY')
レーン = (2,2)


# 輸送費表 #
tbdi = pd.DataFrame(((j,k) for j in 需要地 for k in 工場), columns=['需要地','工場'])
tbdi['輸送費'] = [1,2,3,1]
print(tbdi)


# 需要表 #
tbde = pd.DataFrame(((j,i) for j in 需要地 for i in 製品), columns=['需要地','製品'])
tbde['需要'] = [10,10,20,20]
print(tbde)


# 生産表 #
tbfa = pd.DataFrame(((k,l,i,0,np.inf) for k,nl in zip (工場,レーン) for l
in range(nl) for i in 製品),
    columns=['工場','レーン','製品','下限','上限'])
tbfa['生産費'] = [1,np.nan,np.nan,1,3,np.nan,5,3]
tbfa.dropna(inplace=True)
tbfa.loc[4,'上限']=10
print(tbfa)


from ortoolpy import logistics_network
_, tbdi2, _ = logistics_network(tbde,tbdi,tbfa)
print(tbfa)
```

```
print(tbdi2)
```

## ■図：ロジスティクスネットワーク設計

```
製品 = list('AB')
需要地 = list('PQ')
工場 = list('XY')
レーン = (2,2)

# 輸送費表 #
tbdi = pd.DataFrame(((j,k) for j in 需要地 for k in 工場), columns=['需要地','工場'])
tbdi['輸送費'] = [1,2,3,1]
print(tbdi)

# 需要表 #
tbde = pd.DataFrame(((j,i) for j in 需要地 for i in 製品), columns=['需要地','製品'])
tbde['需要'] = [10,10,20,20]
print(tbde)

# 生産表 #
tbfa = pd.DataFrame(((k,l,i,0,np.inf) for k,nl in zip (工場,レーン) for l in range(nl) for i in 製品),
                    columns=['工場','レーン','製品','下限','上限'])
tbfa['生産費'] = [1,np.nan,np.nan,1,3,np.nan,5,3]
tbfa.dropna(inplace=True)
tbfa.loc[4,'上限']=10
print(tbfa)

from ortoolpy import logistics_network
_, tbdi2, _ = logistics_network(tbde,tbdi,tbfa)
print(tbfa)
print(tbdi2)
```

```
      需要地 工場  輸送費
0     P   X    1
1     P   Y    2
2     Q   X    3
3     Q   Y    1
      需要地 製品  需要
0     P   A   10
1     P   B   10
2     Q   A   20
3     Q   B   20
      工場  レーン 製品  下限   上限   生産費
0     X    0   A    0   inf  1.0
3     X    1   B    0   inf  1.0
4     Y    0   A    0  10.0  3.0
6     Y    1   A    0   inf  5.0
7     Y    1   B    0   inf  3.0
      工場  レーン 製品  下限   上限   生産費    VarY  ValY
0     X    0   A    0   inf  1.0  v000009  20.0
3     X    1   B    0   inf  1.0  v000010  10.0
4     Y    0   A    0  10.0  3.0  v000011  10.0
6     Y    1   A    0   inf  5.0  v000012   0.0
7     Y    1   B    0   inf  3.0  v000013  20.0
      需要地 工場  輸送費 製品      VarX  ValX
0     P   X    1   A  v000001  10.0
1     P   X    1   B  v000002  10.0
2     Q   X    3   A  v000003  10.0
3     Q   X    3   B  v000004   0.0
4     P   Y    2   A  v000005   0.0
5     P   Y    2   B  v000006   0.0
6     Q   Y    1   A  v000007  10.0
7     Q   Y    1   B  v000008  20.0
/usr/local/lib/python3.7/dist-packages/ortoolpy/etc.py:1217: FutureWarning: In a future version of pandas all arguments of concat except for the argument 'objs' will be keyword-only
  [tbdi2.groupby(facprd).VarX.sum(), tbfa.groupby(facprd).VarY.sum()], 1
```

　関数logistics_networkを用いると、生産表にValYという項目が作られ、最適生産量が格納され、また、輸送費表にValXという項目が作られ、最適輸送量が格納されます。それでは、ノック69と70で、これらの結果が妥当かどうかを確認していきましょう。

## ノック69：
## 最適ネットワークにおける輸送コスト
## とその内訳を計算しよう

　輸送コストは、関数 logistics_network の戻り値として、tbdi2 にデータフレーム形式で格納されています。「輸送費」のカラムと、最適輸送量を格納する「ValX」のカラムを掛け合わせることで、輸送コストが計算できます。

```
print(tbdi2)
trans_cost = 0
for i in range(len(tbdi2.index)):
    trans_cost += tbdi2["輸送費"].iloc[i]*tbdi2["ValX"].iloc[i]
print("総輸送コスト:"+str(trans_cost))
```

### ■図：輸送コストの計算

```
[12] print(tbdi2)
     trans_cost = 0
     for i in range(len(tbdi2.index)):
         trans_cost += tbdi2["輸送費"].iloc[i]*tbdi2["ValX"].iloc[i]
     print("総輸送コスト:"+str(trans_cost))

        需要地 工場 輸送費 製品     VarX   ValX
     0    P   X    1  A  v000001  10.0
     1    P   X    1  B  v000002  10.0
     2    Q   X    3  A  v000003  10.0
     3    Q   X    3  B  v000004   0.0
     4    P   Y    2  A  v000005   0.0
     5    P   Y    2  B  v000006   0.0
     6    Q   Y    1  A  v000007  10.0
     7    Q   Y    1  B  v000008  20.0
     総輸送コスト:80.0
```

　計算結果から、総輸送コストは80(万円)と計算されました。内訳としては、なるべく輸送量の少ない工場X→商店P、工場Y→商店Qのルートを使用し、それだけでは、商店Qにおける製品Aの需要が若干まかないきれないので、工場Xから商店Qへ、製品Aを10だけ輸送しています。工場Yでの生産には限界があり、また、生産表によると、工場Xの製品Aの生産コストは他に比べて低いことから、この組み合わせは、概ね妥当と判断してよさそうです。

## ノック70：
## 最適ネットワークにおける生産コストとその内訳を計算しよう

　生産コストは、関数logistics_networkの計算後、tbfaに格納されます。「生産費」のカラムと、最適生産量を格納する「ValY」のカラムを掛け合わせることで、生産コストが計算できます。

```
print(tbfa)
product_cost = 0
for i in range(len(tbfa.index)):
    product_cost += tbfa["生産費"].iloc[i]*tbfa["ValY"].iloc[i]
print("総生産コスト:"+str(product_cost))
```

### ■図：生産コストの計算

```
[13] print(tbfa)
     product_cost = 0
     for i in range(len(tbfa.index)):
         product_cost += tbfa["生産費"].iloc[i]*tbfa["ValY"].iloc[i]
     print("総生産コスト:"+str(product_cost))

        工場 レーン 製品 下限   上限 生産費    VarY  ValY
     0  X    0   A   0   inf  1.0  v000009  20.0
     3  X    1   B   0   inf  1.0  v000010  10.0
     4  Y    0   A   0  10.0  3.0  v000011  10.0
     6  Y    1   A   0   inf  5.0  v000012   0.0
     7  Y    1   B   0   inf  3.0  v000013  20.0
     総生産コスト:120.0
```

　計算結果から、総生産コストは120（万円）と計算されています。内訳としては、なるべく生産コストの低い工場Xでの生産量を増やしたいということから、工場Xでの製品Aの生産量を20に、また製品Bの生産量を10にしていると考えると合理的です。生産コストだけを考えると、すべての製品を工場Xのみで製造したいところですが、輸送コストとの兼ね合いから、ある程度は、需要量の多い商店Qへの輸送コストの低い工場Yを稼働させないわけにはいかず、結果として、工場Yでの製品Aの製造量は10に、製品Bの製造量は20になっています。生産コストと輸送コストのバランスを考えると、概ね妥当と判断できます。

　さて、本章では、ライブラリを用いて最適化計算を行い、その妥当性を「あの手
この手で」確認していく作業を紹介しました。最適化計算のライブラリは、強力な
ツールではありますが、鵜呑みにしてしまうと大怪我をします。本章に記載した
内容は、そうした大怪我を防ぐための最低限の確認作業にすぎません。何を調査し、
確認すべきかは、現場によって異なります。最も重要なことは、結果を鵜呑みに
せず、常に疑う姿勢を持って現場の業務改善に臨むことです。本章の内容を参考に、
さまざまな方法を工夫してみてください。

# 第8章
# 数値シミュレーションで消費者
# 行動を予測する10本ノック

　前章では、最適化手法を用いて物流事業の経営改善をしていくプロセスについて解説しました。最適化手法を用いることで、物流事業だけでなく、さまざまな事業における業務プロセスのコスト改善など、理想状態に対してネックとなっている箇所をつきとめ、課題を解消していくことができます。

　このように、最適化手法は強力ではありますが、与えた条件のみから最適解を導き出す方法でもあるため、条件に抜け・漏れがあると、現実離れした解を導き出すことがあります。そのため、最適化計算によって導き出された解が現実的なものなのかどうかを、さまざまな角度から検証し、必要に応じて条件を追加して再計算する必要があります。しかしながら、人間の想像力には限界があり、必ずしもうまく条件設定ができ、また導出された解の検証がうまくいくとは限りません。

　本章では、想像力をサポートし、将来予測を行うことで選択肢を広げていく手法として、数値シミュレーションについて学んでいきます。特に、データ分析の分野で重要となる、消費者行動が口コミなどの情報伝播によってどのように変化していくかを分析する、人間関係のネットワーク構造を用いた数値シミュレーション手法を中心に学ぶことで、数値シミュレーションによる将来予測というもののイメージを掴みます。それでは、「顧客の声」と「前提条件」を確認し、人間関係のネットワークに関するデータの読み込みを行っていきましょう。

---

ノック71：人間関係のネットワークを可視化してみよう
ノック72：口コミによる情報伝播の様子を可視化してみよう
ノック73：口コミ数の時系列変化をグラフ化してみよう
ノック74：会員数の時系列変化をシミュレーションしてみよう
ノック75：パラメータの全体像を、「相図」を見ながら把握しよう
ノック76：実データを読み込んでみよう
ノック77：リンク数の分布を可視化しよう
ノック78：シミュレーションのために実データからパラメータを推定しよう
ノック79：実データとシミュレーションを比較しよう
ノック80：シミュレーションによる将来予測を実施しよう

**顧客の声**

　物流のコスト改善に関しては、さまざまなことがわかってきたので、引き続き分析をお願いします。今度は、弊社の製品の売れ行きを予測できないかを検討してみてほしいのです。おもしろいことに、弊社の製品は大々的な宣伝を行っておらず、ほとんどがSNSによる口コミで広がっているようなのです。リピーターは私ともつながっているので、SNSでのつながりも、把握しようと思えばできるんです。これを使って、今後の売れ行きを予測することなど、できないでしょうか？

### 前提条件

　links.csvには、リピーターのうち20人のSNSでのつながりを記載しています。つながりのある組み合わせには1を、ない組み合わせには0を記載しています。同様に、全リピーター540人のSNSでのつながりを、links_members.csvに記載しています。info_members.csvには、全リピーター540人の、二年間のうちの月々の利用状況を記載しています。利用がある月には1を、そうでない月には0を記載しています。

■表：データ一覧

| No. | ファイル名 | 概要 |
|---|---|---|
| 1 | links.csv | リピーター20人のSNSでのつながり |
| 2 | links_members.csv | リピーター540人のSNSでのつながり |
| 3 | info_members.csv | リピーター540人の月々の利用状況 |

## ノック71：
## 人間関係のネットワークを可視化してみよう

　ここからは、消費者の口コミによる行動分析を行うにあたって、あるSNSでつながる20人のつながりのデータを分析していさます。まず、ネットワーク構造を記述しているlinks.csvを読み込んでみましょう。

```
import pandas as pd
```

```
df_links = pd.read_csv("links.csv", index_col="Node")
df_links.head()
```

### ■図：データの読み込み

読み込んだデータには、20人の関係について、SNS上で「つながっている」か、「つながっていない」かを記述しています。1は「つながっている」状態を意味し、0は「つながっていない」状態を意味します。読み込んだ20人のつながりを、ライブラリnetworkxを用いて可視化してみましょう。

```
import networkx as nx
import matplotlib.pyplot as plt


# グラフオブジェクトの作成
G = nx.Graph()


# 頂点の設定
NUM = len(df_links.index)
for i in range(NUM):
    node_no = df_links.columns[i].strip("Node")
    G.add_node(str(node_no))


# 辺の設定
for i in range(NUM):
    for j in range(NUM):
        node_name = "Node" + str(j)
```

```
      if df_links[node_name].iloc[i]==1:
          G.add_edge(str(i),str(j))
```

```
# 描画
nx.draw_networkx(G,node_color="k", edge_color="k", font_color="w")
```

```
plt.show()
```

## ■図：ネットワークの可視化

```
[5]  import networkx as nx
     import matplotlib.pyplot as plt

     # グラフオブジェクトの作成
     G = nx.Graph()

     # 頂点の設定
     NUM = len(df_links.index)
     for i in range(NUM):
         node_no = df_links.columns[i].strip("Node")
         G.add_node(str(node_no))

     # 辺の設定
     for i in range(NUM):
         for j in range(NUM):
             node_name = "Node" + str(j)
             if df_links[node_name].iloc[i]==1:
                 G.add_edge(str(i),str(j))

     # 描画
     nx.draw_networkx(G,node_color="k", edge_color="k", font_color="w")
     plt.show()
```

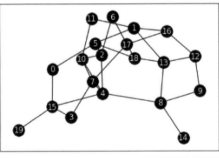

　ネットワークの可視化には、第6章、第7章で用いたdrawではなく、draw_networkxを用いました。この関数は、リンクの多いものが中心に集まるように、自動的にノード（頂点）の位置を決定して可視化します。ただ、再現性がなく、実行するごとに異なる画像（見た目）になってしまうので、読者の皆さんが手元のPCで実行すると、少し異なるネットワーク画像になるかもしれません。いずれにしても、すべてのノードから、つながりのあるノードに対してリンクがつながっていれば、ネットワーク可視化は成功と言えます。

## ノック72：
## 口コミによる情報伝播の様子を可視化してみよう

　ノック71で読み込んだネットワーク構造の中で、口コミが伝播していく様子をシミュレーションしてみましょう。いま、「10のつながりのうち、一つの確率（10％の確率）で口コミが伝播していく」と仮定し、そうした口コミの様子をシミュレーションします。以下のコードを実行してみましょう。

```python
import numpy as np
```

```python
def determine_link(percent):
rand_val = np.random.rand()
if rand_val<=percent:
    return 1
else:
    return 0
```

```python
def simulate_percolation(num, list_active, percent_percolation):
    for i in range(num):
        if list_active[i]==1:
            for j in range(num):
                node_name = "Node" + str(j)
                if df_links[node_name].iloc[i]==1:
```

```
                    if determine_link(percent_percolation)==1:
                        list_active[j] = 1
        return list_active
```

```
percent_percolation = 0.1
T_NUM = 36
NUM = len(df_links.index)
list_active = np.zeros(NUM)
list_active[0] = 1

list_timeSeries = []
for t in range(T_NUM):
    list_active = simulate_percolation(NUM, list_active, percent_percolation)
    list_timeSeries.append(list_active.copy())
```

### ■図：口コミ伝播の計算

```
[5]  import numpy as np

[6]  def determine_link(percent):
         rand_val = np.random.rand()
         if rand_val<=percent:
             return 1
         else:
             return 0

[7]  def simulate_percolation(num, list_active, percent_percolation):
         for i in range(num):
             if list_active[i]==1:
                 for j in range(num):
                     node_name = "Node" + str(j)
                     if df_links[node_name].iloc[i]==1:
                         if determine_link(percent_percolation)==1:
                             list_active[j] = 1
         return list_active

[8]  percent_percolation = 0.1
     T_NUM = 36
     NUM = len(df_links.index)
     list_active = np.zeros(NUM)
     list_active[0] = 1

     list_timeSeries = []
     for t in range(T_NUM):
         list_active = simulate_percolation(NUM, list_active, percent_percolation)
         list_timeSeries.append(list_active.copy())
```

　determine_linkは、確率的に口コミを伝播させるかどうかを決定します。引
数で口コミの起こる確率を与えます。simulate_percolationは、口コミをシミュ

レートします。第一引数numは人数、第二引数list_activeはそれぞれのノード（人）に口コミが伝わったかどうかを1か0で表現する配列、第三引数percent_percolationは、口コミの起こる確率です。これを、percent_percolation = 0.1（口コミの起こる確率10%）とし、36ステップ繰り返します。一か月で口コミが起こる確率が10%とし、それを36か月繰り返すということです。次に、こうして伝播した口コミの様子をネットワークに可視化してみましょう。

```python
# アクティブノード可視化 #
def active_node_coloring(list_active):
    #print(list_timeSeries[t])
    list_color = []
    for i in range(len(list_timeSeries[t])):
        if list_timeSeries[t][i]==1:
            list_color.append("r")
        else:
            list_color.append("k")
    #print(len(list_color))
    return list_color
```

```python
t = 0
nx.draw_networkx(G,font_color="w",node_color=active_node_coloring(list_timeSeries[t]))
plt.show()
```

```python
t = 11
nx.draw_networkx(G,font_color="w",node_color=active_node_coloring(list_timeSeries[t]))
plt.show()
```

```python
# 描画
t = 35
nx.draw_networkx(G,font_color="w",node_color=active_node_coloring(list_timeSeries[t]))
```

```
plt.show()
```

## ■図：口コミ伝播の可視化

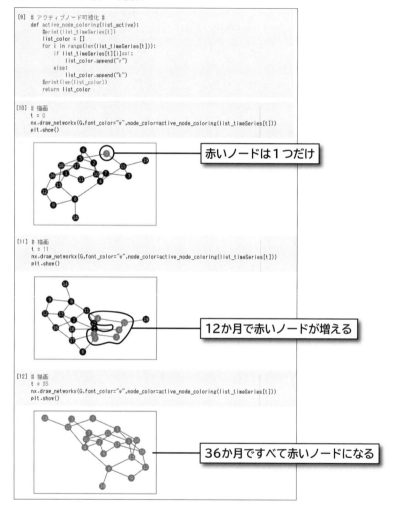

```
[9] # アクティブノード可視化 #
    def active_node_coloring(list_active):
        #print(list_timeSeries[t])
        list_color = []
        for i in range(len(list_timeSeries[t])):
            if list_timeSeries[t][i]==1:
                list_color.append("r")
            else:
                list_color.append("k")
        #print(len(list_color))
        return list_color
```

```
[10] # 描画
     t = 0
     nx.draw_networkx(G,font_color="w",node_color=active_node_coloring(list_timeSeries[t]))
     plt.show()
```

赤いノードは1つだけ

```
[11] # 描画
     t = 11
     nx.draw_networkx(G,font_color="w",node_color=active_node_coloring(list_timeSeries[t]))
     plt.show()
```

12か月で赤いノードが増える

```
[12] # 描画
     t = 35
     nx.draw_networkx(G,font_color="w",node_color=active_node_coloring(list_timeSeries[t]))
     plt.show()
```

36か月ですべて赤いノードになる

　active_node_coloringは、口コミが伝播した（活性化した）ノードを赤色で、未だ伝播していない（活性化していない）ノードを黒色で色付けする関数です。これにより、t=0,11,35（0か月後、11か月後、35か月後）を表示します。10か

月程度だと緩やかな伝播だったものが、長い時間が経過すると全員に伝播する、といった様子がわかります。

## ノック73：
# 口コミ数の時系列変化をグラフ化してみよう

　ノック72の方法で、0か月目から99か月目までをすべて可視化すれば、いつどのように口コミの伝播が行われるかがわかります。しかしながら、ネットワークの可視化はやや煩雑であり、口コミされた数を時系列で表現するだけでも、全体像がある程度つかめます。そこで、口コミ数の時系列表示を行ってみましょう。

```python
list_timeSeries_num = []
for i in range(len(list_timeSeries)):
    list_timeSeries_num.append(sum(list_timeSeries[i]))

plt.plot(list_timeSeries_num)
plt.show()
```

### ■図：口コミ数の時系列変化

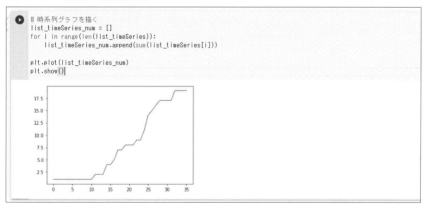

　各時刻で、口コミが伝播した（活性化した）数を表示すると、このように、段階的に口コミが起こっている様子がわかります。確率的に計算しているので、皆さんの手元の計算結果は少し異なるかもしれませんが、徐々に伝播してやがては全員に伝播する様子が確認できれば問題ありません。

## ⚾🏏 ノック74： 会員数の時系列変化をシミュレーションしてみよう

　ここからは、口コミによって、スポーツジムの利用状況がどのように変化していくかをシミュレーションしていきます。スポーツジムの分析は、第2章で扱った通りですが、シミュレーションを併用することで将来予測ができます。さらに、口コミによるスポーツジムの会員などの消費者の行動分析は、消費行動であれば、広く一般的に用いることができる手法です。それでは、以下のコードを実行していきましょう。

```
def simulate_population(num, list_active, percent_percolation, percent_di
sapparence,df_links):
    # 拡散 #
    for i in range(num):
        if list_active[i]==1:
            for j in range(num):
                node_name = "Node" + str(j)
                if df_links[node_name].iloc[i]==1:
                    if determine_link(percent_percolation)==1:
                        list_active[j] = 1
    # 消滅 #
    for i in range(num):
        if determine_link(percent_disapparence)==1:
            list_active[i] = 0
    return list_active
```

```
percent_percolation = 0.1
percent_disapparence = 0.05
T_NUM = 100
NUM = len(df_links.index)
list_active = np.zeros(NUM)
list_active[0] = 1

list_timeSeries = []
for t in range(T_NUM):
    list_active = simulate_population(NUM, list_active, percent_percolati
on, percent_disapparence,df_links)
    list_timeSeries.append(list_active.copy())


list_timeSeries_num = []
for i in range(len(list_timeSeries)):
    list_timeSeries_num.append(sum(list_timeSeries[i]))

plt.plot(list_timeSeries_num)
plt.show()
```

## ■図：会員数の時系列変化のシミュレーション

```
[37] def simulate_population(num, list_active, percent_percolation, percent_disapparence,df_links):
        # 拡散 #
        for i in range(num):
            if list_active[i]==1:
                for j in range(num):
                    node_name = "Node" + str(j)
                    if df_links[node_name].iloc[i]==1:
                        if determine_link(percent_percolation)==1:
                            list_active[j] = 1
        # 消滅 #
        for i in range(num):
            if determine_link(percent_disapparence)==1:
                list_active[i] = 0
        return list_active
```

```
[38] percent_percolation = 0.1
     percent_disapparence = 0.05
     T_NUM = 100
     NUM = len(df_links.index)
     list_active = np.zeros(NUM)
     list_active[0] = 1

     list_timeSeries = []
     for t in range(T_NUM):
         list_active = simulate_population(NUM, list_active, percent_percolation, percent_disapparence,df_links)
         list_timeSeries.append(list_active.copy())
```

```
[39] # 時系列グラフを描く
     list_timeSeries_num = []
     for i in range(len(list_timeSeries)):
         list_timeSeries_num.append(sum(list_timeSeries[i]))

     plt.plot(list_timeSeries_num)
     plt.show()
```

　simulate_populationは、これまでの口コミの伝播（拡散）だけでなく、新たに「消滅」という操作を加えます。スポーツジムの会員は、それまでジムの利用を行っていた人も、ある日突然利用しなくなる（会員を脱退する）という場合があります。これを、ここでは5％の確率で起こるものとし、口コミによる会員の増加と併せて起こる様子をシミュレートします。すると、最後の図にあるように、増減を繰り返しながら、徐々に100％の利用率に向かっていく様子を見ることができます。全員が全員、利用するわけではないけれども、コミュニティの力で、少しずつ継続する力が強まっていくという、現実に即したシミュレーションが行われていることが確認できます。

　一方、消滅の確率をある程度増やしてみると、今度は、利用者がいなくなる様

子を確認することもできます。以下のコードを実行してみましょう。

```
percent_disapparence = 0.2
list_active = np.zeros(NUM)
list_active[0] = 1
list_timeSeries = []
for t in range(T_NUM):
    list_active = simulate_population(NUM, list_active, percent_percolati
on, percent_disapparence,df_links)
    list_timeSeries.append(list_active.copy())
```

```
list_timeSeries_num = []
for i in range(len(list_timeSeries)):
    list_timeSeries_num.append(sum(list_timeSeries[i]))

plt.plot(list_timeSeries_num)
plt.show()
```

### ■図：口コミの消滅

消滅の起こる確率を20%にすると、このように、20か月後には利用者がいなくなる様子をうかがい知ることができます。

---

### ⚾ ノック75：
### パラメータの全体像を、「相図」を見ながら把握しよう

このように、口コミの伝播（拡散）と利用の中断（消滅）がどのような確率で起こるかは、商品やサービスの性質にもよりますし、キャンペーンなどがあるかどうかによっても影響を大きく受けます。そして、それらの確率が、商品の普及にどう影響するか（長い目で見て定着するか、それとも忘れ去られるか）は、さらに重要です。そうした普及の様子を俯瞰するには、「**相図**」を描くとわかりやすいです。以下のコードを実行してみましょう。ここからの処理は、計算時間を要するので、コーヒーブレイクと併せて、計算を回してみてください。

```
print("相図計算開始")
T_NUM = 100
NUM_PhaseDiagram = 20
phaseDiagram = np.zeros((NUM_PhaseDiagram,NUM_PhaseDiagram))
for i_p in range(NUM_PhaseDiagram):
    for i_d in range(NUM_PhaseDiagram):
        percent_percolation = 0.05*i_p
        percent_disapparence = 0.05*i_d
        list_active = np.zeros(NUM)
        list_active[0] = 1
        for t in range(T_NUM):
            list_active = simulate_population(NUM, list_active, percent_percolation, percent_disapparence,df_links)
        phaseDiagram[i_p][i_d] = sum(list_active)
print(phaseDiagram)
```

```
plt.matshow(phaseDiagram)
```

```
plt.colorbar(shrink=0.8)
plt.xlabel('percent_disapparence')
plt.ylabel('percent_percolation')
plt.xticks(np.arange(0.0, 20.0,5), np.arange(0.0, 1.0, 0.25))
plt.yticks(np.arange(0.0, 20.0,5), np.arange(0.0, 1.0, 0.25))
plt.tick_params(bottom=False,
                left=False,
                right=False,
                top=False)
plt.show()
```

### ■図：パラメータの全体像

```
[20] # 相図計算
     print("相図計算開始")
     T_NUM = 100
     NUM_PhaseDiagram = 20
     phaseDiagram = np.zeros((NUM_PhaseDiagram,NUM_PhaseDiagram))
     for i_p in range(NUM_PhaseDiagram):
         for i_d in range(NUM_PhaseDiagram):
             percent_percolation = 0.05*i_p
             percent_disapparence = 0.05*i_d
             list_active = np.zeros(NUM)
             list_active[0] = 1
             for t in range(T_NUM):
                 list_active = simulate_population(NUM, list_active, percent_percolation, percent_disapparence,df_links)
                 phaseDiagram[i_p][i_d] = sum(list_active)
     print(phaseDiagram)

[21] # 表示
     plt.matshow(phaseDiagram)
     plt.colorbar(shrink=0.8)
     plt.xlabel('percent_disapparence')
     plt.ylabel('percent_percolation')
     plt.xticks(np.arange(0.0, 20.0,5), np.arange(0.0, 1.0, 0.25))
     plt.yticks(np.arange(0.0, 20.0,5), np.arange(0.0, 1.0, 0.25))
     plt.tick_params(bottom=False,
                     left=False,
                     right=False,
                     top=False)
     plt.show()
```

　この結果は、口コミの起こる確率と、消滅の起こる確率を少しずつ変化させな
がら、100か月後に何人の利用が続いているかを色で表示したものです。消滅の

確率がある程度小さければ、口コミの確率は小さくても20人全員が利用しているようすが見られますが、逆に、消滅の確率が20～30%を超えてしまうと、どんなに口コミの確率が大きくても、利用者は増えないといった様子が見られます。このように、パラメータの関係や性質を理解するうえで、相図は力を発揮します。

---

## ⚾ ノック76：
## 実データを読み込んでみよう

ここからは、スポーツジムの会員全体の実データを用いたシミュレーションを行っていきましょう。まず、会員540人のデータを格納したlinks_members.csvとinfo_members.csvを読み込んでいきましょう。links_members.csvは、540人それぞれのSNSでのつながりを、info_members.csvは、540人の24か月の利用状況を、利用月を1、非利用月を0で表現したものです。

```
df_mem_links = pd.read_csv("links_members.csv", index_col="Node")
df_mem_info = pd.read_csv("info_members.csv", index_col="Node")
df_mem_links.head()
```

**▟図：データの読み込み**

さて、以上のようにして読み込んだデータを用いて分析を行っていきましょう。

220

## ノック77：
## リンク数の分布を可視化しよう

　まずはノック71で行ったように、ネットワークを可視化するのが王道ではありますが、540人という大人数だと、ネットワークを可視化しても、ノードが密集してうまくネットワークの状況を掴むことができません。ネットワーク構造には、わずかなステップで全員がつながる「スモールワールド型」や、少数のつながりを極めて多くもつ人がハブになる「スケールフリー型」など、さまざまなものがあります。どういった構造を持っているかは、リンク数の分布を可視化してみると、ある程度把握できます。以下のコードを実行してみましょう。

```
NUM = len(df_mem_links.index)
array_linkNum = np.zeros(NUM)
for i in range(NUM):
    array_linkNum[i] = sum(df_mem_links["Node"+str(i)])
```

```
plt.hist(array_linkNum, bins=10,range=(0,250))
plt.show()
```

### ■図：リンク数の分布

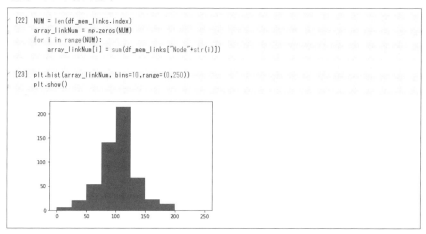

　Matplotlibにはhist関数があり、これを利用することでリンク数のヒストグラムを表示することができます。これを見ると、リンク数がおおむね100程度に集まって分布している正規分布に近い形であることがわかります。スモールワールド型やスケールフリー型だと、この分布が「べき分布」に近いものとなるのですが、この分布は、どのノードもある程度のリンク数を持っている分布ですので、「急激に口コミが広がることもない」代わりに、「ハブなどに頼らなくとも口コミが広がりやすい」といえます。逆に、スケールフリー型の場合は、リンクを多く持つハブが機能しない（口コミしない）と途端に広がらなくなるなどの特徴を持ちます。

## ⚾ ノック78：
## シミュレーションのために実データからパラメータを推定しよう

　さて、実データのネットワーク構造を分析したところで、このデータを使ったシミュレーションを行うことを考えてみましょう。精度の良いシミュレーションを実施することができれば、それをそのまま将来予測に用いることができます。シミュレーションを実施するためには、まず、パラメータを、実データを用いて推定します。今回のモデルで最も重要なパラメータは、口コミが伝播する確率であるpercent_percolationと、それが消滅する確率であるpercent_disapparenceです。以下のコードを実行することによって、それらのパラメータを推定してみましょう。

```
NUM = len(df_mem_info.index)
T_NUM = len(df_mem_info.columns)-1
# 消滅の確率推定 #
count_active = 0
count_active_to_inactive = 0
for t in range(T_NUM):
    for i in range(NUM):
        if (df_mem_info.iloc[i][t]==1):
            count_active_to_inactive += 1
            if (df_mem_info.iloc[i][t+1]==0):
```

```
            count_active += 1
estimated_percent_disapparence = count_active/count_active_to_inactive
```

```
# 拡散の確率推定 #
count_link = 0
count_link_to_active = 0
count_link_temp = 0
for t in range(T_NUM):
    df_link_t = df_mem_info[df_mem_info[str(t)]==1]
    temp_flag_count = np.zeros(NUM)
    for i in range(len(df_link_t.index)):
        index_i = int(df_link_t.index[i].replace("Node",""))
        df_link_temp = df_mem_links[df_mem_links["Node"+str(index_i)]==1]
        for j in range(len(df_link_temp.index)):
            index_j = int(df_link_temp.index[j].replace("Node",""))
            if (df_mem_info.iloc[index_j][t]==0):
                if (temp_flag_count[index_j]==0):
                    count_link += 1
                if (df_mem_info.iloc[index_j][t+1]==1):
                    if (temp_flag_count[index_j]==0):
                        temp_flag_count[index_j] = 1
                        count_link_to_active += 1
estimated_percent_percolation = count_link_to_active/count_link
```

## ■図：パラメータの推定

```
[25] NUM = len(df_mem_info.index)
     T_NUM = len(df_mem_info.columns)-1
     # 消滅の確率推定 #
     count_active = 0
     count_active_to_inactive = 0
     for t in range(T_NUM):
         for i in range(NUM):
             if (df_mem_info.iloc[i][t]==1):
                 count_active_to_inactive += 1
                 if (df_mem_info.iloc[i][t+1]==0):
                     count_active += 1
     estimated_percent_disapparence = count_active/count_active_to_inactive

[26] # 拡散の確率推定 #
     count_link = 0
     count_link_to_active = 0
     count_link_temp = 0
     for t in range(T_NUM):
         df_link_t = df_mem_info[df_mem_info[str(t)]==1]
         temp_flag_count = np.zeros(NUM)
         for i in range(len(df_link_t.index)):
             index_i = int(df_link_t.index[i].replace("Node",""))
             df_link_temp = df_mem_links[df_mem_links["Node"+str(index_i)]==1]
             for j in range(len(df_link_temp.index)):
                 index_j = int(df_link_temp.index[j].replace("Node",""))
                 if (df_mem_info.iloc[index_j][t]==0):
                     if (temp_flag_count[index_j]==0):
                         count_link += 1
                     if (df_mem_info.iloc[index_j][t+1]==1):
                         if (temp_flag_count[index_j]==0):
                             temp_flag_count[index_j] = 1
                             count_link_to_active += 1
     estimated_percent_percolation = count_link_to_active/count_link
```

```
●  estimated_percent_disapparence

   0.10147163541419416
```

```
●  estimated_percent_percolation

➡  0.039006364196263604
```

　推定した確率のうち、消滅の確率にあたる estimated_percent_disapparence は、それほど難解ではないと思われます。df_mem_info を時系列順に見て、1ステップ前と比較し、活性（1）だったものが非活性（0）に変化した割合を数えていけば、ある程度正確に推定することができます。

　難解なのは、口コミが伝播する（拡散する）確率 estimated_percent_percolation です。あるノードが非活性（0）の状態から活性（1）の状態に変化したとします。これがある確率に基づいて発生したと考えるのですが、このノードへのリンクの本数に関わらず、変化は発生することから、単に非活性や活性の数を数えたうえで、その割合から確率を推定する方法は正確ではありません。それを承知のうえで、なるべく重複して数えることがないようにしたのが上のコードです。では、こうして推定したパラメータによって、どの程度正確なシミュレーションを行うことができるのかを、次のノックで確認してみましょう。

# ⚾ ノック79：
# 実データとシミュレーションを比較し
# よう

　今、ノック78で推定したpercent_percolationとpercent_disapparence
の値（口コミが伝播し、拡散される確率と、消滅する確率）を用いて、利用者数の
時系列変化をシミュレーションします。推定した値を用いて、ノック74で行っ
たシミュレーションを実施します。実行するコードは以下の通りです。

```python
percent_percolation = 0.039006364196263604
percent_disapparence = 0.10147163541419416
T_NUM = 24
NUM = len(df_mem_links.index)
list_active = np.zeros(NUM)
list_active[0] = 1
list_timeSeries = []
for t in range(T_NUM):
    list_active = simulate_population(NUM, list_active, percent_percolati
on, percent_disapparence,df_mem_links)
    list_timeSeries.append(list_active.copy())
```

```python
list_timeSeries_num = []
for i in range(len(list_timeSeries)):
    list_timeSeries_num.append(sum(list_timeSeries[i]))
```

```python
T_NUM = len(df_mem_info.columns)-1
list_timeSeries_num_real = []
for t in range(0,T_NUM):
    list_timeSeries_num_real.append(len(df_mem_info[df_mem_info[str(
t)]==1].index))
```

```python
plt.plot(list_timeSeries_num, label = 'simulated')
```

```
plt.plot(list_timeSeries_num_real, label = 'real')
plt.xlabel('month')
plt.ylabel('population')
plt.legend(loc='lower right')
plt.show()
```

### ■図：実データとシミュレーションの比較

```
[29] percent_percolation = 0.039000364196263604
     percent_disapparence = 0.10147189541419416
     T_NUM = 24
     NUM = len(df_mem_links.index)
     list_active = np.zeros(NUM)
     list_active[0] = 1
     list_timeSeries = []
     for t in range(T_NUM):
         list_active = simulate_population(NUM, list_active, percent_percolation, percent_disapparence,df_mem_links)
         list_timeSeries.append(list_active.copy())


[30] list_timeSeries_num = []
     for i in range(len(list_timeSeries)):
         list_timeSeries_num.append(sum(list_timeSeries[i]))


[31] T_NUM = len(df_mem_info.columns)-1
     list_timeSeries_num_real = []
     for t in range(0,T_NUM):
         list_timeSeries_num_real.append(len(df_mem_info[df_mem_info[str(t)]==1].index))


[32] plt.plot(list_timeSeries_num, label = 'simulated')
     plt.plot(list_timeSeries_num_real, label = 'real')
     plt.xlabel('month')
     plt.ylabel('population')
     plt.legend(loc='lower right')
     plt.show()
```

この処理は非常に時間がかかるので、注意してください。Google Colabratoryで30分ほど処理に時間がかかりました。

以上を実行すると、シミュレーションによる利用者数は、実データによるものと近い挙動を示すことがわかります。一点、注意する必要があるのは、上記のコードを実行することによって、3～5か月目のどこかで急激に利用者が増加する（グラフが立ち上がる）という傾向は再現できるのですが、プログラムの乱数の影響で、

早く立ち上がる場合や遅く立ち上がる場合があり、ある程度のズレが生じてしまいます。これがシミュレーションの予測精度の限界ではあるのですが、この傾向さえ前もって理解しておけば、「数か月ずれるが性質上は遅かれ早かれ立ち上がる」という定性的な予測に用いることができ、また、シミュレーションの結果を鵜呑みにすることもなくなります。ここでは一回の実行に留めますが、より予測精度を高めるためには、同じシミュレーションを数回実行して平均値を取る、ということを行うと良いでしょう。

## ノック80：
## シミュレーションによる将来予測を実施しよう

　ここまで見てきたように、ノック79までの方法で、実データとシミュレーションの挙動を比較することができます。このようにして作ったプログラムは「**シミュレータ**」として扱うことができ、「これからどんなことが起こり得るのか」という「**将来予測**」として用いることができます。たとえば、今回のシミュレータの継続時間を36か月に設定して、シミュレーションを実施してみましょう。こちらもノック79の時と同様に、処理に時間がかかるので注意してください。

```
percent_percolation = 0.039006364196263604

percent_disapparence = 0.10147163541419416

T_NUM = 36

NUM = len(df_mem_links.index)

list_active = np.zeros(NUM)

list_active[0] = 1

list_timeSeries = []

for t in range(T_NUM):

    list_active = simulate_population(NUM, list_active, percent_percolati
on, percent_disapparence,df_mem_links)

    list_timeSeries.append(list_active.copy())
```

```
list_timeSeries_num = []
```

```
for i in range(len(list_timeSeries)):
    list_timeSeries_num.append(sum(list_timeSeries[i]))
```

```
plt.plot(list_timeSeries_num, label = 'simulated')
plt.xlabel('month')
plt.ylabel('population')
plt.legend(loc='lower right')
plt.show()
```

**■図：シミュレーションによる将来予測**

```
[33]  percent_percolation = 0.039006364196263604
      percent_disapparence = 0.10147163541419416
      T_NUM = 36
      NUM = len(df_mem_links.index)
      list_active = np.zeros(NUM)
      list_active[0] = 1
      list_timeSeries = []
      for t in range(T_NUM):
          list_active = simulate_population(NUM, list_active, percent_percolation, percent_disapparence,df_mem_links)
          list_timeSeries.append(list_active.copy())

[34]  list_timeSeries_num = []
      for i in range(len(list_timeSeries)):
          list_timeSeries_num.append(sum(list_timeSeries[i]))

[35]  plt.plot(list_timeSeries_num, label = 'simulated')
      plt.xlabel('month')
      plt.ylabel('population')
      plt.legend(loc='lower right')
      plt.show()
```

　この結果を見ると、24か月目までの傾向がそのまま続く「平凡な結果」のように見えますが、重要なのは、「急激に立ち下がりなどが起こることなく継続するのが確認できる」ということです。これは、感覚的には「当たり前」のように思えるかもしれませんが、その感覚が確からしいかどうかは、実際に「現実が起こってみるまでわからない」ということになってしまいます。その感覚を確かめるためにも、シミュレーションというものは有効と言えます。

　以上、本章では、数値シミュレーションを、実データを用いることによって行う方法について学んできました。数値シミュレーションは、本章で学んできたように、実データの分析と併用することで、より威力を発揮します。是非、現場で応用してみてください。

# 第4部
## 発展編：画像処理/言語処理

　ここまで学んできた技術を駆使することで、実際のビジネス現場において
データ分析業務をどのように進め、結果を出し、さらに一歩進んだ改善を行っ
ていくかのイメージが掴めるようになったのではないでしょうか。第3部まで
の中には、ほとんどのデータ分析業務にとって必要な知識が網羅されています。
第3部までの80本を繰り返すと、データ分析と呼ばれる業務に関しては「即
戦力」となる知識は十分に身につけられると言えます。

　ここからは、さらなる「発展編」として、**画像認識**と**自然言語処理**という2つ
の技術を紹介し、これらをビジネス現場で応用するためのイメージを説明しま
す。画像認識や自然言語処理などの技術は「**AI（人工知能）**」と大きく括られ、
多くの技術書で解説されている一方、それをビジネスの現場でどのように応用
していくのかについて説明したものは多くありません。ここでは、それらの技
術をビジネスの現場で応用するイメージを特に重視して説明することで、技術
書とビジネス現場との橋渡しを行います。実際の現場に対するイメージが掴め
るようになれば、より詳細な技術書を用いて、現場で応用できる「応用力」が身
につくことでしょう。

### 第4部で取り扱うPythonライブラリ

データ加工：Pandas、Numpy
可視化：Matplotlib
画像：opencv、dlib
言語：MeCab

# 第9章
# 潜在顧客を把握するための
# 画像認識10本ノック

　人間の脳は、その情報の80%を視覚からの情報に頼っていると言われています。画像認識をうまく活用できれば、数値化できていない多くの方法を手にすることができる可能性があります。

　たとえば、小売店にカメラを取り付け、顧客が商品を手にする映像を撮影すれば、そこには、どのような行動が商品購入につながっているのか、次に手に取る商品はどのようなものなのか、そうした数値化されていない多くの情報が含まれています。これらの情報を100%に近い精度で認識するには高度かつ高価な画像認識技術を必要としますが、「ある程度」の精度でよければ、無料のライブラリを用いることで十分に実現できるのです。

　本章では、カメラから取得した映像を用いて画像認識を行い、必要な情報を取得するための流れを学ぶことで、画像認識をビジネス現場で応用するイメージをつかみます。本章では、主に、画像処理ライブラリOpenCVを用います。OpenCVそのものの詳細は専門書に譲るとして、本章では、OpenCVをビジネス現場で利用する主な流れを解説します。それでは、「顧客の声」と「前提条件」を確認し、実際の画像データの読み込みを行ってみましょう。

※画像認識を行う際には、深層学習を用いることが一般的です。しかしながら、「ある程度」の精度であれ、まずは画像認識を実現するという目的であれば、OpenCVを用いるだけで十分な場合が多々あります。そこで本章では、まずはOpenCVによる画像認識を行います。そして深層学習については11章と対応させて扱います。

---

　ノック81：画像データを読み込んでみよう
　ノック82：映像データを読み込んでみよう
　ノック83：映像を画像に分割し、保存してみよう
　ノック84：画像内のどこに人がいるのかを検出してみよう
　ノック85：画像内の人の顔を検出してみよう
　ノック86：画像内の人がどこに顔を向けているのかを検出してみよう
　ノック87：検出した情報を統合し、タイムラプスを作ってみよう
　ノック88：全体像をグラフにして可視化してみよう
　ノック89：人通りの変化をグラフで確認しよう
　ノック90：移動平均を計算することでノイズの影響を除去しよう

## 顧客の声

　弊社の経営している小売店にカメラを設置して、一日の様子を撮影してみました。時間帯によって人通りが多かったり少なかったりして、きっと分析するとおもしろいんじゃないかと思うんですが、そもそも画像ってどうやって分析するのか、手掛りすら掴めません。そもそも画像からどんな情報が得られるのかもわからないので、どうやって活用していいかわからないというのが正直なところです。何か良い活用方法をご提案いただけないでしょうか。

## 前提条件

　本章の10本のノックでは、小売店の前を通る道路の動画/画像を扱います。動画はmovフォルダに、画像はimgフォルダにそれぞれ格納されています。また、動画を画像化したもの(スナップショット)を保存する空のフォルダsnapshotを用意しています。動画ファイルであるaviをmacで動かそうとする場合、デフォルトで搭載されているソフトでは動かないことがあり、別途、再生ソフトをダウンロードする必要がある可能性があります。

**■図：画像データ**

**■表：データ一覧**

| フォルダ名 | ファイル名 | 概要 |
|---|---|---|
| img（画像データ） | img01.jpg | 道路の通行人の画像（道路全体） |
| | img02.jpg | 道路の通行人の上半身の画像（別シーン） |
| mov（動画データ） | mov01.avi | 道路の通行人の画像（その1） |
| | mov02.avi | 道路の通行人の画像（その2） |
| snapshot | — | スナップショットを保存する空フォルダ |

## ノック81：画像データを読み込んでみよう

まずは、画像データを読み込んで、画像が読み込まれる様子を確認しながら、画像に含まれる情報を取得してみましょう。imgフォルダに含まれる画像img01.jpgを読み込んでみてください。

```
import cv2
from google.colab.patches import cv2_imshow

img = cv2.imread("img/img01.jpg")
height, width = img.shape[:2]
print("画像幅: " + str(width))
print("画像高さ: " + str(height))

cv2_imshow(img)
```

**■図：img01.jpgの読み込み（ソースコード）**

```
[3]  import cv2
     from google.colab.patches import cv2_imshow

     img = cv2.imread("img/img01.jpg")
     height, width = img.shape[:2]
     print("画像幅: " + str(width))
     print("画像高さ: " + str(height))

     cv2_imshow(img)

     画像幅: 1920
     画像高さ: 1440
```

**■図：読み込んだ画像の出力結果**

　1行目では、Pythonライブラリのcv2（OpenCV）の読み込みを行い、2行目では、Google Colabratory上で画像を表示するためのライブラリを読み込んでいます。

　4行目では、imgフォルダに含まれる画像img01.jpgを読み込んだうえで変数imgへの格納を行います。その後、変数imgに含まれる画像情報をshapeによって取り出します。高さと幅を情報として取り出すことができます。読み込んだ画像を表示するには関数cv2_imshowを使います。Jupyter-Notebook等の場合は、cv2.imshowを使用します。

## ⚾ ノック82：
## 　映像データを読み込んでみよう

　映像データの読み込みと情報取得は、画像データよりも若干複雑な処理を行うことになりますが、基本的な流れは同じです。movフォルダに含まれる映像mov01.aviの読み込みを行ってみましょう。

```
import matplotlib.pyplot as plt
from matplotlib.animation import FuncAnimation
from IPython.display import HTML

# 情報取得 #
```

```
cap = cv2.VideoCapture("mov/mov01.avi")
width = cap.get(cv2.CAP_PROP_FRAME_WIDTH)
height = cap.get(cv2.CAP_PROP_FRAME_HEIGHT)
count = cap.get(cv2.CAP_PROP_FRAME_COUNT)
fps = cap.get(cv2.CAP_PROP_FPS)
print("画像幅: " + str(width))
print("画像高さ: " + str(height))
print("総フレーム数: " + str(count))
print("FPS: " + str(fps))


# 映像のフレーム画像化 #
num = 0
num_frame = 100
list_frame = []
while(cap.isOpened()):
    # 処理（フレームごとに切り出し）
    ret, frame = cap.read()
    # 出力（フレーム画像を書き出し）
    if ret:
        frame_rgb = cv2.cvtColor(frame, cv2.COLOR_BGR2RGB)
        list_frame.append(frame_rgb)
        if cv2.waitKey(1) & 0xFF == ord('q'):
            break
        if num>num_frame:
            break
    num = num + 1
print("処理を完了しました")
cap.release()


# フレーム画像をアニメーションに変換 #
plt.figure()
patch = plt.imshow(list_frame[0])
plt.axis('off')
def animate(i):
    patch.set_data(list_frame[i])
anim = FuncAnimation(plt.gcf(), animate, frames=len(list_frame), interva
```

```
l=1000/30.0)
```

```
plt.close()
```

```
# アニメーションを表示 #
```

```
HTML(anim.to_jshtml())
```

## ■図：mov01.aviの読み込み（ソースコード）

```python
import matplotlib.pyplot as plt
from matplotlib.animation import FuncAnimation
from IPython.display import HTML

# 情報取得 #
cap = cv2.VideoCapture("mov/mov01.avi")
width = cap.get(cv2.CAP_PROP_FRAME_WIDTH)
height = cap.get(cv2.CAP_PROP_FRAME_HEIGHT)
count = cap.get(cv2.CAP_PROP_FRAME_COUNT)
fps = cap.get(cv2.CAP_PROP_FPS)
print("画像幅: " + str(width))
print("画像高さ: " + str(height))
print("総フレーム数: " + str(count))
print("FPS: " + str(fps))

# 映像のフレーム画像化 #
num = 0
num_frame = 100
list_frame = []
while(cap.isOpened()):
    # 処理（フレームごとに切り出し）
    ret, frame = cap.read()
    # 出力（フレーム画像を書き出し）
    if ret:
        frame_rgb = cv2.cvtColor(frame, cv2.COLOR_BGR2RGB)
        list_frame.append(frame_rgb)
        if cv2.waitKey(1) & 0xFF == ord('q'):
            break
        if num>num_frame:
            break
    num = num + 1
print("処理を完了しました")
cap.release()

# フレーム画像をアニメーションに変換 #
plt.figure()
patch = plt.imshow(list_frame[0])
plt.axis('off')
def animate(i):
    patch.set_data(list_frame[i])
anim = FuncAnimation(plt.gcf(), animate, frames=len(list_frame), interval=1000/30.0)
plt.close()

# アニメーションを表示 #
HTML(anim.to_jshtml())
```

**■図：読み込んだ映像の出力結果**

```
画像幅：1920.0
画像高さ：1440.0
総フレーム数：401.0
FPS：30.0
処理を完了しました
```

映像の取得にはOpenCVの関数VideoCaptureを用います。取得した映像情報をcapに格納し、関数getによって情報を取得します。while文以降では、capに格納された映像情報をフレーム毎に処理し、各フレームの情報を関数readによって読み込みます。frameに格納された情報は、画像情報として扱うことができます。Google Colabratoryでは、imshowを用いて動画を表示できないので、アニメーションにして動画を表示できます。

---

## ⚾ ノック83：
## 映像を画像に分割し、保存してみよう

映像データを画像に分割して保存する処理は、単純ではありますが、ビジネス現場では重要な意味を持ちます。画像にして保存しておくことで、重要な瞬間を分析し、報告書にまとめるなど、様々な用途に使うことができます。movフォルダに含まれる映像mov01.aviを読み込み、snapshotフォルダに保存してみましょう。

```
cap = cv2.VideoCapture("mov/mov01.avi")
num = 0
```

```
count = cap.get(cv2.CAP_PROP_FRAME_COUNT)
while(cap.isOpened()):
    ret, frame = cap.read()
    if ret:
        filepath = "snapshot/snapshot_" + str(num) + ".jpg"
        cv2.imwrite(filepath,frame)
    num = num + 1
    if num>=count:
        break
cap.release()
cv2.destroyAllWindows()
```

### ■図：mov01.aviの分割、保存（ソースコード）

```
[9]  cap = cv2.VideoCapture("mov/mov01.avi")
     num = 0
     count = cap.get(cv2.CAP_PROP_FRAME_COUNT)
     while(cap.isOpened()):
         ret, frame = cap.read()
         if ret:
             filepath = "snapshot/snapshot_" + str(num) + ".jpg"
             cv2.imwrite(filepath,frame)
         num = num + 1
         if num>=count:
             break
     cap.release()
     cv2.destroyAllWindows()
```

### ■図：保存した画像の一覧

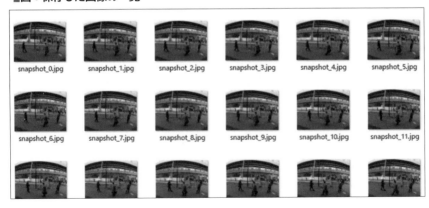

snapshot_0.jpg  snapshot_1.jpg  snapshot_2.jpg  snapshot_3.jpg  snapshot_4.jpg  snapshot_5.jpg

snapshot_6.jpg  snapshot_7.jpg  snapshot_8.jpg  snapshot_9.jpg  snapshot_10.jpg  snapshot_11.jpg

画像の保存には関数imwriteを用います。保存するファイル名を含むパスを指

定したうえで、フレーム情報を画像として保存します。以上で、映像の入力から
保存までの一連の処理の流れを習得できました。ここからは、入力された映像を
処理することで、必要な情報を取得していきます。

# ノック84：
# 画像内のどこに人がいるのかを検出し
# てみよう

　人の認識を簡単に行うには、「**HOG特徴量**」というものを用います。**HOG**とは
Histogram of Oriented Gradientsの略称であり、「**輝度勾配**」とも訳されます
が、単純には「ヒトのシルエットを見て、そのシルエットの形の特徴を、位置や角
度で表現する」ものと理解するとわかりやすいです。さて、ヒトのHOG特徴量を
学習済みのモデルを使って、実際の画像からヒトを認識させてみましょう。

**■図：ヒトをHOG特徴量で表現した例**

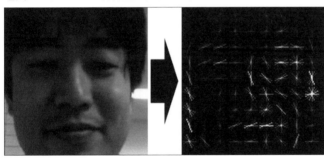

```
# 準備 #
hog = cv2.HOGDescriptor()
hog.setSVMDetector(cv2.HOGDescriptor_getDefaultPeopleDetector())
hogParams = {'winStride': (8, 8), 'padding': (32, 32), 'scale': 1.05, 'hi
tThreshold':0, 'groupThreshold':5}

# 検出 #
img = cv2.imread("img/img01.jpg")
```

```
gray = cv2.cvtColor(img, cv2.COLOR_BGR2GRAY)

human, r = hog.detectMultiScale(gray, **hogParams)

if (len(human)>0):

    for (x, y, w, h) in human:

        cv2.rectangle(img, (x, y), (x + w, y + h), (255,255,255), 3)

cv2_imshow(img)

cv2.imwrite("temp.jpg",img)
```

### ■図：人の検出（ソースコード）

```
[7] # 準備 #
    hog = cv2.HOGDescriptor()
    hog.setSVMDetector(cv2.HOGDescriptor_getDefaultPeopleDetector())
    hogParams = {'winStride': (8, 8), 'padding': (32, 32), 'scale': 1.05, 'hitThreshold':0, 'groupThreshold':5}

    # 検出 #
    img = cv2.imread("img/img01.jpg")
    gray = cv2.cvtColor(img, cv2.COLOR_BGR2GRAY)
    human, r = hog.detectMultiScale(gray, **hogParams)
    if (len(human)>0):
        for (x, y, w, h) in human:
            cv2.rectangle(img, (x, y), (x + w, y + h), (255,255,255), 3)
    cv2_imshow(img)
    cv2.imwrite("temp.jpg",img)
```

### ■図：検出結果

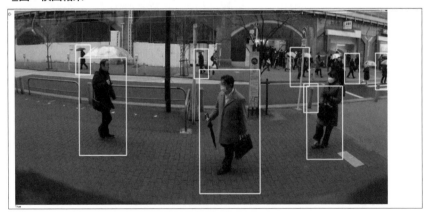

　まず、HOGDescriptorを宣言したうえで、ヒトのモデルを与えます。モデル情報は、関数setSVMDetectorを用い、引数にcv2.HOGDescriptor_getDefaultPeopleDetector()を指定することで与えることができます。読み込んだ画像をcvtColorによってモノクロにしたうえで、detectMultiScaleに

よって人の検出を実行します。検出されたヒトの位置情報は、humanに格納されるので、この情報を用いて画像に四角形を描く関数rectangleを利用することで、どの位置のヒトを検出したかが確認できます。図からわかるように、若干の誤検出が見られますが、あくまで統計的な傾向を掴むには十分に利用できます(誤差として処理できます)。

## ノック85：
## 画像内の人の顔を検出してみよう

顔の検出には、CascadeClassifierが伝統的に使われています。顔検出、個人認証は長い研究の歴史があり、多くのライブラリが公開されていますので、ここで大まかな流れを掴んだ後に、専門書を利用して、性能比較などを行ってみることをお勧めします。まずは、以下のコードを実行してみましょう。

```python
# 準備
cascade_file = "haarcascade_frontalface_alt.xml"
cascade = cv2.CascadeClassifier(cascade_file)

# 検出
img = cv2.imread("img/img02.jpg")
gray = cv2.cvtColor(img, cv2.COLOR_BGR2GRAY)
face_list = cascade.detectMultiScale(gray, minSize=(50, 50))

# 検出した顔に印を付ける
for (x, y, w, h) in face_list:
    color = (0, 0, 225)
    pen_w = 3
    cv2.rectangle(img, (x, y), (x+w, y+h), color, thickness = pen_w)

cv2_imshow(img)
cv2.imwrite("temp.jpg",img)
```

### ■図：顔の検出（ソースコード）

```
# 準備
cascade_file = "haarcascade_frontalface_alt.xml"
cascade = cv2.CascadeClassifier(cascade_file)

# 検出
img = cv2.imread("img/img02.jpg")
gray = cv2.cvtColor(img, cv2.COLOR_BGR2GRAY)
face_list = cascade.detectMultiScale(gray, minSize=(50, 50))

# 検出した顔に印を付ける
for (x, y, w, h) in face_list:
    color = (0, 0, 225)
    pen_w = 3
    cv2.rectangle(img, (x, y), (x+w, y+h), color, thickness = pen_w)

cv2_imshow(img)
cv2.imwrite("temp.jpg",img)
```

### ■図：検出結果

　まず、CascadeClassifierを宣言し、モデルとしてhaarcascade_
frontalface_alt.xmlを与えます。これは、正面顔を認識するモデルです。他にも、
横顔や目、鼻など、いくつものモデルがあります。これを用いて、ノック84と
同様に、detectMultiScaleを用いると、顔の位置を検出することができます。
これによって、顔（正面顔）を検出し、その位置を把握することができます。

# ⚾ ノック86：
## 画像内の人がどこに顔を向けているのかを検出してみよう

　人や顔だけでなく、表情の特徴を捉えることも、Pythonのライブラリを用いることで可能になります。**Dlib**というライブラリを用いることで、顔器官（フェイス・ランドマーク）と言われる目・鼻・口・輪郭を68の特徴点で表現することができます。これにより、人がどこに顔を向けているのかなどの細かな情報を検出できます。以下のコードを実行してみましょう。

```python
import dlib
import math

# 準備 #
predictor = dlib.shape_predictor("shape_predictor_68_face_landmarks.dat")
detector = dlib.get_frontal_face_detector()

# 検出 #
img = cv2.imread("img/img02.jpg")
dets = detector(img, 1)

for k, d in enumerate(dets):
    shape = predictor(img, d)

    # 顔領域の表示
    color_f = (0, 0, 225)
    color_l_out = (255, 0, 0)
    color_l_in = (0, 255, 0)
    line_w = 3
    circle_r = 3
    fontType = cv2.FONT_HERSHEY_SIMPLEX
    fontSize = 1
    cv2.rectangle(img, (d.left(), d.top()), (d.right(), d.bottom()), color_f, line_w)
```

```
        cv2.putText(img, str(k), (d.left(), d.top()), fontType, fontSize, col
or_f, line_w)


    # 重心を導出する箱を用意
    num_of_points_out = 17
    num_of_points_in = shape.num_parts - num_of_points_out
    gx_out = 0
    gy_out = 0
    gx_in = 0
    gy_in = 0
    for shape_point_count in range(shape.num_parts):
        shape_point = shape.part(shape_point_count)
        #print("顔器官No.{} 座標位置: ({},{})".format(shape_point_count, sha
pe_point.x, shape_point.y))
        #器官ごとに描画
        if shape_point_count<num_of_points_out:
            cv2.circle(img,(shape_point.x, shape_point.y),circle_r,color_
l_out, line_w)
            gx_out = gx_out + shape_point.x/num_of_points_out
            gy_out = gy_out + shape_point.y/num_of_points_out
        else:
            cv2.circle(img,(shape_point.x, shape_point.y),circle_r,color_
l_in, line_w)
            gx_in = gx_in + shape_point.x/num_of_points_in
            gy_in = gy_in + shape_point.y/num_of_points_in


    # 重心位置を描画
    cv2.circle(img,(int(gx_out), int(gy_out)),circle_r,(0,0,255), line_w)
    cv2.circle(img,(int(gx_in), int(gy_in)),circle_r,(0,0,0), line_w)


    # 顔の方位を計算
    theta = math.asin(2*(gx_in-gx_out)/(d.right()-d.left()))
    radian = theta*180/math.pi
    print("顔方位:{} (角度:{}度)".format(theta,radian))


    # 顔方位を表示
```

```
    if radian<0:
        textPrefix = " left "
    else:
        textPrefix = " right "
    textShow = textPrefix + str(round(abs(radian),1)) + " deg."
    cv2.putText(img, textShow, (d.left(), d.top()), fontType, fontSize, c
olor_f, line_w)
```

```
cv2_imshow(img)
# cv2.imshow("img",img)
cv2.imwrite("temp.jpg",img)
# cv2.waitKey(0)
```

## ■図：顔器官の検出(ソースコード)

```python
import dlib
import math

# 準備 #
predictor = dlib.shape_predictor("shape_predictor_68_face_landmarks.dat")
detector = dlib.get_frontal_face_detector()

# 検出 #
img = cv2.imread("img/img02.jpg")
dets = detector(img, 1)

for k, d in enumerate(dets):
    shape = predictor(img, d)

    # 顔領域の表示
    color_f = (0, 0, 225)
    color_l_out = (255, 0, 0)
    color_l_in = (0, 255, 0)
    line_w = 3
    circle_r = 3
    fontType = cv2.FONT_HERSHEY_SIMPLEX
    fontSize = 1
    cv2.rectangle(img, (d.left(), d.top()), (d.right(), d.bottom()), color_f, line_w)
    cv2.putText(img, str(k), (d.left(), d.top()), fontType, fontSize, color_f, line_w)
```

```
# 重心を導出する箱を用意
num_of_points_out = 17
num_of_points_in = shape.num_parts - num_of_points_out
gx_out = 0
gy_out = 0
gx_in = 0
gy_in = 0
for shape_point_count in range(shape.num_parts):
    shape_point = shape.part(shape_point_count)
    #print("顔器官No.{} 座標位置: ({},{})".format(shape_point_count, shape_point.x, shape_point.y))
    #器官ごとに描画
    if shape_point_count<num_of_points_out:
        cv2.circle(img,(shape_point.x, shape_point.y),circle_r,color_l_out, line_w)
        gx_out = gx_out + shape_point.x/num_of_points_out
        gy_out = gy_out + shape_point.y/num_of_points_out
    else:
        cv2.circle(img,(shape_point.x, shape_point.y),circle_r,color_l_in, line_w)
        gx_in = gx_in + shape_point.x/num_of_points_in
        gy_in = gy_in + shape_point.y/num_of_points_in

# 重心位置を描画
cv2.circle(img,(int(gx_out), int(gy_out)),circle_r,(0,0,255), line_w)
cv2.circle(img,(int(gx_in), int(gy_in)),circle_r,(0,0,0), line_w)

# 顔の方位を計算
theta = math.asin(2*(gx_in-gx_out)/(d.right()-d.left()))
radian = theta*180/math.pi
print("顔方位:{} (角度:{}度".format(theta,radian))

# 顔方位を表示
if radian<0:
    textPrefix = "  left "
else:
    textPrefix = "  right "
textShow = textPrefix + str(round(abs(radian),1)) + " deg."
cv2.putText(img, textShow, (d.left(), d.top()), fontType, fontSize, color_f, line_w)

cv2_imshow(img)
cv2.imwrite("temp.jpg",img)
```

**■図：検出結果**

　まず、dlibのshape_predictorによって68点の顔器官のモデルを、get_frontal_face_detectorによって正面顔のモデルを読み込みます。そして、get_frontal_face_detectorによって写真から正面顔を検出したうえで、それに含まれる68点の顔器官を、shape_predictorによって検出します。こうして得られた68点の顔器官から、顔の向きを割り出します。具体的には、輪郭の重心と、内側の重心との差から、顔の方位を割り出しています。検出された顔画像を見ると、何度(deg)ずれているかが、表示されているのがわかります。他にも、dlibを用いることで表情の変化などを検出することができるようになります。本ノックで、顔器官検出の流れを学んだあとに、専門書を読みながらチャレンジしてみてください。

## ノック87：
## 検出した情報を統合し、タイムラプス
## を作ってみよう

　長時間の情報をすべて見直すには時間がかかりますが、目で簡単に傾向を掴むには、数フレームから1フレームのみを取り出した「早送り」動画である**タイムラプス**が適しています。デモ映像としても利用でき、分析結果に対する説得力を高めることにも効果的です。

```python
print("タイムラプス生成を開始します")

# 映像取得 #
cap = cv2.VideoCapture("mov/mov01.avi")
width = int(cap.get(cv2.CAP_PROP_FRAME_WIDTH))
height = int(cap.get(cv2.CAP_PROP_FRAME_HEIGHT))

# hog宣言 #
hog = cv2.HOGDescriptor()
hog.setSVMDetector(cv2.HOGDescriptor_getDefaultPeopleDetector())
hogParams = {'winStride': (8, 8), 'padding': (32, 32), 'scale': 1.05, 'hitThreshold':0, 'groupThreshold':5}
```

```python
# タイムラプス作成 #
movie_name = "timelapse.avi"
fourcc = cv2.VideoWriter_fourcc('X', 'V', 'I', 'D')
video = cv2.VideoWriter(movie_name,fourcc, 30, (width,height))

num = 0
while(cap.isOpened()):
    ret, frame = cap.read()
    if ret:
        if (num%10==0):
            gray = cv2.cvtColor(frame, cv2.COLOR_BGR2GRAY)
            human, r = hog.detectMultiScale(gray, **hogParams)
            if (len(human)>0):
                for (x, y, w, h) in human:
                    cv2.rectangle(frame, (x, y), (x + w, y + h), (255,255,255), 3)

            video.write(frame)
    else:
        break
    num = num + 1
video.release()
cap.release()
cv2.destroyAllWindows()
print("タイムラプス生成を終了しました")
```

## ■図：人の検出結果によるタイムラプスの作成（ソースコード）

```
print("タイムラプス生成を開始します")

# 映像取得 #
cap = cv2.VideoCapture("mov/mov01.avi")
width = int(cap.get(cv2.CAP_PROP_FRAME_WIDTH))
height = int(cap.get(cv2.CAP_PROP_FRAME_HEIGHT))

# hog宣言 #
hog = cv2.HOGDescriptor()
hog.setSVMDetector(cv2.HOGDescriptor_getDefaultPeopleDetector())
hogParams = {'winStride': (8, 8), 'padding': (32, 32), 'scale': 1.05, 'hitThreshold':0, 'groupThreshold':5}

# タイムラプス作成 #
movie_name = "timelapse.avi"
fourcc = cv2.VideoWriter_fourcc('X', 'V', 'I', 'D')
video = cv2.VideoWriter(movie_name,fourcc, 30, (width,height))

num = 0
while(cap.isOpened()):
    ret, frame = cap.read()
    if ret:
        if (num%10==0):
            gray = cv2.cvtColor(frame, cv2.COLOR_BGR2GRAY)
            human, r = hog.detectMultiScale(gray, **hogParams)
            if (len(human)>0):
                for (x, y, w, h) in human:
                    cv2.rectangle(frame, (x, y), (x + w, y + h), (255,255,255), 3)

            video.write(frame)
    else:
        break
    num = num + 1
video.release()
cap.release()
cv2.destroyAllWindows()
print("タイムラプス生成を終了しました")

タイムラプス生成を開始します
タイムラプス生成を終了しました
```

## ■図：作成したタイムラプスの動画ファイル

timelapse.avi

　タイムラプスなどの動画ファイルを作成するには、関数VideoWriter_fourcc を用います。FourCCと呼ばれる動画のデータフォーマットを識別する四文字を 指定することで、任意の形式の動画ファイルを作成できます。ここでは、「'X', 'V', 'I', 'D'」の四文字を指定して、動画ファイルAVI形式として作成します。動画

の画像幅と高さは、ノック82の方法で取得します。保存したいフレームを関数writeによって格納し、最後にreleaseを実行することで動画の作成は完了します。

## ノック88：
## 全体像をグラフにして可視化してみよう

映像を利用して人の検出などを行った後は、それを時系列で保存しておくことで、グラフにして全体像を表現し、分析することができます。映像から人を検出したうえで、その時系列変化を可視化してみましょう。

```
import pandas as pd

print("分析を開始します")
# 映像取得 #
cap = cv2.VideoCapture("mov/mov01.avi")
fps = cap.get(cv2.CAP_PROP_FPS)


# hog宣言 #
hog = cv2.HOGDescriptor()
hog.setSVMDetector(cv2.HOGDescriptor_getDefaultPeopleDetector())
hogParams = {'winStride': (8, 8), 'padding': (32, 32), 'scale': 1.05, 'hi
tThreshold':0, 'groupThreshold':5}


num = 0
list_df = pd.DataFrame( columns=['time','people'] )
while(cap.isOpened()):
    ret, frame = cap.read()
    if ret:
        if (num%10==0):
            gray = cv2.cvtColor(frame, cv2.COLOR_BGR2GRAY)
            human, r = hog.detectMultiScale(gray, **hogParams)
            if (len(human)>0):
                for (x, y, w, h) in human:
```

```
                cv2.rectangle(frame, (x, y), (x + w, y + h),
(255,255,255), 3)
                tmp_se = pd.Series( [num/fps,len(human) ], index=list_
df.columns )
                list_df = list_df.append( tmp_se, ignore_index=True )
                if cv2.waitKey(1) & 0xFF == ord('q'):
                    break
        else:
            break
        num = num + 1
cap.release()
cv2.destroyAllWindows()
print("分析を終了しました")
```

```
import matplotlib.pyplot as plt
plt.plot(list_df["time"], list_df["people"])
plt.xlabel('time(sec.)')
plt.ylabel('population')
plt.ylim(0,15)
plt.show()
```

## ■図：人の検出結果をデータフレームに格納（ソースコード）

```
[12]  import pandas as pd

      print("分析を開始します")
      # 映像取得 #
      cap = cv2.VideoCapture("mov/mov01.avi")
      fps = cap.get(cv2.CAP_PROP_FPS)

      # hog宣言 #
      hog = cv2.HOGDescriptor()
      hog.setSVMDetector(cv2.HOGDescriptor_getDefaultPeopleDetector())
      hogParams = {'winStride': (8, 8), 'padding': (32, 32), 'scale': 1.05, 'hitThreshold':0, 'groupThreshold':5}

      num = 0
      list_df = pd.DataFrame( columns=['time','people'] )
      while(cap.isOpened()):
          ret, frame = cap.read()
          if ret:
              if (num%10==0):
                  gray = cv2.cvtColor(frame, cv2.COLOR_BGR2GRAY)
                  human, r = hog.detectMultiScale(gray, **hogParams)
                  if (len(human)>0):
                      for (x, y, w, h) in human:
                          cv2.rectangle(frame, (x, y), (x + w, y + h), (255,255,255), 3)
                      tmp_se = pd.Series( [num/fps,len(human) ], index=list_df.columns )
                      list_df = list_df.append( tmp_se, ignore_index=True )
                      if cv2.waitKey(1) & 0xFF == ord('q'):
                          break
          else:
              break
          num = num + 1
      cap.release()
      cv2.destroyAllWindows()
      print("分析を終了しました")

      分析を開始します
      分析を終了しました
```

## ■図：データフレームの可視化結果（ソースコード）

```
[15]  import matplotlib.pyplot as plt
      plt.plot(list_df["time"], list_df["people"])
      plt.xlabel('time(sec.)')
      plt.ylabel('population')
      plt.ylim(0,15)
      plt.show()
```

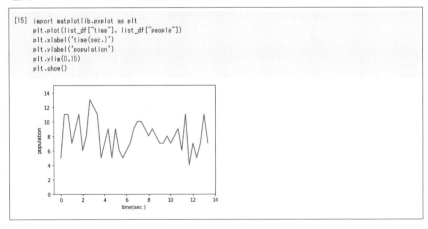

　時系列データの保存を行うには、Pandasのデータフレームを利用するのが便利です。フレーム番号をFPS(一秒あたりのフレーム数)で割ることで経過時間を計算できるので、時間と人の数とを格納することができます。それらの情報をMatplotlibによってグラフ化することが可能です。

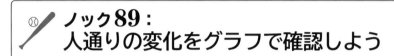

## ノック89：人通りの変化をグラフで確認しよう

　ここまでの画像処理ができるようになると、画像/映像を自在に分析できるようになります。異なる時間帯に撮影した別の動画、mov02.aviを読み込み、ノック88と同じ方法で、その様子を確認してみましょう。

```python
print("分析を開始します")
# 映像取得 #
cap = cv2.VideoCapture("mov/mov02.avi")
fps = cap.get(cv2.CAP_PROP_FPS)


# hog宣言 #
hog = cv2.HOGDescriptor()
hog.setSVMDetector(cv2.HOGDescriptor_getDefaultPeopleDetector())
hogParams = {'winStride': (8, 8), 'padding': (32, 32), 'scale': 1.05, 'hitThreshold':0, 'groupThreshold':5}


num = 0
list_df2 = pd.DataFrame( columns=['time','people'] )
while(cap.isOpened()):
  ret, frame = cap.read()
  if ret:
    if (num%10==0):
      gray = cv2.cvtColor(frame, cv2.COLOR_BGR2GRAY)
      human, r = hog.detectMultiScale(gray, **hogParams)
      if (len(human)>0):
        for (x, y, w, h) in human:
```

```
        cv2.rectangle(frame, (x, y), (x + w, y + h), (255,255,255), 3)
        tmp_se = pd.Series( [num/fps,len(human) ], index=list_df.columns )
        list_df2 = list_df2.append( tmp_se, ignore_index=True )
        if cv2.waitKey(1) & 0xFF == ord('q'):
            break
    else:
        break
    num = num + 1
cap.release()
cv2.destroyAllWindows()
print("分析を終了しました")
```

```
plt.plot(list_df2["time"], list_df2["people"])
plt.xlabel('time(sec.)')
plt.ylabel('population')
plt.ylim(0,15)
plt.show()
```

## ■図：人の検出結果をデータフレームに格納（ソースコード）

```
print("分析を開始します")
# 映像取得 #
cap = cv2.VideoCapture("mov/mov02.avi")
fps = cap.get(cv2.CAP_PROP_FPS)

# hog宣言 #
hog = cv2.HOGDescriptor()
hog.setSVMDetector(cv2.HOGDescriptor_getDefaultPeopleDetector())
hogParams = ['winStride': (8, 8), 'padding': (32, 32), 'scale': 1.05, 'hitThreshold':0, 'groupThreshold':5]

num = 0
list_df2 = pd.DataFrame( columns=['time','people'] )
while(cap.isOpened()):
    ret, frame = cap.read()
    if ret:
        if (num%10==0):
            gray = cv2.cvtColor(frame, cv2.COLOR_BGR2GRAY)
            human, r = hog.detectMultiScale(gray, **hogParams)
            if (len(human)>0):
                for (x, y, w, h) in human:
                    cv2.rectangle(frame, (x, y), (x + w, y + h), (255,255,255), 3)
            tmp_se = pd.Series( [num/fps,len(human) ], index=list_df.columns )
            list_df2 = list_df2.append( tmp_se, ignore_index=True )
            if cv2.waitKey(1) & 0xFF == ord('q'):
                break
    else:
        break
    num = num + 1
cap.release()
cv2.destroyAllWindows()
print("分析を終了しました")
```

```
分析を開始します
分析を終了しました
```

256

■図：データフレームの可視化結果（ソースコード）

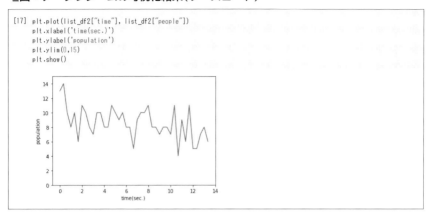

　この結果を見ると、先ほどのノック88で分析したmov01.aviに比べて、少し人数が増えたような印象を受けます。実際、mov01.aviとmov02.aviを確認してみると、後者はカメラ付近に人が集まってきており、安定して多い人数がカウントされそうに見えます。とは言え、hogで分析したデータはノイズが多く、誤検出から凹凸の多いグラフになってしまっており、その差を確認することが難しい状況です。ノック90では、その影響を除去する方法について学びましょう。

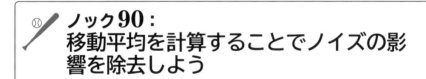

## ノック90：
## 移動平均を計算することでノイズの影響を除去しよう

　本章の最後のノックとして、ノック88と89で計算したグラフに含まれるノイズを除去する方法を学びましょう。ノイズは、数えるべき人を数えないことによる誤差と、逆に数えるべきでないものを数えてしまう誤差によって生じ、これらは確率的に起こると考えられます。そう考えると、ある程度の時間の平均（移動平均）を計算すると、その影響を軽減できるように考えられます。以下の関数moving_averageを用いて、移動平均を計算してみましょう。そして、ノック88と89の結果を同じグラフで比較してみましょう。

```python
import numpy as np
def moving_average(x, y):
    y_conv = np.convolve(y, np.ones(5)/float(5), mode='valid')
    x_dat = np.linspace(np.min(x), np.max(x), np.size(y_conv))
    return x_dat, y_conv
```

```python
plt.plot(list_df["time"], list_df["people"], label="raw")
ma_x, ma_y = moving_average(list_df["time"], list_df["people"])
plt.plot(ma_x,ma_y, label="average")
plt.xlabel('time(sec.)')
plt.ylabel('population')
plt.ylim(0,15)
plt.legend()
plt.show()
```

```python
plt.plot(list_df2["time"], list_df2["people"], label="raw")
ma_x2, ma_y2 = moving_average(list_df2["time"], list_df2["people"])
plt.plot(ma_x2,ma_y2, label="average")
plt.xlabel('time(sec.)')
plt.ylabel('population')
plt.ylim(0,15)
plt.legend()
plt.show()
```

```python
plt.plot(ma_x,ma_y, label="1st")
plt.plot(ma_x2,ma_y2, label="2nd")
plt.xlabel('time(sec.)')
plt.ylabel('population')
plt.ylim(0,15)
plt.legend()
plt.show()
```

## ■図：移動平均を計算（ソースコード）

```
[18] import numpy as np
     def moving_average(x, y):
         y_conv = np.convolve(y, np.ones(5)/float(5), mode='valid')
         x_dat = np.linspace(np.min(x), np.max(x), np.size(y_conv))
         return x_dat, y_conv


[19] plt.plot(list_df["time"], list_df["people"], label="raw")
     ma_x, ma_y = moving_average(list_df["time"], list_df["people"])
     plt.plot(ma_x,ma_y, label="average")
     plt.xlabel('time(sec.)')
     plt.ylabel('population')
     plt.ylim(0,15)
     plt.legend()
     plt.show()
```

## ■図：移動平均を比較（ソースコード）

```
plt.plot(list_df2["time"], list_df2["people"], label="raw")
ma_x2, ma_y2 = moving_average(list_df2["time"], list_df2["people"])
plt.plot(ma_x2,ma_y2, label="average")
plt.xlabel('time(sec.)')
plt.ylabel('population')
plt.ylim(0,15)
plt.legend()
plt.show()
```

```
[21] plt.plot(ma_x,ma_y, label="1st")
     plt.plot(ma_x2,ma_y2, label="2nd")
     plt.xlabel('time(sec.)')
     plt.ylabel('population')
     plt.ylim(0,15)
     plt.legend()
     plt.show()
```

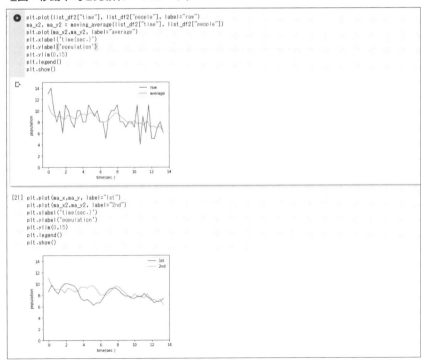

　このように、移動平均を計算することで、「なんとなくmov02.aviのほうが、人が多そう」という印象を、より正確に比較することができるようになりました。ノック89で説明したように、実際は、mov02.aviのほうが、カメラ付近に人が集まっています。この様子をより正確に比較するためには、検出するhogのサイズを見て判断する(あるサイズ以上のみ検出する、検出した人のサイズを見て、ある大きさ以下は無視する)などのルールを埋め込むなどの方法が考えられます。

　本章では、画像や映像に含まれる情報をデータ化する一通りの流れを学びました。画像処理としては不十分ではありますが、本章で学んだ流れを理解していれば、専門書を使っての高度なデータ分析が可能になります。是非、興味の赴くままに、レベルの高い画像処理にチャレンジしてみてください。

# 第10章
# アンケート分析を行うための
# 自然言語処理10本ノック

アンケートや口コミ、さらにはSNSへの投稿など、インターネットが普及している現代において文章によるデータには非常に多くの情報が眠っています。ただし、これらの情報を活用しようとするには、前章の画像処理と同じく、文章を数値化し、コンピューターが理解できる状態にしてあげる必要があります。

その時に必要となるのが、「**自然言語処理(NLP**：Natural Language Processing)」の技術です。

たとえば、顧客からアンケートを集めた場合、入力してもらった文章から必要な情報を取り出し、カテゴリー化等によるまとめを行い、それらを分析することで初めてアンケートの情報を活用することができます。

これらの、情報の取り出しやまとめ作業を人間が行った場合、一人ではデータ量が膨大となり、複数人で作業すると各個人の主観によりデータの粒度にバラつきが生じてしまいます。

自然言語処理を活用することで、100%の全自動というわけにはいきませんが、これらの課題はかなりクリアできるようになります。

本章では、文章(文字列)から必要な情報を取得する手法、取得した情報から特徴量等を算出してデータ分析を行うための数値化を行う手法など、自然言語処理に重点を置いて学んでいきます。

---

ノック91：データを読み込んで把握しよう
ノック92：不要な文字を除外してみよう
ノック93：文字数をカウントしてヒストグラムを表示してみよう
ノック94：形態素解析で文章を分割してみよう
ノック95：形態素解析で文章から「動詞・名詞」を抽出してみよう
ノック96：形態素解析で抽出した頻出する名詞を確認してみよう
ノック97：関係のない単語を除去してみよう
ノック98：顧客満足度と頻出単語の関係を見てみよう
ノック99：アンケート毎の特徴を表現してみよう
ノック100：類似アンケートを探してみよう

顧客の声

　弊社は長年、この街の不動産業をほそぼそと経営しています。おかげさまで、行政とのつながりも太く、不動産業者の観点から、まちづくりの提案を依頼されることがあります。そこで、弊社とのつながりのあるお客さんや、同業者にご協力いただいて、まちづくりに関するアンケートを実施してみました。すると、予想外にいろいろな人がご協力してくださって、膨大な量になってしまい、全部目を通すのも難しい状況です。少し読んでみても有益な情報が書いてあるので、AIなんかを使って分析できたらと思うんですが、そんなこと、できるんでしょうか？　もしできたら、わかりやすくまとめて報告書なんかを作ってくださると、行政に提案しやすいんですが。

## 前提条件

　キャンペーン期間（2019年1月〜4月）の4か月で集めた顧客満足度アンケートのデータがデータベースに記録されています。この情報を活用し、顧客満足度向上に活用したいと考えています。ここで扱うデータには、アンケートの取得日、コメント、満足度（5段階評価）の結果が入っています。

■表：データ一覧

| No. | ファイル名 | 概要 |
|---|---|---|
| 1 | survey.csv | アンケート結果 |

## ノック91：
## データを読み込んで把握しよう

　これまでの章と同様に、まずはsurvey.csvデータの読み込みを行ってみましょう。
　ここまでくると、もう手慣れたものかと思います。

```
import pandas as pd
survey = pd.read_csv("survey.csv")
```

```
print(len(survey))
```
```
survey.head()
```

### ■図：データの読み込み

```
[3] import pandas as pd
    survey = pd.read_csv("survey.csv")
    print(len(survey))
    survey.head()

    86
        datetime          comment  satisfaction  🪄
    0  2019/3/11  駅前に若者が集まっている(AA駅)            1
    1  2019/2/25  スポーツできる場所があるのが良い            5
    2  2019/2/18        子育て支援が嬉しい            5
    3   2019/4/9  保育園に入れる（待機児童なし）            4
    4   2019/1/6      駅前商店街が寂しい            2
```

　実行すると、datetime(日付)、comment(コメント)、satisfaction(満足度)が確認できます。
　次に欠損値を確認しておきましょう。

```
survey.isna().sum()
```

### ■図：欠損値の確認

```
[4] survey.isna().sum()

    datetime      0
    comment       2
    satisfaction  0
    dtype: int64
```

　実行すると、commentに欠損値が2件あることがわかります。
　実際の現場で分析を行う際、アンケートなどのデータはコメントが欠損値であることが多い傾向にあります。想像してみればわかるのですが、顧客満足度5段階評価などはあまり面倒ではないので記述することが多いですが、コメントまで書いてくれる顧客はそこまで多くありません。そのため、アンケートを取得する際にコメントを書いてもらえるようなインセンティブが重要になってきます。ほぼ欠損値であるケースも多いので、必ず最初に欠損値の確認を行いましょう。欠損値が多すぎる場合、有益な分析ができず、使えないデータとなってしまいます。

今回は、86件の内の2件と少量なので欠損値を除去してしまいましょう。

```
survey = survey.dropna()
survey.isna().sum()
```

### ■図：欠損値の除去

```
[5]  survey = survey.dropna()
     survey.isna().sum()

     datetime        0
     comment         0
     satisfaction    0
     dtype: int64
```

これで、欠損値の除去が完了しました。
それでは、次に不要な文字を除去してみましょう。

## ノック92：
## 不要な文字を除外してみよう

　言語は、人によって書き方が異なり、半角・全角や、括弧を付けたり付けなかったりと、様々な形態を取ります。そのため、括弧をはじめ不要な文字を除外する泥臭い作業の連続になることが多いのです。
　そこで、ここでは、特定の文字を除外する方法や正規表現の活用に、少しだけ挑戦してみます。
　図「データの読み込み」(p263)の読み込んだデータの1行目を使って、文字を除外してみましょう。
　まずは、第2章の復習も兼ねて、「AA」という文字を除去してみましょう。

```
survey["comment"] = survey["comment"].str.replace("AA", "")
survey.head()
```

**■図：特定文字の除去**

```
[6] survey["comment"] = survey["comment"].str.replace("AA", "")
    survey.head()
```

| | datetime | comment | satisfaction |
|---|---|---|---|
| 0 | 2019/3/11 | 駅前に若者が集まっている(駅) | 1 |
| 1 | 2019/2/25 | スポーツできる場所があるのが良い | 5 |
| 2 | 2019/2/18 | 子育て支援が嬉しい | 5 |
| 3 | 2019/4/9 | 保育園に入れる（待機児童なし） | 4 |
| 4 | 2019/1/6 | 駅前商店街が寂しい | 2 |

　第2章でも学んだように、replaceを使用することで、特定の文字列を置換することができます。

　次に、前図の先頭5行を見ると、「駅」や「待機児童なし」という言葉が括弧で囲われています。括弧内が補足的な情報の場合は、括弧ごと除去してしまうことが多いです。

　括弧と括弧の中身を除去したい場合にはどのようにしたら良いのでしょうか。

　一定のルールで除去する場合は、正規表現を使用するのが良いです。細かい正規表現の説明はここでは触れませんが、正規表現は文字等のパターンを表現することができます。これによって、括弧内などの一定のルールのパターンを検索し、置換することができます。

　それではやってみましょう。

```
survey["comment"] = survey["comment"].str.replace("\(.+?\)", "", regex=True)
survey.head()
```

**■図：正規表現による除去1**

```
[7] survey["comment"] = survey["comment"].str.replace("¥(.+?¥)", "", regex=True)
    survey.head()
```

| | datetime | comment | satisfaction |
|---|---|---|---|
| 0 | 2019/3/11 | 駅前に若者が集まっている | 1 |
| 1 | 2019/2/25 | スポーツできる場所があるのが良い | 5 |
| 2 | 2019/2/18 | 子育て支援が嬉しい | 5 |
| 3 | 2019/4/9 | 保育園に入れる（待機児童なし） | 4 |
| 4 | 2019/1/6 | 駅前商店街が寂しい | 2 |

　先ほどと同様にreplaceを用いますが、regexにTrueを指定することで、正規表現によるパターンマッチが可能となり、そこでマッチした文字列を除去しています。正規表現の細かい説明は割愛しますが、「\(」と「\)」は括弧（「括弧開き」と「括弧閉じ」）のことで、括弧自体が正規表現を用いる際に意味のある文字列なので「\」を記載することでエスケープしています。また、Windowsの場合は「¥」が、Macの場合はバックスラッシュ（\）がエスケープ文字列です。

　括弧の指定の間に、「.+?」を記載してあり、これは1文字以上の最短という意味を示します。正規表現は一見すると難しいですが、理解すると非常に有用なので、使いこなせるようになると良いと思います。

　これで実際に、「(駅)」という文字列が除去されました。しかし、「(待機児童なし)」は除去されていません。これは、駅が半角の括弧であったのに対して、全角である可能性が考えられます。

　それでは、正規表現を全角の括弧にして除去してみましょう。

```
survey["comment"] = survey["comment"].str.replace("\ (.+?\) ", "", regex=True)
survey.head()
```

**■図：正規表現による除去2**

```
[8]  survey["comment"] = survey["comment"].str.replace("¥ (.+?¥) ", "", regex=True)
     survey.head()
```

| | datetime | comment | satisfaction | |
|---|---|---|---|---|
| 0 | 2019/3/11 | 駅前に若者が集まっている | 1 | |
| 1 | 2019/2/25 | スポーツできる場所があるのが良い | 5 | |
| 2 | 2019/2/18 | 子育て支援が嬉しい | 5 | |
| 3 | 2019/4/9 | 保育園に入れる | 4 | |
| 4 | 2019/1/6 | 駅前商店街が寂しい | 2 | |

　実行すると、待機児童の括弧が除去できているのが確認できます。

　これは、一部に過ぎませんが、このように言語処理においては想像以上に泥臭い作業が必要となるケースが多いので注意しましょう。

　ここでは、あまり深追いはせずに、次に進みたいと思います。

## ノック93：
## 文字数をカウントしてヒストグラムを表示してみよう

　それでは、アンケート毎に文字数を数えてみましょう。これまでもやってきたように、まず、データの把握が重要です。アンケート1つとっても、長文系のアンケートや短いアンケートなど多岐に亘ります。アンケート1つの長さがどのくらいかを頭に入れつつ、進めていきましょう。

　最初に、comment列の文字数の長さを計算してみましょう。

```
survey["length"] = survey["comment"].str.len()
survey.head()
```

### ■図：length列の追加

```
[10] survey["length"] = survey["comment"].str.len()
     survey.head()
```

| | datetime | comment | satisfaction | length | |
|---|---|---|---|---|---|
| 0 | 2019/3/11 | 駅前に若者が集まっている | 1 | 12 | |
| 1 | 2019/2/25 | スポーツできる場所があるのが良い | 5 | 16 | |
| 2 | 2019/2/18 | 子育て支援が嬉しい | 5 | 9 | |
| 3 | 2019/4/9 | 保育園に入れる | 4 | 7 | |
| 4 | 2019/1/6 | 駅前商店街が寂しい | 2 | 9 | |

　Pandasでは、str.len()でその列の長さを取得できます。
　実際にcommentの長さを数えてみて、計算が正しいことを確認しましょう。
　length列ができたので、ヒストグラムを描画してみましょう。ノック29などを参考に挑戦してみてください。

```
import matplotlib.pyplot as plt
%matplotlib inline
plt.hist(survey["length"])
```

**▄図：アンケートの長さのヒストグラム**

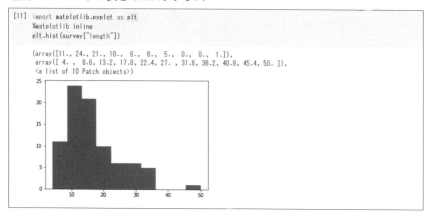

　実行すると、ヒストグラムが確認できます。アンケートとしては、10〜15文字あたりにピークが見えます。「駅前に若者が集まっている」が12文字でしたので、比較的一言のコメントが多いアンケートであることがわかります。

　それでは、次からは、いよいよ文章の特徴を掴むための技術を学んでいきます。

# ノック94：
# 形態素解析で文章を分割してみよう

　文章の特徴を掴むためには、どんな単語が含まれているのかを理解する必要があります。単語に分割する技術を**形態素解析**と呼び、代表的なPythonライブラリとしては、**MeCab**や**Janome**が挙げられます。これらのライブラリを用いることで、品詞毎に分解することが可能です。ここでは、MeCabを用いて進めていきます。

　まずは、形態素解析の「Hello World」として使用される「すもももももももものうち」という文章を品詞に分解して、形態素解析に慣れていきましょう。

　最初に、Google Colabratoryに必要なライブラリをインストールしてから、形態素解析を行った結果をそのまま出力してみましょう。

```
!pip install mecab-python3 unidic-lite
```

```
import MeCab
tagger = MeCab.Tagger()
text = "すもももももももものうち"
words = tagger.parse(text)
words
```

### ■図：形態素解析

1行目でMeCabライブラリのインポート、2行目で初期化を行っています。3行目で、形態素解析を行う文章を指定し、parse を使用して形態素解析を行っています。

出力結果を見てみると、単語、品詞等が全て表示されています。「\n」で1つの単語に分割されているのと、「\t」以降は品詞等の付属情報であることがわかります。

それでは、分割した単語のみをリスト型の変数に格納してみましょう。

```
words = tagger.parse(text).splitlines()
words_arr = []
for i in words:
    if i == 'EOS': continue
    word_tmp = i.split()[0]
    words_arr.append(word_tmp)
words_arr
```

**■図：形態素解析による単語抽出**

```
[27] words = tagger.parse(text).splitlines()
     words_arr = []
     for i in words:
         if i == 'EOS': continue
         word_tmp = i.split()[0]
         words_arr.append(word_tmp)
     words_arr

     ['すもも', 'も', 'もも', 'も', 'もも', 'の', 'うち']
```

　1行目で先ほどと同様にparseを行っていますが、splitlines()により、「\n」ごとにリスト型の変数に格納しています。その後、分割したリスト型の変数をループ文で回しながら、1単語毎にsplitによって「\t」で分割した際の0番目、つまり単語文字列を取得しています。

　これによって得られた結果を見ると、綺麗に単語に分割できていることがわかります。

　少し複雑ですが、1つひとつ動作を確認しながら進めると良いでしょう。

　次は、品詞の情報を活用し、特定の品詞の単語のみを取得しにいきましょう。

## ノック95：
## 形態素解析で文章から「動詞・名詞」を抽出してみよう

　ここでは、動詞、名詞の単語のみを取得してみましょう。基本的にはノック94をベースに拡張していくことになります。

```
text = "すもももももももものうち"
words = tagger.parse(text).splitlines()
words_arr = []
parts = ["名詞", "動詞"]
for i in words:
    if i == 'EOS' or i == '': continue
    word_tmp = i.split()[0]
    part = i.split()[4].split("-")[0]
    if not (part in parts):continue
```

```
        words_arr.append(word_tmp)
words_arr
```

**■図：形態素解析による動詞／名詞単語抽出**

```
[28]  text = "すもももももももものうち"
      words = tagger.parse(text).splitlines()
      words_arr = []
      parts = ["名詞", "動詞"]
      for i in words:
          if i == 'EOS' or i == '': continue
          word_tmp = i.split()[0]
          part = i.split()[4].split("-")[0]
          if not (part in parts):continue
          words_arr.append(word_tmp)
      words_arr

      ['すもも', 'もも', 'もも', 'うち']
```

　ノック95との相違点としては、品詞が名詞、動詞ではない場合にはcontinue により、words_arrへの単語の追加をスキップさせているところです。実行結果 を見ると、先ほどとは違い、4単語のみが取得できているのがわかります。
　これで、単語の分割だけでなく、特定の単語のみを取得することもできるよう になりました。
　文章の特徴を掴むために、形容詞等が必要な場合もありますし、逆にノイズと なってしまうため、名詞だけを文章の特徴にする場合もあります。ここで扱って いるアンケートの場合、どういったキーワードが使われている時に満足度が高い かを見ていく必要があります。その場合、「駅」等の名詞だけでもその文章が何に ついて述べられているのかを特徴付けることができると考えられます。そこで、 ここからは名詞のみに絞って、surveyデータを分析していきます。

# ノック96：
# 形態素解析で抽出した頻出する名詞を
# 確認してみよう

　まずは、今回のアンケート全体でどんな単語が含まれているかを掴んでいきた いと思います。
　surveyデータを用いて、comment列を単語に分解し、all_wordsというリス ト型の変数に全て格納していきます。

```
all_words = []
parts = ["名詞"]
for n in range(len(survey)):
    text = survey["comment"].iloc[n]
    words = tagger.parse(text).splitlines()
    words_arr = []
    for i in words:
        if i == "EOS" or i == "": continue
        word_tmp = i.split()[0]
        if len(i.split())>=4:
            part = i.split()[4].split("-")[0]
            if not (part in parts):continue
            words_arr.append(word_tmp)
    all_words.extend(words_arr)
print(all_words)
```

**▆図：survey データの名詞単語の抽出**

　基本的には、surveyのcomment列に対してfor文で回しながらノック95の
形態素解析を実行していき、comment毎にwords_arrに一時的に格納し、それ
をextendでリスト型同士の結合を行い、all_wordsに格納しています。
　実行すると、名詞の単語のみが抽出されてリストに格納されていることがわか
ります。例えば、「駅前」という単語を追いかけてみるとわかりますが、複数存在
しています。これらを単語毎に数え上げるためにデータフレームに格納し、集計
を行い、頻出単語を5つ表示してみましょう。

```
all_words_df = pd.DataFrame({"words":all_words, "count":len(all_word
s)*[1]})
all_words_df = all_words_df.groupby("words").sum()
all_words_df.sort_values("count",ascending=False).head(20)
```

**■図：surveyデータの頻出単語**

　1行目でデータフレームに格納しています。その際に、count列も作成し、全てに1を代入しています。2行目でcountを単語毎に集計し、3行目でcountに対して降順に先頭5行を表示しています。その結果、最頻出の単語は「駅前」の7つであることがわかり、駅前に対してなんらかのコメントが多いことがわかります。

　今回は比較的綺麗に取れていますが、名詞だけを取得しても、どうしてもノイズのような単語が含まれてしまうのが、言語処理の特徴となります。

　こういった単語は、除去することが多いです。今回は、例題として「時」だけを対象にやっていきましょう。

## ノック97：
## 関係のない単語を除去してみよう

　いくつか方法はありますが、除去というよりも、形態素解析をする際に数えないというのが最も改良として容易です。品詞で特定の品詞のみを抽出したのとほぼ同じ処理で記述できます。

```
stop_words = ["時"]
all_words = []
```

```python
parts = ["名詞"]
for n in range(len(survey)):
    text = survey["comment"].iloc[n]
    words = tagger.parse(text).splitlines()
    words_arr = []
    for i in words:
        if i == "EOS" or i == "": continue
        word_tmp = i.split()[0]
        if len(i.split())>=4:
            part = i.split()[4].split("-")[0]
            if not (part in parts):continue
            if word_tmp in stop_words:continue
            words_arr.append(word_tmp)
    all_words.extend(words_arr)
print(all_words)
```

**■図：除外ワードの除去**

ノック96との相違点としては、stop_wordsという変数を定義し、もし
stop_wordsだった場合にwords_arrに追加しないようにしています。除外ワー
ドは1つではなく、試行錯誤をしながら増えていく可能性があるため、リスト型
で保持しています。また、顧客のメンテナンス性を考慮すると、エクセル等で除
外ワードを管理し、エクセルを読み込んで**除外ワード**を定義するのも良い方法だ
と思います。

それでは、ノック96と同じように、データフレームに格納してから、頻出単
語を表示させてみましょう。

```python
all_words_df = pd.DataFrame({"words":all_words, "count":len(all_word
s)*[1]})
```

```
all_words_df = all_words_df.groupby("words").sum()
all_words_df.sort_values("count",ascending=False).head(20)
```

**■図：除外ワード除去後の頻出単語**

実行すると、先ほどとは違って「時」という単語が消えています。これで除外ワードを除外できていることが確認できました。

ここまでで、「駅前」が多くアンケートに書かれていることがわかりましたが、これはポジティブな内容なのでしょうか。

そこで、次に頻出単語と顧客満足度の関係を見ていきましょう。

## ノック98：
## 顧客満足度と頻出単語の関係を見てみよう

頻出単語と顧客満足度の関係を調べるために、comment列を取得し、形態素解析を行った単語と顧客満足度を紐付ける必要があります。そこで、形態素解析を行うのと同時に、顧客満足度をsatisfactionというリスト型の変数に格納しましょう。

```
stop_words = ["時"]
parts = ["名詞"]
all_words = []
satisfaction = []
for n in range(len(survey)):
    text = survey["comment"].iloc[n]
    words = tagger.parse(text).splitlines()
    words_arr = []
    for i in words:
        if i == "EOS" or i == "": continue
        word_tmp = i.split()[0]
        if len(i.split())>=4:
            part = i.split()[4].split("-")[0]
            if not (part in parts):continue
            if word_tmp in stop_words:continue
            words_arr.append(word_tmp)
            satisfaction.append(survey["satisfaction"].iloc[n])
    all_words.extend(words_arr)
all_words_df = pd.DataFrame({"words":all_words, "satisfaction":satisfaction, "count":len(all_words)*[1]})
all_words_df.head()
```

## ■図：単語と顧客満足度の抽出

```
[82] stop_words = ["時"]
     parts = ["名詞"]
     all_words = []
     satisfaction = []
     for n in range(len(survey)):
         text = survey["comment"].iloc[n]
         words = tagger.parse(text).splitlines()
         words_arr = []
         for i in words:
             if i == "EOS" or i == "": continue
             word_tmp = i.split()[0]
             if len(i.split())>=4:
                 part = i.split()[4].split("-")[0]
                 if not (part in parts):continue
                 if word_tmp in stop_words:continue
                 words_arr.append(word_tmp)
                 satisfaction.append(survey["satisfaction"].iloc[n])
         all_words.extend(words_arr)
     all_words_df = pd.DataFrame({"words":all_words, "satisfaction":satisfaction, "count":len(all_words)*[1]})
     all_words_df.head()
```

|   | words | satisfaction | count |
|---|-------|--------------|-------|
| 0 | 駅前 | 1 | 1 |
| 1 | 若者 | 1 | 1 |
| 2 | スポーツ | 5 | 1 |
| 3 | 場所 | 5 | 1 |
| 4 | 子育て | 5 | 1 |

　ノック97との相違点は、satisfactionというリスト型の変数を、words_arrに単語追加を行うwords_arr.append(word_tmp)の下に追加していることです。これを最後にデータフレーム型に格納することで、単語と顧客満足度の紐付けが可能となります。

　例えば、「駅前」という単語は、「駅前に若者が集まっている」というコメントに対して、満足度が1となっているため、satisfaction列に1が入っていることがわかります。

　それでは、words毎に集計を行ってみましょう。satisfactionは平均値を、countは合計値を集計します。

```
words_satisfaction = all_words_df.groupby("words").mean()["satisfaction"]
words_count = all_words_df.groupby("words").sum()["count"]
words_df = pd.concat([words_satisfaction, words_count], axis=1)
words_df.head()
```

### ■図：顧客満足度の集計

```
[63] words_satisfaction = all_words_df.groupby("words").mean()["satisfaction"]
     words_count = all_words_df.groupby("words").sum()["count"]
     words_df = pd.concat([words_satisfaction, words_count], axis=1)
     words_df.head()
```

| words | satisfaction | count |
| --- | --- | --- |
| BBB | 2.0 | 1 |
| おじ | 1.0 | 1 |
| ごみ | 2.0 | 1 |
| とき | 5.0 | 1 |
| まち | 2.0 | 1 |

　satisfaction、count共にgroupbyを用いますが、それぞれmean()、sum()と集計方法が違うため、別で集計したものを結合しています。

　先頭5行を表示すると、いずれもcountが1、つまり一度しか出ていない単語のみとなっています。一度しか出ていない単語の場合、特定のコメントの値に引っ張られるので、countが3以上のデータに絞って、顧客満足度の降順・昇順に5件並べてみましょう。

```
words_df = words_df.loc[words_df["count"]>=3]
words_df.sort_values("satisfaction", ascending=False).head()
```

```
words_df.sort_values("satisfaction").head()
```

### ■図：顧客満足度の高い／低い単語5件

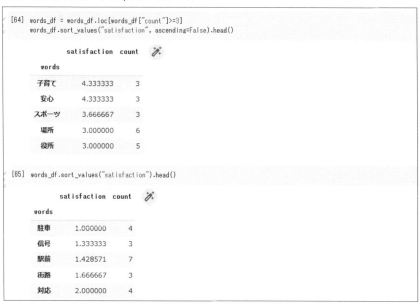

最初に、words_dfをcountが3以上のデータに絞り込んでいます。その後、satisfactionに対して、降順・昇順で並べて先頭5行を表示しています。まず、満足度の高いキーワードとして、「子育て」などの単語が挙げられています。逆に、満足度の低いキーワードとして「駐車」などの単語が挙げられており、先頭5行を見るだけで、どういった街なのかが見えてきます。

長い100本ノックも残すところ2本になりました。

最後の2本は、**類似文章の検索**です。ここからさらに深掘り分析をしていく場合、アンケートを1つずつ見ていく必要がでてきます。

気になったアンケートがあった際、他に似たアンケートはあるのか、その際の満足度はどうなのかといったように、探したりしていきます。

　そこで、文章の特徴を表現し、その表現をもとに類似文章を特定する技術に挑
戦してみます。

## ノック99：
## アンケート毎の特徴を表現してみよう

　アンケート毎の特徴はどのように表現できるでしょうか。これには非常に多く
の手法があります。ここでは、最も基本的なカウントベースの手法として、どの
単語が含まれているかのみを特徴にしていきます。例えば、「駅前に若者が集まっ
ている」というコメントは、「駅前」「若者」という名詞にフラグを立てることになり
ます。実際にやってみましょう。

```python
parts = ["名詞"]
all_words_df = pd.DataFrame()
satisfaction = []
for n in range(len(survey)):
    text = survey["comment"].iloc[n]
    words = tagger.parse(text).splitlines()
    words_df = pd.DataFrame()
    for i in words:
        if i == "EOS" or i == "": continue
        word_tmp = i.split()[0]
        if len(i.split())>=4:
            part = i.split()[4].split("-")[0]
            if not (part in parts):continue
            words_df[word_tmp] = [1]
    all_words_df = pd.concat([all_words_df, words_df] ,ignore_index=True)
all_words_df.head()
```

## ▶図：アンケートの特徴表現の作成

```
[45] parts = ["名詞"]
     all_words_df = pd.DataFrame()
     satisfaction = []
     for n in range(len(survey)):
         text = survey["comment"].iloc[n]
         words = tagger.parse(text).splitlines()
         words_df = pd.DataFrame()
         for i in words:
             if i == "EOS" or i == "": continue
             word_tmp = i.split()[0]
             if len(i.split())>=4:
                 part = i.split()[4].split("-")[0]
                 if not (part in parts):continue
                 words_df[word_tmp] = [1]
         all_words_df = pd.concat([all_words_df, words_df] ,ignore_index=True)
     all_words_df.head()
```

|   | 駅前 | 若者 | スポーツ | 場所 | 子育て | 支援 | 保育 | 商店 | 生活 | 便利 | ... | まち | マスコット | 夜間 | 不安 | 高齢 | サポート | 校庭 | 芝生 | 投稿 | 道具 |
|---|------|------|----------|------|--------|------|------|------|------|------|-----|------|------------|------|------|------|----------|------|------|------|------|
| 0 | 1.0 | 1.0 | NaN | NaN | NaN | NaN | NaN | NaN | NaN | NaN | ... | NaN | NaN | NaN | NaN | NaN | NaN | NaN | NaN | NaN | NaN |
| 1 | NaN | NaN | 1.0 | 1.0 | NaN | NaN | NaN | NaN | NaN | NaN | ... | NaN | NaN | NaN | NaN | NaN | NaN | NaN | NaN | NaN | NaN |
| 2 | NaN | NaN | NaN | NaN | 1.0 | 1.0 | NaN | NaN | NaN | NaN | ... | NaN | NaN | NaN | NaN | NaN | NaN | NaN | NaN | NaN | NaN |
| 3 | NaN | NaN | NaN | NaN | NaN | NaN | 1.0 | 1.0 | NaN | NaN | ... | NaN | NaN | NaN | NaN | NaN | NaN | NaN | NaN | NaN | NaN |
| 4 | 1.0 | NaN | NaN | NaN | NaN | NaN | NaN | 1.0 | NaN | NaN | ... | NaN | NaN | NaN | NaN | NaN | NaN | NaN | NaN | NaN | NaN |

5 rows × 161 columns

　これまでall_wordsというリスト型に格納していましたが、ここではall_words_dfというデータフレーム型を定義しています。words_df[word_tmp]=[1]で単語を列として定義し、数値1を代入しています。それを1つのコメント毎に行い、concatによって結合しています。これによって、コメントに含まれていた単語には1が、それ以外には欠損値が代入されます。実際に、1行目のデータでは、駅前列に1が入っていることがわかります。次に、この欠損値に0を代入しておきましょう。

```
all_words_df = all_words_df.fillna(0)
all_words_df.head()
```

## ▶図：アンケート特徴表現の欠損値対応

```
[67] all_words_df = all_words_df.fillna(0)
     all_words_df.head()
```

|   | 駅前 | 若者 | スポーツ | 場所 | 子育て | 支援 | 保育 | 商店 | 生活 | 便利 | ... | まち | マスコット | 夜間 | 不安 | 高齢 | サポート | 校庭 | 芝生 | 投稿 | 道具 |
|---|------|------|----------|------|--------|------|------|------|------|------|-----|------|------------|------|------|------|----------|------|------|------|------|
| 0 | 1.0 | 1.0 | 0.0 | 0.0 | 0.0 | 0.0 | 0.0 | 0.0 | 0.0 | 0.0 | ... | 0.0 | 0.0 | 0.0 | 0.0 | 0.0 | 0.0 | 0.0 | 0.0 | 0.0 | 0.0 |
| 1 | 0.0 | 0.0 | 1.0 | 1.0 | 0.0 | 0.0 | 0.0 | 0.0 | 0.0 | 0.0 | ... | 0.0 | 0.0 | 0.0 | 0.0 | 0.0 | 0.0 | 0.0 | 0.0 | 0.0 | 0.0 |
| 2 | 0.0 | 0.0 | 0.0 | 0.0 | 1.0 | 1.0 | 0.0 | 0.0 | 0.0 | 0.0 | ... | 0.0 | 0.0 | 0.0 | 0.0 | 0.0 | 0.0 | 0.0 | 0.0 | 0.0 | 0.0 |
| 3 | 0.0 | 0.0 | 0.0 | 0.0 | 0.0 | 0.0 | 1.0 | 0.0 | 0.0 | 0.0 | ... | 0.0 | 0.0 | 0.0 | 0.0 | 0.0 | 0.0 | 0.0 | 0.0 | 0.0 | 0.0 |
| 4 | 1.0 | 0.0 | 0.0 | 0.0 | 0.0 | 0.0 | 0.0 | 1.0 | 0.0 | 0.0 | ... | 0.0 | 0.0 | 0.0 | 0.0 | 0.0 | 0.0 | 0.0 | 0.0 | 0.0 | 0.0 |

5 rows × 161 columns

　実行すると、欠損値に0が代入されました。これで、それぞれのアンケートの特徴表現が作成できました。データを詳しく見てみると良いですが、1行目のデー

タは、「駅前」「若者」には1が、それ以外には0が入っているデータとなります。

　最後に、類似アンケートの検索に挑戦しましょう。

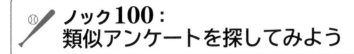

## ノック100：
## 類似アンケートを探してみよう

　まずは、ターゲットとするアンケートを決めましょう。今回は、満足度の高かった「子育て」というキーワードを含むコメント「子育て支援が嬉しい」の類似アンケートを探してみましょう。

```
print(survey["comment"].iloc[2])
target_text = all_words_df.iloc[2]
print(target_text)
```

**■図：対象アンケートの抽出**

```
[69]  print(survey["comment"].iloc[2])
      target_text = all_words_df.iloc[2]
      print(target_text)

      子育て支援が嬉しい
      駅前      0.0
      若者      0.0
      スポーツ   0.0
      場所      0.0
      子育て     1.0
             ...
      サポート    0.0
      校庭      0.0
      芝生      0.0
      投稿      0.0
      道具      0.0
      Name: 2, Length: 161, dtype: float64
```

　実行すると、「子育て支援が嬉しい」というコメントがターゲットとなっており、ノック99で作成したall_words_dfもindex番号2を取得しています。表示結果を見ればわかるように、単語と1/0のフラグリストが取得できています。

　次に、類似検索を行います。文書の類似度の指標として代表的な手法は**コサイン類似度**です。特徴量同士の成す角度の近さで類似度を表します。

```
import numpy as np
cos_sim = []
for i in range(len(all_words_df)):
    cos_text = all_words_df.iloc[i]
    cos = np.dot(target_text, cos_text) / (np.linalg.norm(target_text) *
np.linalg.norm(cos_text))
    cos_sim.append(cos)
all_words_df["cos_sim"] = cos_sim
all_words_df.sort_values("cos_sim",ascending=False).head()
```

### ■図：類似度の計算

　1行目は、数値計算用ライブラリである**numpy**をインポートしています。for文の中で、全アンケートデータに対して、検索対象アンケートである「子育て支援が嬉しい」というコメントとのコサイン類似度計算を行い、cos_simという変数に格納しています。最後に、cos_simの結果をデータ列に追加し、類似度が高い順に表示しています。

　index番号が2のデータは、検索対象アンケートそのものなので、類似度が1となっています。そのため、index番号が24、15のアンケートが最も高い類似度となります。

　それでは、上位のコメントを表示してみましょう。

```
print(survey["comment"].iloc[2])
print(survey["comment"].iloc[24])
print(survey["comment"].iloc[15])
print(survey["comment"].iloc[33])
```

**■図：類似文章の出力**

```
[71] print(survey["comment"].iloc[2])
     print(survey["comment"].iloc[24])
     print(survey["comment"].iloc[15])
     print(survey["comment"].iloc[33])

     子育て支援が嬉しい
     子育てがしやすい
     子育てしやすい
     働くママの支援をもっと増やして欲しい
```

　インデックス番号を指定し、comment列の結果を出力しています。
　「子育て支援が嬉しい」に対して、全て子育て関連の文章が類似文章となっていることがわかります。これによって、非常にシンプルな文章の特徴表現でも、ある程度近い文章を抽出できていることがわかります。文書の類似性を活用することで、例えば、類似性の高い文章のみを抽出して、満足度や顧客自体の深掘り分析など、分析の幅が大きく広がるので、ぜひ活用していきましょう。
　また、文章の特徴表現は、非常に奥が深い分野です。今回は、単語の出現数をもとに作成しましたが、昨今では、word2vec等の単語分散表現が中心に使用されています。文章や単語を特定の次元のベクトル（数字の集まり）として表現し、足し算や引き算が可能になります。どんどん新しいアルゴリズムが出てきているので、興味がある方は深堀りしていくと良いでしょう。

　これで、第4部の20本、第10章の10本は終わりです。
　第4部では、画像や言語などの少し特殊なデータの活用を検討してきました。これらの分野は昨今のAIブームも相まって、大きく発展しています。ここでは、非常に基礎的な部分にとどめたので、興味を持たれた方は、専門的な本を読むことをお勧めします。これらのデータを適切に扱い、活用できるようになることで、間違いなくデータ分析の幅が大きく広がるでしょう。

# 放課後練
## さらなる挑戦

　これまでのノックをすべてこなしたあなたは、現場でデータ分析や機械学習、さらにAIを活用する際のイメージが湧いたのではないでしょうか。これまでのノックが理解できていれば、ビジネスの現場でデータ分析をするというスタートラインに立てます。まさに、現場に出ても、戦力になるエンジニアやデータサイエンティストになっていることでしょう。しかしながら、常に技術は進化していくし、成果を出せば出すほど求められるスキルレベルも上がっていきます。

　そこで、さらに1歩進んだ技術や事例をもとに、自分のスキルをさらに高めていきましょう。今回、用意したのは、これまでの現場での事例とは異なりますが、我々が必要だと考えた20本です。まず、1つ目は深層学習に挑戦する10本、2つ目は様々なデータ加工に挑戦する10本です。

　11章で扱う深層学習は、AIブームを再燃させた技術の1つです。昨今では、TensorFlowなどのライブラリも充実してきており、深層学習によるAIモデルを作ったり活用したりすることが非常に身近になってきました。AIエンジニアとデータサイエンティストの境目はほぼ存在しなくなってきています。つまり、当たり前のように、データ分析の現場で深層学習を求められるケースが多くなります。ここでは、深層学習とはどうやって使えば良いのかをイメージしてもらうために、10本のノックにしています。「ディープラーニングやってよ」と言われても怖くなくなるように、深層学習の活用イメージを持てるようにしていきましょう。

そして、いよいよ最後の12章はデータ加工です。これは、最後の腕試しです。文章に正解のソースコードは載せていません。出題されたことに対して、自分なりに考えてコードを書くことに挑戦してみましょう。最後の最後にデータ加工を持ってきたのは、ビジネスの現場ではデータ加工から始まるため、現場で戦力になるために必須の能力だからです。それは、本書が生まれるきっかけになったものでもあります。コンピュータで扱える形に整えてしまえば、可視化したり、機械学習をしたりすることができます。最近では、データ分析のニーズが高まり、様々なデータ形式への対応力が求められていますし、ますます、その傾向は強くなっていくでしょう。その際に、悩みながらも、自分なりに考えて、調べて、データを加工する、ということができるようになっているのが重要です。これまで、学んだことを思い出しながら、挑戦してみてください。

### 放課後練で取り扱うPythonライブラリ

データ加工：Pandas、TensorFlow、hashlib、chardet、json
可視化：Matplotlib
データベース：sqlite3

# 第11章
# 深層学習に挑戦する
# 10本ノック

　昨今、TensorflowやPyTorchなどの深層学習ライブラリが一般化されてきたことにより、**深層学習をビジネスの現場で活用しよう**という流れが大きく加速しています。特に、**画像処理**を行ううえで、深層学習はなくてはならないツールであるといえます。9章で解説したように、画像や映像を利用することによって、人の移動パターンなど、マーケティングなどの目的において欠かせない情報をデータ化できます。いつ、どこに人がいて、どのような行動を取っているのかがデータによって把握できるようになれば、人手をかけずに精度のよいマーケティングを行うことができます。

　本章の前半では、深層学習の基礎編として、深層学習を行うために必要なステップを理解します。そして、後半では、そのプロセスを踏襲しながら、9章で解説した、カメラから取得した映像を用いて画像認識を行うプロセスを、深層学習を用いて実施します。これによって、より高精度の、また汎用性の高い画像認識を実現します。さらに、多くの技術書やビジネス書ではないがしろにされがちな、深層学習の動作原理についても、実際にサンプルソースコードを動かしながら、直感的に解説していきます。これによって、まずはビジネスの文脈のなかで深層学習の使い方を理解したうえで、その原理を直感的につかむことができるようになり、「生きた」深層学習を身につけることができます。

⚠ **注意**

　この章は"挑戦的ノック"です。本当に理解しようと思うと難しい内容です。ここでは、まずは"体験"してみてください。

　深層学習がどのようなものか感触を得ていただいたら幸いです。もっと詳しく知りたいと興味がわいたら、解説書籍を1冊ほど読むことをおすすめします。

**顧客の声**

　昨今、深層学習を扱うことができれば、できることが非常に多くなるという話を聞き、弊社のエンジニアにも、深層学習を扱える者を養成しようという声が高まっています。ただ、一口に深層学習といっても、何から始めればよいのかわかりませんし、本当に深層学習を使う必要があるのかどうかも説明できません。実際のビジネスに関する題材を用いながら、深層学習の価値がわかるようなレクチャーをお願いできないでしょうか。

### 前提条件

　本章の10本のノックでは、（9章と同様に）小売店の前を通る道路の動画/画像を扱います。画像はimgフォルダに格納されています。

■表：データ一覧

| No. | フォルダ名 | ファイル名 | 概要 |
|-----|-----------|-----------|------|
| 1 | img | | 画像データフォルダ |
| 2 | | img01.jpg | 道路の通行人の画像（道路全体） |
| | | img02.jpg | 自動車の画像 |
| 3 | なし | | 3-1の続き。システムの都合上分割して出力 |

 # 放課後ノック101：<br>深層学習に必要なデータを準備しよう

　深層学習をひとまず理解するには、機械学習と同様に、学習すべきデータを準備したうえで学習を行い、評価するプロセスを辿ってみることが近道です。ここではまず、深層学習を理解するうえで用いられることの多いMNISTという手書き数字の画像データを使って深層学習を行うプロセスを辿っていきましょう。以下のソースコードを実行し、公開されているMNIST画像データを読み込んでみましょう。

```
from tensorflow.keras import datasets, layers, models
import numpy as np
```

```
# 学習用データ/検証用データの読み込み
mnist = datasets.mnist
(X_train, y_train),(X_test, y_test) = mnist.load_data()
```

■**図：データ読み込みを行うソースコード**

▼ 放課後ノック101：深層学習に必要なデータを準備しよう

```
[3]  from tensorflow.keras import datasets, layers, models
     import numpy as np
```

▼ データを読み込んでみよう

```
[4]  # 学習用データ/検証用データの読み込み
     mnist = datasets.mnist
     (X_train, y_train),(X_test, y_test) = mnist.load_data()

     Downloading data from https://storage.googleapis.com/tensorflow/tf-keras-datasets/mnist.npz
     11493376/11490434 [==============================] - 0s 0us/step
     11501568/11490434 [==============================] - 0s 0us/step
```

これで、MNISTの画像データが読み込まれました。読み込みこんだデータを確認していきながら、深層学習を行ううえで必要なデータの性質を確認しましょう。以下のソースコードを順次実行していきましょう。

```
# 形状の出力
print(X_train.shape)
print(X_test.shape)
```

これによって、MNIST全データの形状がわかります。このソースコードを実行すると、X_trainには60000の、X_testには10000の画像が含まれており、それぞれ、28×28ピクセルの画像として格納されていることがわかります。

```
# 0番目のデータの形状の出力
X_train[0].shape
```

　これによって、0番目の画像データの形状がわかります。28×28ピクセルの画像として格納されていることがわかります。

```
# 0番目のデータの出力
X_train[0]
```

　これによって、0番目の画像データに実際に格納されている値がわかります。28×28ピクセルひとつひとつの値が、0から255の値によって格納されています。白黒画像なので、255に近いほど白に、0に近いほど黒に近い値を意味します。

```
# 0番目のデータの表示
from google.colab.patches import cv2_imshow
cv2_imshow(X_train[0])
```

　これによって、今表示した値を画像として出力されます。数字の5を手書きした画像が出力されることがわかります。

```
# 正解データの出力
y_train[0]
```

　これによって、正解として格納されている値が出力されます。X_train[0]に格納されている画像データには手書きの数字5ですので、y_train[0]には、正解となる数字そのものである5が格納されています。

## ■図：データ確認を行うソースコード

▼ データを確認しよう

```
[5]  # 形状の出力
     print(X_train.shape)
     print(X_test.shape)

     (60000, 28, 28)
     (10000, 28, 28)

[6]  # 0番目のデータの形状の出力
     X_train[0].shape

     (28, 28)

[7]  # 0番目のデータの出力
     X_train[0]
```

```
[8]  # 0番目のデータの表示
     from google.colab.patches import cv2_imshow
     cv2_imshow(X_train[0])

     5

[9]  # 正解データの出力
     y_train[0]

     5
```

```
array([[  0,   0,   0,   0,   0,   0,   0,   0,   0,   0,   0,   0,   0,
          0,   0,   0,   0,   0,   0,   0,   0,   0,   0,   0,   0,   0,
          0,   0],
       [  0,   0,   0,   0,   0,   0,   0,   0,   0,   0,   0,   0,   0,
          0,   0,   0,   0,   0,   0,   0,   0,   0,   0,   0,   0,   0,
          0,   0],
       [  0,   0,   0,   0,   0,   0,   0,   0,   0,   0,   0,   0,   0,
          0,   0,   0,   0,   0,   0,   0,   0,   0,   0,   0,   0,   0,
          0,   0],
       [  0,   0,   0,   0,   0,   0,   0,   0,   0,   0,   0,   0,   0,
          0,   0,   0,   0,   0,   0,   0,   0,   0,   0,   0,   0,   0,
          0,   0],
       [  0,   0,   0,   0,   0,   0,   0,   0,   0,   0,   0,   0,   0,
          0,   0,   0,   0,   0,   0,   0,   0,   0,   0,   0,   0,   0,
          0,   0],
       [  0,   0,   0,   0,   0,   0,   0,   0,   0,   0,   0,   0,   3,
         18,  18,  18, 126, 136, 175,  26, 166, 255, 247, 127,   0,   0,
          0,   0],
       [  0,   0,   0,   0,   0,   0,   0,   0,  30,  36,  94, 154, 170,
        253, 253, 253, 253, 253, 225, 172, 253, 242, 195,  64,   0,   0,
          0,   0],
       [  0,   0,   0,   0,   0,   0,   0,  49, 238, 253, 253, 253, 253,
        253, 253, 253, 253, 251,  93,  82,  82,  56,  39,   0,   0,   0,
          0,   0],
       [  0,   0,   0,   0,   0,   0,   0,  18, 219, 253, 253, 253, 253,
        253, 198, 182, 247, 241,   0,   0,   0,   0,   0,   0,   0,   0,
          0,   0],
       [  0,   0,   0,   0,   0,   0,   0,   0,  80, 156, 107, 253, 253,
        205,  11,   0,  43, 154,   0,   0,   0,   0,   0,   0,   0,   0,
          0,   0],
       [  0,   0,   0,   0,   0,   0,   0,   0,   0,  14,   1, 154, 253,
         90,   0,   0,   0,   0,   0,   0,   0,   0,   0,   0,   0,   0,
          0,   0],
       [  0,   0,   0,   0,   0,   0,   0,   0,   0,   0,   0, 139, 253,
        190,   2,   0,   0,   0,   0,   0,   0,   0,   0,   0,   0,   0,
          0,   0],
       [  0,   0,   0,   0,   0,   0,   0,   0,   0,   0,   0,  11, 190,
        253,  70,   0,   0,   0,   0,   0,   0,   0,   0,   0,   0,   0,
          0,   0],
       [  0,   0,   0,   0,   0,   0,   0,   0,   0,   0,   0,   0,  35,
        241, 225, 160, 108,   1,   0,   0,   0,   0,   0,   0,   0,   0,
          0,   0],
       [  0,   0,   0,   0,   0,   0,   0,   0,   0,   0,   0,   0,   0,
         81, 240, 253, 253, 119,  25,   0,   0,   0,   0,   0,   0,   0,
          0,   0],
       [  0,   0,   0,   0,   0,   0,   0,   0,   0,   0,   0,   0,   0,
          0,  45, 186, 253, 253, 150,  27,   0,   0,   0,   0,   0,   0,
          0,   0],
       [  0,   0,   0,   0,   0,   0,   0,   0,   0,   0,   0,   0,   0,
          0,   0,  16,  93, 252, 253, 187,   0,   0,   0,   0,   0,   0,
          0,   0],
       [  0,   0,   0,   0,   0,   0,   0,   0,   0,   0,   0,   0,   0,
          0,   0,   0, 249, 253, 249,  64,   0,   0,   0,   0,   0,   0,
          0,   0],
       [  0,   0,   0,   0,   0,   0,   0,   0,   0,   0,   0,   0,  46,
        130, 183, 253, 253, 207,   2,   0,   0,   0,   0,   0,   0,   0,
          0,   0],
       [  0,   0,   0,   0,   0,   0,   0,   0,   0,  39,
        148, 229, 253, 253, 253, 250, 182,   0,   0,   0,   0,   0,   0,
          0,   0],
       [  0,   0,   0,   0,   0,   0,   0,   0,  24, 114, 221,
        253, 253, 253, 253, 201,  78,   0,   0,   0,   0,   0,   0,   0,
          0,   0],
       [  0,   0,   0,   0,   0,   0,  23,  66, 213, 253, 253,
        253, 253, 198,  81,   2,   0,   0,   0,   0,   0,   0,   0,   0,
          0,   0],
       [  0,   0,   0,   0,   0,  18, 171, 219, 253, 253, 253, 253,
        195,  80,   9,   0,   0,   0,   0,   0,   0,   0,   0,   0,   0,
          0,   0],
       [  0,   0,   0,  55, 172, 226, 253, 253, 253, 253, 244, 133,
         11,   0,   0,   0,   0,   0,   0,   0,   0,   0,   0,   0,   0,
          0,   0],
       [  0,   0,   0, 136, 253, 253, 253, 212, 135, 132,  16,   0,
          0,   0,   0,   0,   0,   0,   0,   0,   0,   0,   0,   0,   0,
          0,   0],
       [  0,   0,   0,   0,   0,   0,   0,   0,   0,   0,   0,   0,
          0,   0,   0,   0,   0,   0,   0,   0,   0,   0,   0,   0,   0,
          0,   0],
       [  0,   0,   0,   0,   0,   0,   0,   0,   0,   0,   0,   0,
          0,   0,   0,   0,   0,   0,   0,   0,   0,   0,   0,   0,   0,
          0,   0],
       [  0,   0,   0,   0,   0,   0,   0,   0,   0,   0,   0,   0,
          0,   0,   0,   0,   0,   0,   0,   0,   0,   0,   0,   0,   0,
          0,   0]], dtype=uint8)
```

　ここまでで確認してきたMNISTの全データを、深層学習させるために必要な形式に変換する処理を行います。以下のソースコードを順次実行していきましょう。

```
# データを0から1の範囲に収めるために255で割る
X_train_sc, X_test_sc = X_train / 255.0, X_test / 255.0
```

　深層学習において、データは0から1までの数に変換する必要があるため、最大値である255で割っておきます。

```
# 形状を整える
X_train_sc = X_train_sc.reshape((60000, 28, 28, 1))
X_test_sc = X_test_sc.reshape((10000, 28, 28, 1))
```

　深層学習においては、28×28ピクセルに加えて、チャンネル数の次元を加えた(28×28×チャンネル数)のデータを用います。今回は、モノクロなので、チャンネル数が1となります。以上の処理によって、データの準備が整いました。

**■図：データ準備を行うソースコード**

```
▼ データを準備しよう

[10]  # データを0から1の範囲に収めるために255で割ります。
      X_train_sc, X_test_sc = X_train / 255.0, X_test / 255.0

[11]  # 形状を整えます。
      # 本来は、(28×28×チャンネル数)となります。
      # 今回は、モノクロなので、チャンネル数が1となります。
      X_train_sc = X_train_sc.reshape((60000, 28, 28, 1))
      X_test_sc = X_test_sc.reshape((10000, 28, 28, 1))
```

# 放課後ノック102：
# 深層学習モデルを構築しよう

　ノック101で準備したデータを用いて、深層学習モデルを構築していきます。深層学習モデルは、まず、**ニューラルネットワーク**とよばれる機械学習の一種である**モデル**を定義したうえで、定義したモデルに準備データを学習させることで構築できます。機械学習のステップに、深層学習モデルの定義を定義するというステップが新たに加わったと考えればよいでしょう。ニューラルネットワークの

定義を行いましょう。ここでは、ニューラルネットワークの基本形である**多層ニューラルネットワークモデル**とよばれるものと、**CNN**とよばれる画像の学習に適したニューラルネットワークモデルの2つを定義していきます。それでは、以下のソースコードを、順次実行していきましょう。

```
model1 = models.Sequential()
model1.add(layers.Flatten(input_shape=(28, 28)))
model1.add(layers.Dense(512, activation='relu'))
model1.add(layers.Dropout(0.2))
model1.add(layers.Dense(10, activation='softmax'))
```

　このソースコードを実行することで、ニューラルネットワークモデルの定義が完了します。何を行っているかを理解するために、モデル情報の出力を行いましょう。

```
model1.summary()
```

　これを実行することで、ニューラルネットワークモデルの各層のようすがわかります。一層目が学習した28×28の784ピクセルに相当し、最終層が、学習するクラス(手書き数字を表す0から9まで)に相当します。その間の二層は隠れ層と言われ、ここに「重み」とよばれるものを学習することで、手書き数字に特徴的なピクセルを重みづけで学習していきます。同様に、CNNの定義を行いましょう。

## ■図：ニューラルネットワークモデル定義を行うソースコード

放課後ノック102：深層学習モデルを構築しよう

▼ ニューラルネットワークモデルを定義しよう

```
[12]  model1 = models.Sequential()
      model1.add(layers.Flatten(input_shape=(28, 28)))
      model1.add(layers.Dense(512, activation='relu'))
      model1.add(layers.Dropout(0.2))
      model1.add(layers.Dense(10, activation='softmax'))
```

```
[13]  model1.summary()

      Model: "sequential"

      Layer (type)              Output Shape              Param #
      =================================================================
      flatten (Flatten)         (None, 784)               0

      dense (Dense)             (None, 512)               401920

      dropout (Dropout)         (None, 512)               0

      dense_1 (Dense)           (None, 10)                5130

      =================================================================
      Total params: 407,050
      Trainable params: 407,050
      Non-trainable params: 0
```

```
model2 = models.Sequential()
model2.add(layers.Conv2D(32, (3, 3), activation='relu', input_shape=(28,
28, 1)))
model2.add(layers.MaxPooling2D((2, 2)))
model2.add(layers.Conv2D(64, (3, 3), activation='relu'))
model2.add(layers.MaxPooling2D((2, 2)))
model2.add(layers.Conv2D(64, (3, 3), activation='relu'))

model2.add(layers.Flatten())
model2.add(layers.Dense(64, activation='relu'))
model2.add(layers.Dense(10, activation='softmax'))
```

これを実行することで、CNNの定義がなされます。

```
model2.summary()
```

　これを実行することで、CNNの各層のようすがわかります。詳細な説明は省きますが、単純な多層ニューラルネットワークモデルに比べて層の数も増え、それぞれの層の処理も複雑化しています。これによって、手書き数字の機微な違いに至るまで、表現することが可能となります。

　さて、以上でモデルの定義が完了しました。ここからは、いよいよ準備したデータを学習させることで、未知の手書き数字画像を認識できる機械学習モデル(深層学習モデル)を構築していきます。

### ■図：CNNモデル定義を行うソースコード

```
[14]  model2 = models.Sequential()
      model2.add(layers.Conv2D(32, (3, 3), activation='relu', input_shape=(28, 28, 1)))
      model2.add(layers.MaxPooling2D((2, 2)))
      model2.add(layers.Conv2D(64, (3, 3), activation='relu'))
      model2.add(layers.MaxPooling2D((2, 2)))
      model2.add(layers.Conv2D(64, (3, 3), activation='relu'))

      model2.add(layers.Flatten())
      model2.add(layers.Dense(64, activation='relu'))
      model2.add(layers.Dense(10, activation='softmax'))

[15]  model2.summary()

      Model: "sequential_1"

      Layer (type)                  Output Shape              Param #
      =================================================================
      conv2d (Conv2D)               (None, 26, 26, 32)        320

      max_pooling2d (MaxPooling2D   (None, 13, 13, 32)        0
      )

      conv2d_1 (Conv2D)             (None, 11, 11, 64)        18496

      max_pooling2d_1 (MaxPooling   (None, 5, 5, 64)          0
      2D)

      conv2d_2 (Conv2D)             (None, 3, 3, 64)          36928

      flatten_1 (Flatten)           (None, 576)               0

      dense_2 (Dense)               (None, 64)                36928

      dense_3 (Dense)               (None, 10)                650

      =================================================================
      Total params: 93,322
      Trainable params: 93,322
      Non-trainable params: 0
```

```
model1.compile(optimizer='adam',
               loss='sparse_categorical_crossentropy',
               metrics=['accuracy'])


model1.fit(X_train_sc, y_train, epochs=10)
```

　このソースコードを実行することで、既に定義されたニューラルネットワークモデルに、準備したデータを学習させることができます。まず、**compile**という関数は、ニューラルネットワークモデルにデータを学習させるためのアルゴリズムの指定を行います。次に、**fit**という関数は、実際にモデルの学習を行います。個々のパラメータに関しては省略しますが、**epochs**というパラメータの値を増やすと学習を行うための計算数が増え、精度が上がるということは最低限押さえておきましょう。

**■図：ニューラルネットワークモデル構築を行うソースコード**

```
▼ ニューラルネットワークモデルを構築しよう

[18]  model1.compile(optimizer='adam',
                     loss='sparse_categorical_crossentropy',
                     metrics=['accuracy'])

      model1.fit(X_train_sc, y_train, epochs=10)

      Epoch 1/10
      1875/1875 [==============================] - 9s 4ms/step - loss: 0.2198 - accuracy: 0.9348
      Epoch 2/10
      1875/1875 [==============================] - 8s 4ms/step - loss: 0.0983 - accuracy: 0.9700
      Epoch 3/10
      1875/1875 [==============================] - 8s 4ms/step - loss: 0.0697 - accuracy: 0.9787
      Epoch 4/10
      1875/1875 [==============================] - 8s 4ms/step - loss: 0.0546 - accuracy: 0.9824
      Epoch 5/10
      1875/1875 [==============================] - 8s 4ms/step - loss: 0.0434 - accuracy: 0.9858
      Epoch 6/10
      1875/1875 [==============================] - 8s 4ms/step - loss: 0.0357 - accuracy: 0.9883
      Epoch 7/10
      1875/1875 [==============================] - 8s 4ms/step - loss: 0.0307 - accuracy: 0.9900
      Epoch 8/10
      1875/1875 [==============================] - 8s 4ms/step - loss: 0.0286 - accuracy: 0.9905
      Epoch 9/10
      1875/1875 [==============================] - 9s 5ms/step - loss: 0.0261 - accuracy: 0.9910
      Epoch 10/10
      1875/1875 [==============================] - 8s 4ms/step - loss: 0.0232 - accuracy: 0.9918
      <keras.callbacks.History at 0x7f273e14c750>
```

```
model1.compile(optimizer='adam',
               loss='sparse_categorical_crossentropy',
               metrics=['accuracy'])


model1.fit(X_train_sc, y_train, epochs=10)
```

　このソースコードを実行することで、既に定義されたCNNに、準備したデータを学習させることができます。上記では、model1しか記載していませんが、model2に関しても学習を実施してみましょう。分からない方は、次図を参考にコードを作成してみてください。以上のプロセスによって、深層学習が完了しま

した。ここからは、学習したモデルの評価を行っていきましょう。

■図：CNNモデル構築を行うソースコード

```
▼ CNNモデルを構築しよう

✓ [17]  model2.compile(optimizer='adam',
9分                     loss='sparse_categorical_crossentropy',
                        metrics=['accuracy'])

        model2.fit(X_train_sc, y_train, epochs=10)

        Epoch 1/10
        1875/1875 [==============================] - 59s 31ms/step - loss: 0.1481 - accuracy: 0.9540
        Epoch 2/10
        1875/1875 [==============================] - 57s 30ms/step - loss: 0.0478 - accuracy: 0.9851
        Epoch 3/10
        1875/1875 [==============================] - 57s 31ms/step - loss: 0.0340 - accuracy: 0.9894
        Epoch 4/10
        1875/1875 [==============================] - 57s 30ms/step - loss: 0.0257 - accuracy: 0.9918
        Epoch 5/10
        1875/1875 [==============================] - 57s 30ms/step - loss: 0.0214 - accuracy: 0.9935
        Epoch 6/10
        1875/1875 [==============================] - 59s 31ms/step - loss: 0.0160 - accuracy: 0.9949
        Epoch 7/10
        1875/1875 [==============================] - 57s 31ms/step - loss: 0.0148 - accuracy: 0.9953
        Epoch 8/10
        1875/1875 [==============================] - 57s 30ms/step - loss: 0.0108 - accuracy: 0.9967
        Epoch 9/10
        1875/1875 [==============================] - 57s 30ms/step - loss: 0.0101 - accuracy: 0.9967
        Epoch 10/10
        1875/1875 [==============================] - 56s 30ms/step - loss: 0.0102 - accuracy: 0.9968
        <keras.callbacks.History at 0x7f5714d74b10>
```

## ⚾ 放課後ノック103： モデルの評価をしてみよう

　ノック102までを通して、2つの深層学習モデル(ニューラルネットワークモデルとCNN)の構築が完了しました。ここからは、モデルの評価を行い、予測精度を確認していきます。以下のソースコードを順次実行していきましょう。

```
# モデル1の正解率の出力
model1_test_loss, model1_test_acc = model1.evaluate(X_test_sc, y_test)
print(model1_test_acc)
```

　以上を実行することで、ニューラルネットワークモデルの精度が確認できます。

```
# モデル2の正解率の出力
model2_test_loss, model2_test_acc = model2.evaluate(X_test_sc, y_test)
print(model2_test_acc)
```

　以上を実行することで、CNNの精度が確認できます。両者を比較すると、CNNの予測精度が少し高めであることがわかります。

### ■図：モデルの評価を行うソースコード

```
▼ 放課後ノック103：モデルの評価をしてみよう

[18]  # モデル1の正解率の出力
      model1_test_loss, model1_test_acc = model1.evaluate(X_test_sc, y_test)
      print(model1_test_acc)

      313/313 [==============================] - 1s 2ms/step - loss: 0.0749 - accuracy: 0.9814
      0.9814000129699707

[19]  # モデル2の正解率の出力
      model2_test_loss, model2_test_acc = model2.evaluate(X_test_sc, y_test)
      print(model2_test_acc)

      313/313 [==============================] - 3s 9ms/step - loss: 0.0304 - accuracy: 0.9920
      0.9919999837875366
```

## 放課後ノック104：モデルを使った予測をしてみよう

　ノック103で確認したように、2つの深層学習モデルは、ともに、高い精度での手書き数字の予測が可能そうだということがわかりました。では、モデルによる予測結果を確認していきましょう。以下のソースコードを順次実行していきましょう。

```
# 予測の実行
predictions = model2.predict(X_train_sc)
```

　ここでは、X_train_scとして与えたデータの手書き数字が何であるかを関数predictを用いて予測し、その結果をpredictionsに格納します。

```
# 予測結果の形状の出力
predictions.shape
```

　予測結果を確認する前に、予測結果であるpredictionsというベクトルの形状を確認しましょう。60000 × 10のベクトルであることがわかりました。これには、入力したX_train_scに含まれる手書き数字の画像の数である60000それぞれに対し、手書き数字の10クラスそれぞれに対する類似度合いを計算した結果が格納されています。その様子を確認していきましょう。

```
predictions
```

　まず、こちらでpredictionsの中身がわかります。（おそらく）60000 × 10のベクトルが含まれていることがわかります。

```
# 0番目の出力
predictions[0]
```

　0番目のデータを出力させていきます。すると、10次元ベクトルのそれぞれの次元に、数値が格納されていることがわかります。

```
# 最も高い確率の数字の出力
np.argmax(predictions[0])
```

　関数argmaxによって、最も大きな数字の次元(インデックス)を取り出します。ここでは「5」が最も大きな数字でした。

```
y_train[0]
```

　実際に、正解を確認してみましょう。たしかに、「5」が正解であり、正しく予測できていることがわかります。以上のように、関数predictを用いることで、予測が可能であることがわかります。ノック101からのプロセスを辿ることによって、どのような画像であっても、学習し、予測モデルを作ることができます。オリジナルの画像を準備して、オリジナルの画像の学習にチャレンジしてみましょう。

**■図：モデルを使った予測を行うソースコード**

```
▼ 放課後ノック104：モデルを使った予測をしてみよう

[20]  # 予測の実行
      predictions = model2.predict(X_train_sc)

[21]  # 予測結果の形状の出力
      predictions.shape

      (60000, 10)

[22]  predictions

      array([[3.75098085e-17, 1.01903444e-10, 1.19440655e-11, ...,
              3.46034410e-15, 6.82703394e-10, 9.01280739e-09],
             [1.00000000e+00, 1.21762225e-10, 1.11591333e-10, ...,
              5.84044757e-10, 1.78903628e-10, 4.32113403e-08],
             [4.75713661e-16, 7.91984647e-08, 1.34605660e-09, ...,
              3.05861586e-10, 2.37427744e-10, 3.00293151e-10],
             ...,
             [8.75630843e-20, 1.46671071e-15, 4.16732807e-10, ...,
              7.61017020e-19, 8.38268054e-14, 2.91501490e-09],
             [5.77464512e-08, 2.55501458e-13, 1.25227424e-13, ...,
              5.61956386e-14, 1.46319016e-11, 1.49194589e-12],
             [1.25881638e-10, 1.22397421e-14, 4.98313760e-12, ...,
              2.20478678e-14, 1.00000000e+00, 4.80377856e-11]], dtype=float32)
```

```
[23]  # 0番目の出力
      predictions[0]

      array([3.75098085e-17, 1.01903444e-10, 1.19440655e-11, 7.16166862e-04,
             1.65070180e-11, 9.99283850e-01, 2.55663907e-10, 3.46034410e-15,
             6.82703394e-10, 9.01280799e-09], dtype=float32)

[24]  # 最も高い確率の数字の出力
      np.argmax(predictions[0])

      5

[25]  y_train[0]

      5
```

# 放課後ノック105：物体検出YOLOを使って人の検出を行ってみよう

　ここからは、YOLOv3（実際には、学習時間を短縮するためにYOLOv3-tiny）という物体検出を行う深層学習ネットワークを用いて、物体検出を行っていきます。YOLOのような深層学習ネットワークは、公開されているソースコードや学習データを用いることで、ゼロから仕組みを構築せずとも、誰でも手軽に利用することができます。YOLOに関しては、yolov3-tf2※というオープンソースのプ

ロジェクトを利用していきます。また、データセットにはPascal VOC2007というものを用います。

※yolov3-tf2：https://github.com/zzh8829/yolov3-tf2

　YOLOを用いた物体検出を気軽に行ってみるには、まず、準備として、データセットとソースコードをダウンロードをします。そして、物体検出を実行し、結果を出力することで、物体検出ができていることを確認します。まず、以下を実行することで、準備を行いましょう。ここでは、すでに物体の学習が済んでいる学習済みのモデルのダウンロードをも同時に行います。

```
#yolov3-tf2のダウンロード
!git clone https://github.com/zzh8829/yolov3-tf2.git ./yolov3_tf2
%cd ./yolov3_tf2
!git checkout c43df87d8582699aea8e9768b4ebe8d7fe1c6b4c
%cd ../
```

```
#YOLOの学習済みモデルのダウンロード
!wget https://pjreddie.com/media/files/yolov3-tiny.weights
```

```
#ダウンロードしたYOLOの学習済みモデルをKerasから利用出来る形に変換
!python ./yolov3_tf2/convert.py --weights ./yolov3-tiny.weights --output
./yolov3_tf2/checkpoints/yolov3-tiny.tf --tiny
```

### ■図：YOLOの準備を行うソースコード

```
放課後ノック105：物体検出YOLOを使って人の検出を行ってみよう

▼ YOLOの準備

[ ]  #yolov3-tf2のダウンロード
     !git clone https://github.com/zzh8829/yolov3-tf2.git ./yolov3_tf2
     %cd ./yolov3_tf2
     !git checkout c43df87d8582699aea8e9768b4ebe8d7fe1c6b4c
     %cd ../

[ ]  #YOLOの学習済みモデルのダウンロード
     !wget https://pjreddie.com/media/files/yolov3-tiny.weights

[ ]  #ダウンロードしたYOLOの学習済みモデルをKerasから利用出来る形に変換
     !python ./yolov3_tf2/convert.py --weights ./yolov3-tiny.weights --output  ./yolov3_tf2/checkpoints/yolov3-tiny.tf --tiny
```

```
from absl import app, logging, flags
from absl.flags import FLAGS
app._run_init(['yolov3'], app.parse_flags_with_usage)
```

```
#学習済みの重みをそのまま利用する場合
from  yolov3_tf2.yolov3_tf2.models import  YoloV3Tiny, YoloLoss
import tensorflow as tf
from yolov3_tf2.yolov3_tf2.dataset import transform_images
from yolov3_tf2.yolov3_tf2.utils import draw_outputs
import numpy as np
```

```
FLAGS.yolo_iou_threshold = 0.5
FLAGS.yolo_score_threshold = 0.5
```

```
yolo_class_names = [c.strip() for c in open("./yolov3_tf2/data/coco.name
s").readlines()]
```

```
yolo = YoloV3Tiny(classes=80)
#重みの読み込み
yolo.load_weights("./yolov3_tf2/checkpoints/yolov3-tiny.tf").expect_parti
al()
```

```
img_filename = "img/img01.jpg"
img_rawP = tf.image.decode_jpeg(open(img_filename, 'rb').read(), channel
s=3)
data_shape=(256,256,3)
img_yoloP = transform_images(img_rawP, data_shape[0])
img_yoloP = np.expand_dims(img_yoloP, 0)
#予測開始
boxes, scores, classes, nums = yolo.predict(img_yoloP)
```

## ■図：YOLOを実行するソースコード

▼ YOLOによる物体検出の実行

```
[ ]  from absl import app, logging, flags
     from absl.flags import FLAGS
     app._run_init(['yolov3'], app.parse_flags_with_usage)
```

```
[ ]  #学習済みの重みをそのまま利用する場合
     from yolov3_tf2.yolov3_tf2.models import YoloV3Tiny, YoloLoss
     import tensorflow as tf
     from yolov3_tf2.yolov3_tf2.dataset import transform_images
     from yolov3_tf2.yolov3_tf2.utils import draw_outputs
     import numpy as np

     FLAGS.yolo_iou_threshold = 0.5
     FLAGS.yolo_score_threshold = 0.5

     yolo_class_names = [c.strip() for c in open("./yolov3_tf2/data/coco.names").readlines()]

     yolo = YoloV3Tiny(classes=80)
     #重みの読み込み
     yolo.load_weights("./yolov3_tf2/checkpoints/yolov3-tiny.tf").expect_partial()
```

```
[ ]  img_filename = "img/img01.jpg"
     img_rawP = tf.image.decode_jpeg(open(img_filename, 'rb').read(), channels=3)
     data_shape=(256,256,3)
     img_yoloP = transform_images(img_rawP, data_shape[0])
     img_yoloP = np.expand_dims(img_yoloP, 0)
     #予測開始
     boxes, scores, classes, nums = yolo.predict(img_yoloP)
```

```
import matplotlib.pyplot as plt


img_yoloP = img_rawP.numpy()
img_yoloP = draw_outputs(img_yoloP, (boxes, scores, classes, nums), yolo_
class_names)


plt.figure(figsize=(10,10))

plt.imshow(img_yoloP)

plt.axis('off')

plt.show()
```

**■図：YOLOの結果を出力するソースコード**

```
▼ 結果の出力

[ ]   import matplotlib.pyplot as plt

      img_yoloP = img_rawP.numpy()
      img_yoloP = draw_outputs(img_yoloP, (boxes, scores, classes, nums), yolo_class_names)

      plt.figure(figsize=(10,10))
      plt.imshow(img_yoloP)
      plt.axis('off')
      plt.show()
```

　次に、以下のソースコードによって、物体検出を実行します。そして最後に結果を出力します。結果を確認すると（次図）、手前の人には"person"というラベルが付与されており、人の検出ができていることがわかります。しかしながら、すべての人が検出されているわけではなく、その精度は高いとはいえません。精度を高めるには、自分自身で必要なパラメータをチューニングしたり、データを用意するなどして学習を行っていく必要があります。

**■図：YOLOの出力結果**

"person"ラベル

## 放課後ノック106：
## YOLOの学習を行うための準備をしよう

　ここからは、YOLOのネットワークに、自前のデータを学習させることによって、より高精度の**物体検出**（人の検出）を行っていきます。まず、必要なデータセットを用意するにあたり、フォーマットを確認します。以下のソースコードによって、学習データのダウンロードを行ったうえで、学習データ内に含まれる画像と**アノテーションデータ**（画像のどこに何という物体が含まれるのかを教えるデータ）を確認します。これらと同じフォーマットのデータを自前で用意することによって、どのような物体であっても学習することができます。

```
#データセットのダウンロード及び解凍を行います。
#ダウンロード済みでない場合以下を実行して下さい。
!wget http://pjreddie.com/media/files/VOCtrainval_06-Nov-2007.tar
!tar -xvf ./VOCtrainval_06-Nov-2007.tar
```

```
from PIL import Image

#ダウンロードしたデータセットの画像の内1枚を表示
Image.open("./VOCdevkit/VOC2007/JPEGImages/006626.jpg")
```

```
#表示した画像のアノテーションデータの表示
annotation = open("./VOCdevkit/VOC2007/Annotations/006626.xml").read()
print(annotation)
```

**◤図：YOLO学習データのダウンロードとデータの確認を行うソースコード**

放課後ノック106：YOLOの学習を行うための準備をしよう

▾ 学習データのダウンロード

```
[ ]  #データセットのダウンロード及び解凍を行います。
     #ダウンロード済みでない場合以下を実行して下さい。
     !wget http://pjreddie.com/media/files/VOCtrainval_06-Nov-2007.tar
     !tar -xvf ./VOCtrainval_06-Nov-2007.tar
```

▾ 学習データの確認

```
[ ]  from PIL import Image

     #ダウンロードしたデータセットの画像の内1枚を表示
     Image.open("./VOCdevkit/VOC2007/JPEGImages/006626.jpg")
```

```
[ ]  #表示した画像のアノテーションデータの表示
     annotation = open("./VOCdevkit/VOC2007/Annotations/006626.xml").read()
     print(annotation)
```

**◤図：学習データの確認結果として出力される画像**

## ■■図：学習データの確認結果として出力されるアノテーションデータ

```
<annotation>
        <folder>VOC2007</folder>
        <filename>006626.jpg</filename>
        <source>
                <database>The VOC2007 Database</database>
                <annotation>PASCAL VOC2007</annotation>
                <image>flickr</image>
                <flickrid>315496020</flickrid>
        </source>
        <owner>
                <flickrid>Dan Mall</flickrid>
                <name>Dan Mall</name>
        </owner>
        <size>
                <width>500</width>
                <height>332</height>
                <depth>3</depth>
        </size>
        <segmented>0</segmented>
        <object>
                <name>diningtable</name>
                <pose>Unspecified</pose>
                <truncated>1</truncated>
                <difficult>1</difficult>
                <bndbox>
                        <xmin>213</xmin>
                        <ymin>228</ymin>
                        <xmax>500</xmax>
                        <ymax>332</ymax>
                </bndbox>
        </object>
        <object>
                <name>person</name>
                <pose>Frontal</pose>
                <truncated>1</truncated>
                <difficult>0</difficult>
                <bndbox>
                        <xmin>443</xmin>
                        <ymin>106</ymin>
                        <xmax>500</xmax>
                        <ymax>213</ymax>
                </bndbox>
        </object>
        <object>
                <name>person</name>
```

　学習データの確認を行うと、画像データと、アノテーションデータの形式がわかります。アノテーションデータはXMLと言う形式になっており<object>から</object>の間に、画像内に存在する物体の名前とその座標が入っています。例えば、"dinningtable"や"person"と言った名前のオブジェクトが、その座標と共に入っていることがわかります。ただし、このデータセットで扱うオブジェクトは、下記の20種類のみになっています。

"person", "bird", "cat","cow","dog", "horse","sheep",
"aeroplane", "bicycle", "boat", "bus", "car", "motorbike",
"train", "bottle", "chair", "diningtable", "pottedplant",
"sofa", "tvmonitor"

　ここまでの準備ができれば、YOLOのネットワークを用いた学習が可能になります。次のノックでは、いよいよ学習モデルの生成を行っていきましょう。

# 放課後ノック107：
# 新たな学習データを使ってYOLOの学
# 習モデルを生成してみよう

　ノック106で準備したデータを学習させていくためには、まず、データの変換が必要になります。そして、変換したデータを読み込むとともに、YOLOモデル(深層学習ネットワーク)の読み込みを行い、学習の準備が整います。その後、学習を行ったうえで、学習結果を評価していくという流れになります。まずは、以下のソースコードを実行することによって、アノテーションデータのXMLファイルを今回使うモデルが扱える形に変換しましょう。

```
!pip install xmltodict
```

```
import xmltodict
import numpy as np
from tensorflow.keras.utils import Sequence
import math
import yolov3_tf2.yolov3_tf2.dataset as dataset


yolo_max_boxes = 100

#アノテーションデータの変換
def parse_annotation(annotation, class_map):
    label = []
    width = int(annotation['size']['width'])
    height = int(annotation['size']['height'])

    if 'object' in annotation:
        if type(annotation['object']) != list:
```

```
                tmp = [annotation['object']]
        else:
                tmp = annotation['object']

        for obj in tmp:
            _tmp = []
            _tmp.append(float(obj['bndbox']['xmin']) / width)
            _tmp.append(float(obj['bndbox']['ymin']) / height)
            _tmp.append(float(obj['bndbox']['xmax']) / width)
            _tmp.append(float(obj['bndbox']['ymax']) / height)
            _tmp.append(class_map[obj['name']])
            label.append(_tmp)

    for _ in range(yolo_max_boxes - len(label)):
        label.append([0,0,0,0,0])
    return label
```

### ■図：データの変換を行うソースコード

```
放課後ノック107：新たな学習データを使ってYOLOの学習モデルを生成してみよう

▼ ライブラリのインストール

[ ]  !pip install xmltodict

▼ 学習データの変換

[ ]  import xmltodict
     import numpy as np
     from tensorflow.keras.utils import Sequence
     import math
     import yolov3_tf2.yolov3_tf2.dataset as dataset

     yolo_max_boxes = 100

     #アノテーションデータの変換
     def parse_annotation(annotation, class_map):
         label = []
         width = int(annotation['size']['width'])
         height = int(annotation['size']['height'])

         if 'object' in annotation:
             if type(annotation['object']) != list:
                 tmp = [annotation['object']]
             else:
                 tmp = annotation['object']

             for obj in tmp:
                 _tmp = []
                 _tmp.append(float(obj['bndbox']['xmin']) / width)
                 _tmp.append(float(obj['bndbox']['ymin']) / height)
                 _tmp.append(float(obj['bndbox']['xmax']) / width)
                 _tmp.append(float(obj['bndbox']['ymax']) / height)
                 _tmp.append(class_map[obj['name']])
                 label.append(_tmp)

             for _ in range(yolo_max_boxes - len(label)):
               label.append([0,0,0,0,0])
             return label
```

　次に、変換後の学習データの読み込みと、YOLOモデルの読み込みを行います。以下のソースコードを順次実行していきましょう。

```
from yolov3_tf2.yolov3_tf2.dataset import transform_images


#学習時に画像データを必要な分だけ読み込むためのクラス
```

```
class ImageDataSequence(Sequence):
    def __init__(self, file_name_list, batch_size,  anchors, anchor_mask
s, class_names, data_shape=(256,256,3)):


        #クラス名とそれに対応する数値、という形の辞書を作る
        self.class_map = {name: idx for idx, name in enumerate(class_name
s)}
        self.file_name_list = file_name_list


        self.image_file_name_list = ["./VOCdevkit/VOC2007/JPEGImages/"+im
age_path + ".jpg" for image_path in self.file_name_list]
        self.annotation_file_name_list = ['./VOCdevkit/VOC2007/Annotation
s/' + image_path+ ".xml" for image_path in self.file_name_list]


        self.length = len(self.file_name_list)
        self.data_shape = data_shape
        self.batch_size = batch_size
        self.anchors = anchors
        self.anchor_masks = anchor_masks


        self.labels_cache = [None for i in range(self.__len__())]


    # 1バッチごとに自動的に呼ばれる。画像データとそのラベルを必要な分だけ読み込んで返す
    def __getitem__(self, idx):
        images = []
        labels = []


        #現在のバッチが何回目か、がidx変数に入っているため、それに対応するデータを読み込む
        for index in range(idx*self.batch_size, (idx+1)*self.batch_size):


            #アノテーションデータをラベルとして使える形に変換する
            annotation = xmltodict.parse((open(self.annotation_file_name_li
st[index]).read()))
            label = parse_annotation(annotation["annotation"], self.class_m
ap)
            labels.append(label)
```

```
        #画像データの読み込みと加工
        img_raw = tf.image.decode_jpeg(open(self.image_file_name_list[i
ndex], 'rb').read(), channels=3)
        img = transform_images(img_raw, self.data_shape[0])
        images.append(img)


        #ラベルに対しても前処理をするが、時間がかかるため1度読み込んだらキャッシュとして保
存する
        if self.labels_cache[idx] is None:
          labels = tf.convert_to_tensor(labels, tf.float32)
          labels = dataset.transform_targets(labels, self.anchors, self.a
nchor_masks, self.data_shape[0])
          self.labels_cache[idx] = labels
        else:
          labels = self.labels_cache[idx]


        images = np.array(images)
        return images, labels


    def __len__(self):
        return math.floor(len(self.file_name_list) / self.batch_size)
```

```
from  yolov3_tf2.yolov3_tf2.models import  YoloV3Tiny, YoloLoss
from yolov3_tf2.yolov3_tf2.utils import freeze_all
import tensorflow as tf

batch_size=16
data_shape=(416,416,3)
class_names =  ["person", "bird", "cat","cow","dog", "horse","sheep", "ae
roplane", "bicycle", "boat", "bus", "car", "motorbike", "train", "bottl
e", "chair", "diningtable", "pottedplant", "sofa", "tvmonitor"]

anchors = np.array([(10, 14), (23, 27), (37, 58),
                      (81, 82), (135, 169),  (344, 319)],
```

```
                              np.float32) / data_shape[0]
anchor_masks = np.array([[3, 4, 5], [0, 1, 2]])
```

```
# yolov3_tf2で定義されているtiny YOLOのモデルを読み込む
model_pretrained = YoloV3Tiny(data_shape[0], training=True, classes=80)
model_pretrained.load_weights("./yolov3_tf2/checkpoints/yolov3-tiny.tf").
expect_partial()
```

```
model = YoloV3Tiny(data_shape[0], training=True, classes=len(class_name
s))
#ここで、学習済みモデルの出力層以外の重みだけを取り出す
model.get_layer('yolo_darknet').set_weights(model_pretrained.get_layer('y
olo_darknet').get_weights())
#出力層以外を学習しないようにする
freeze_all(model.get_layer('yolo_darknet'))
```

```
loss = [YoloLoss(anchors[mask], classes=len(class_names)) for mask in anc
hor_masks]
model.compile(optimizer=tf.keras.optimizers.Adam(lr=0.001), loss=loss, ru
n_eagerly=False)
```

```
#モデルの構造を出力
model.summary()
```

```
train_file_name_list = open("./VOCdevkit/VOC2007/ImageSets/Main/train.tx
t").read().splitlines()
validation_file_name_list = open("./VOCdevkit/VOC2007/ImageSets/Main/val.
txt").read().splitlines()
```

```
train_dataset = ImageDataSequence(train_file_name_list, batch_size, ancho
rs, anchor_masks, class_names, data_shape=data_shape)
validation_dataset = ImageDataSequence(validation_file_name_list, batch_s
ize, anchors, anchor_masks, class_names, data_shape=data_shape)
```

## ▪️図：学習データとYOLOモデルの読み込みを行うソースコード

▸ 学習データ読み込みクラスの定義

```
from yolov3_tf2.yolov3_tf2.dataset import transform_images

#学習時に画像データを必要な分だけ読み込むためのクラス
class ImageDataSequence(Sequence):
    def __init__(self, file_name_list, batch_size, anchors, anchor_masks, class_names, data_shape=(256,256,3)):

        #クラス名とそれに対応する数値、という形の辞書を作る
        self.class_map = [name: idx for idx, name in enumerate(class_names)]
        self.file_name_list = file_name_list

        self.image_file_name_list = ["./VOCdevkit/VOC2007/JPEGImages/"+image_path + ".jpg" for image_path in self.file_name_list]
        self.annotation_file_name_list = ["./VOCdevkit/VOC2007/Annotations/" + image_path+ ".xml" for image_path in self.file_name_list]

        self.length = len(self.file_name_list)
        self.data_shape = data_shape
        self.batch_size = batch_size
        self.anchors = anchors
        self.anchor_masks = anchor_masks

        self.labels_cache = [None for i in range(self.__len__())]

    #1バッチごとに自動的に呼ばれる。画像データとそのラベルを必要な分だけ読み込んで返す
    def __getitem__(self, idx):
        images = []
        labels = []

        #現在のバッチが何回目か、がidx変数に入っているため、それに対応するデータを読み込む
        for index in range(idx*self.batch_size, (idx+1)*self.batch_size):

            #アノテーションデータをラベルとして使える形に変換する
            annotation = xmltodict.parse((open(self.annotation_file_name_list[index]).read()))
            label = parse_annotation(annotation["annotation"], self.class_map)
            labels.append(label)

            #画像データの読み込みと加工
            img_raw = tf.image.decode_jpeg(open(self.image_file_name_list[index], 'rb').read(), channels=3)
            img = transform_images(img_raw, self.data_shape[0])
            images.append(img)

        #ラベルに対しても前処理をするが、時間がかかるため1度読み込んだらキャッシュとして保存する
        if self.labels_cache[idx] is None:
            labels = tf.convert_to_tensor(labels, tf.float32)
            labels = dataset.transform_targets(labels, self.anchors, self.anchor_masks, self.data_shape[0])
            self.labels_cache[idx] = labels
        else:
            labels = self.labels_cache[idx]

        images = np.array(images)
        return images, labels

    def __len__(self):
        return math.floor(len(self.file_name_list) / self.batch_size)
```

---

**YOLOモデル(ネットワーク)の読み込み**

```
[ ] from yolov3_tf2.yolov3_tf2.models import YoloV3Tiny, YoloLoss
    from yolov3_tf2.yolov3_tf2.utils import freeze_all
    import tensorflow as tf

    batch_size=16
    data_shape=(416,416,3)
    class_names = ["person", "bird", "cat", "cow", "dog", "horse", "sheep", "aeroplane", "bicycle", "boat", "bus", "car", "motorbike", "train", "bottle", "chair",

    anchors = np.array([[(10, 14), (23, 27), (37, 58),
                        (81, 82), (135, 169), (344, 319)],
                        np.float32) / data_shape[0]
    anchor_masks = np.array([[3, 4, 5], [0, 1, 2]])

    # yolov3_tf2で定義されているtiny YOLOのモデルを読み込む
    model_pretrained = YoloV3Tiny(data_shape[0], training=True, classes=80)
    model_pretrained.load_weights("./yolov3_tf2/checkpoints/yolov3-tiny.tf").expect_partial()

    model = YoloV3Tiny(data_shape[0], training=True, classes=len(class_names))
    #ここで、学習済みモデルの出力層以外の重みだけを取り出す
    model.get_layer('yolo_darknet').set_weights(model_pretrained.get_layer('yolo_darknet').get_weights())
    #出力層以外を学習しないようにする
    freeze_all(model.get_layer('yolo_darknet'))

[ ] loss = [YoloLoss(anchors[mask], classes=len(class_names)) for mask in anchor_masks]
    model.compile(optimizer=tf.keras.optimizers.Adam(lr=0.001), loss=loss, run_eagerly=False)

    #モデルの構造を出力
    model.summary()
```

**学習データの読み込み**

```
[ ] train_file_name_list = open("./VOCdevkit/VOC2007/ImageSets/Main/train.txt").read().splitlines()
    validation_file_name_list = open("./VOCdevkit/VOC2007/ImageSets/Main/val.txt").read().splitlines()

    train_dataset = ImageDataSequence(train_file_name_list, batch_size, anchors, anchor_masks, class_names, data_shape=data_shape)
    validation_dataset = ImageDataSequence(validation_file_name_list, batch_size, anchors, anchor_masks, class_names, data_shape=data_shape)
```

　全ての画像を一度に読み込むとメモリ不足になってしまうので1バッチごとに必要な分だけ画像を読み込むため、以下の様なtensorflow.keras.utils.Sequenceを継承したクラスを作成します。細かい説明は省いてしまいますが、__getitem__関数で1バッチに必要な分のデータだけ読み込んで返すことで、全てのデータを事前に読み込まないで済むような仕組みになっています。また、YOLOのモデルに関しては、yolov3_tf2で既に作ってあるモデルをYoloV3Tiny関数を呼ぶことで取得し、さらに学習済みの重みを読み込ませます。ただし、学習済みのモデルでは出力が80クラスになっておりそのままでは使えないので、出力層の部分を除いた重みだけを取り出し今回使うモデルに適用しています。

　最後に、学習データとYOLOモデルが読み込めた状態で、以下のソースコードを実行することで、学習を実施していきます。学習関数fitを実行する際、学習回数である引数のepochの数が多いほど、精度は上がります。まずは、epoch=1とし、ほとんど学習が進んでいない状態で、物体検出(人の検出)を行い、この数を増やしていくことで、どのように精度が上がるかを観察してみましょう。

```
history = model.fit(train_dataset, validation_data=validation_dataset, ep
ochs=1)
```

```
#学習した重みの保存
model.save_weights('./saved_models/model_yolo_weights')
```

**■図：学習を実施するソースコード**

▼ 学習の実施

```
[ ]  history = model.fit(train_dataset, validation_data=validation_dataset, epochs=1)
```

```
[ ]  #学習した重みの保存
      model.save_weights('./saved_models/model_yolo_weights')
```

# 放課後ノック108：
# 新たに学習させたモデルを使って人の
# 検出を行ってみよう

　ここまでのノックで、人の検出(物体検出)を行う土台が整いました。いよいよ、物体検出を実行しましょう。以下のソースコードを実行してみましょう。

```
from absl import app, logging, flags
from absl.flags import FLAGS
app._run_init(['yolov3'], app.parse_flags_with_usage)
```

```
import cv2
import numpy as np
import matplotlib.pyplot as plt
from yolov3_tf2.yolov3_tf2.utils import draw_outputs
```

```
FLAGS.yolo_iou_threshold = 0.5
```

```
FLAGS.yolo_score_threshold = 0.5
```

```
yolo_trained = YoloV3Tiny(classes=len(class_names))
#保存した重みの読み込み
yolo_trained.load_weights('./saved_models/model_yolo_weights').expect_par
tial()
```

```
img_filename = "img/img01.jpg"

#画像の読み込み
img_rawL = tf.image.decode_jpeg(open(img_filename, 'rb').read(), channel
s=3)
img_yoloL = transform_images(img_rawL, data_shape[0])
img_yoloL = np.expand_dims(img_yoloL, 0)

#予測開始
boxes, scores, classes, nums = yolo_trained.predict(img_yoloL)
```

```
img_yoloL = img_rawL.numpy()

#予測結果を画像に書き込み
img_yoloL = draw_outputs(img_yoloL, (boxes, scores, classes, nums), clas
s_names)

#予測結果を書き込んだ画像の表示
plt.figure(figsize=(10,10))
plt.imshow(img_yoloL)
plt.axis('off')
plt.show()
```

## ■図：物体検出（人の検出）を実行するソースコード

```
放課後ノック108：新たに学習させたモデルを使って人の検出を行ってみよう

▼ 学習した重みの読み込み

[ ]  from absl import app, logging, flags
     from absl.flags import FLAGS
     app._run_init(['yolov3'], app.parse_flags_with_usage)

[ ]  import cv2
     import numpy as np
     import matplotlib.pyplot as plt
     from yolov3_tf2.yolov3_tf2.utils import draw_outputs

     FLAGS.yolo_iou_threshold = 0.5
     FLAGS.yolo_score_threshold = 0.5

     yolo_trained = YoloV3Tiny(classes=len(class_names))
     #保存した重みの読み込み
     yolo_trained.load_weights('./saved_models/model_yolo_weights').expect_partial()

▼ 物体検出の実行

[ ]  img_filename = "img/img01.jpg"

     #画像の読み込み
     img_rawL = tf.image.decode_jpeg(open(img_filename, 'rb').read(), channels=3)
     img_yoloL = transform_images(img_rawL, data_shape[0])
     img_yoloL = np.expand_dims(img_yoloL, 0)

     #予測開始
     boxes, scores, classes, nums = yolo_trained.predict(img_yoloL)

▼ 結果の表示

[ ]  img_yoloL = img_rawL.numpy()

     #予測結果を画像に書き込み
     img_yoloL = draw_outputs(img_yoloL, (boxes, scores, classes, nums), class_names)

     #予測結果を書き込んだ画像の表示
     plt.figure(figsize=(10,10))
     plt.imshow(img_yoloL)
     plt.axis('off')
     plt.show()
```

　このソースコードを実行することによって、物体検出（人の検出）を行った結果は以下の通りです。

■図：物体検出（人の検出）結果

　今回は学習回数epochの数値を抑えているため、人の検出がほとんどできていないことがわかります。確信度と呼ばれるFLAGS.yolo_iou_thresholdやFLAGS.yolo_score_threshold の値を上下させることによって、出力される物体の数は上下しますので、こうしたパラメータを変化させることによって、結果の違いを確認してみましょう。

　ここまで、独自のデータセットを使いYOLOで学習し、物体検出をしてきました。実際のところは、最初にダウンロードした学習済みの重みをそのまま利用する事もできます。今回ダウンロードした学習済み重みはCoco(https://cocodataset.org)というデータセットに対して学習をしており80クラスの分類を行えます。もし、自分が今回、物体検出を行いたい対象がこの中に含まれていれば新しく学習し直す必要は(殆どの場合)ありません。もし含まれていない場合や、どうしてもご認識が多い場合などに本節で扱った方法で学習を行ってみましょう。こうした一つひとつの積み重ねによって、深層学習のコツが身につき、それが土台となって、深層学習エンジニアとしての道が拓けるのです。

## 放課後ノック109：
## YOLOとHOGの人の検出結果を比較して深層学習の精度を体感しよう

　ここまでのノックでは、YOLOを使った人の検出を行ってきました。ここからは、YOLOと比較して、9章で行ったHOGによる人の検出を再度行い、結果を比較することで、それぞれの方法(アルゴリズム)の特徴を比較していきます。(9章でも行った)以下のソースコードを実行することで、HOGによる人の検出を行いましょう。

```
import cv2
from google.colab.patches import cv2_imshow

# 準備 #
hog = cv2.HOGDescriptor()
hog.setSVMDetector(cv2.HOGDescriptor_getDefaultPeopleDetector())
hogParams = {'winStride': (8, 8), 'padding': (32, 32), 'scale': 1.05, 'hi
tThreshold':0, 'groupThreshold':5}

# 検出 #
img_hog = cv2.imread("img/img01.jpg")
gray = cv2.cvtColor(img_hog, cv2.COLOR_BGR2GRAY)
human, r = hog.detectMultiScale(gray, **hogParams)
if (len(human)>0):
    for (x, y, w, h) in human:
        cv2.rectangle(img_hog, (x, y), (x + w, y + h), (255,255,255), 3)

# 表示 #
img_hog = cv2.cvtColor(img_hog, cv2.COLOR_BGR2RGB)
plt.figure(figsize=(10,10))
plt.imshow(img_hog)
plt.axis('off')
plt.show()
```

## ■図：HOGを用いて人の検出を行うソースコード

放課後ノック109：YOLOとHOGの人の検出結果を比較して深層学習の精度を体感しよう

▼ HOGによる人の検出

```
import cv2
from google.colab.patches import cv2_imshow

# 準備 #
hog = cv2.HOGDescriptor()
hog.setSVMDetector(cv2.HOGDescriptor_getDefaultPeopleDetector())
hogParams = {'winStride': (8, 8), 'padding': (32, 32), 'scale': 1.05, 'hitThreshold':0, 'groupThreshold':5}

# 検出 #
img_hog = cv2.imread("img/img01.jpg")
gray = cv2.cvtColor(img_hog, cv2.COLOR_BGR2GRAY)
human, r = hog.detectMultiScale(gray, **hogParams)
if (len(human)>0):
    for (x, y, w, h) in human:
        cv2.rectangle(img_hog, (x, y), (x + w, y + h), (255,255,255), 3)

# 表示 #
img_hog = cv2.cvtColor(img_hog, cv2.COLOR_BGR2RGB)
plt.figure(figsize=(10,10))
plt.imshow(img_hog)
plt.axis('off')
plt.show()
```

## ■図：HOGによる人の検出結果

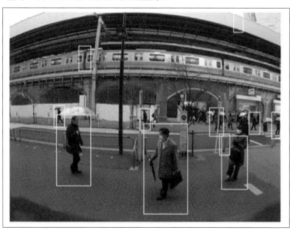

　次に、以下のソースコードを実行することで、それぞれのアルゴリズムによる人の検出結果を比較してみましょう。

```
plt.figure(figsize=(30,10))
plt.subplot(1,3,1)
plt.title("YOLO (pre-trained)")
plt.imshow(img_yoloP)
plt.axis('off')
plt.subplot(1,3,2)
plt.title("YOLO (trained)")
plt.imshow(img_yoloL)
plt.axis('off')
plt.subplot(1,3,3)
plt.title("HOG")
plt.imshow(img_hog)
plt.axis('off')
plt.show()
```

**■図：YOLOとHOGによる人の検出結果の比較を行うソースコード**

▼ 結果の比較

```
[ ]  plt.figure(figsize=(30,10))
     plt.subplot(1,3,1)
     plt.title("YOLO (pre-trained)")
     plt.imshow(img_yoloP)
     plt.axis('off')
     plt.subplot(1,3,2)
     plt.title("YOLO (trained)")
     plt.imshow(img_yoloL)
     plt.axis('off')
     plt.subplot(1,3,3)
     plt.title("HOG")
     plt.imshow(img_hog)
     plt.axis('off')
     plt.show()
```

**■図：YOLOとHOGによる人の検出結果の比較**

　このように比べてみることで、YOLOの学習済みモデルを用いた場合(左)、YOLOで学習をさせた場合(中)、HOGを用いた場合(右)の結果を比較することができます。

　まず、HOGを用いる場合は、ソースコードが短く済む(より手軽に実装できる)のが特徴です。しかしながら、その分、大雑把な検出を行うため、人でないものを人と認識したり、人を認識できなかったり、また、細かいパラメータの設定が難しいということが特徴です。

　一方、YOLOの学習済みモデルを用いると、ある程度の処理を行うだけで、手軽に精度よい人の検出(物体検出)を行うことができます。そして、その精度をより高めるためには、自分自身でデータを用意したうえで学習を行うということが必要になります。上の比較結果を見るだけでは、学習による精度向上の効果が見えにくい(むしろ学習が不十分なため精度が劣化している)ですが、epochの数を増やしたり、学習データを増やしたりなどの工夫を行ったうえで比較してみると、精度向上が確認できるようになります。

---

 ## 放課後ノック110：
## YOLOでの人以外の物体の検出のようすを確認しよう

　さて、ここまでを通してYOLOで人の検出を行ってきましたが、これだけだと、HOGなどの手法を用いた機械学習との差異がわかりにくかったかもしれません。ここでは、最後に、YOLO(などの深層学習モデル)を用いるからこその物体検出を行います。以下のソースコードを実行しましょう。

```
img_filename = "img/img02.jpg"

#画像の読み込み
img_rawP = tf.image.decode_jpeg(open(img_filename, 'rb').read(), channels=3)
img_yoloP = transform_images(img_rawP, data_shape[0])
img_yoloP = np.expand_dims(img_yoloP, 0)
```

```
#クラス名の読み込み
yolo_class_names = [c.strip() for c in open("./yolov3_tf2/data/coco.name
s").readlines()]


#予測開始
boxes, scores, classes, nums = yolo.predict(img_yoloP)


#予測結果を画像に書き込み
img_yoloP = img_rawP.numpy()
img_yoloP = draw_outputs(img_yoloP, (boxes, scores, classes, nums), yolo_
class_names)


#予測結果を書き込んだ画像の表示
plt.figure(figsize=(10,10))
plt.imshow(img_yoloP)
plt.axis('off')
plt.show()
```

　これは、ノック105の深層学習モデルをそのまま用いることで、人ではなく自動車の検出を実施したものです。ノック105では、80のクラスを学習したモデルを準備しました。これにより、人以外のさまざまな物体の検出が可能なのです。

　ノック109で比較したHOGなどのアルゴリズムを使った機械学習であっても、物体によっては高い精度で検出することができるのですが、検出できる物体の豊富さと精度に関しては、深層学習が圧倒的に高く、ビジネスにおける応用可能性は深層学習には敵いません。

　読者の皆さんも、本章のプロセスを踏襲し、人や自動車だけでなく、さまざまな物体の検出にチャレンジするとともに、皆さんが独自で収集した画像による学習にもチャレンジしてみてください。

## ▶図：YOLOによって物体検出を行うソースコード

▼ 放課後ノック110：YOLOでの人以外の物体の検出のようすを確認しよう

```
img_filename = "img/img02.jpg"

#画像の読み込み
img_rawP = tf.image.decode_jpeg(open(img_filename, 'rb').read(), channels=3)
img_yoloP = transform_images(img_rawP, data_shape[0])
img_yoloP = np.expand_dims(img_yoloP, 0)

#クラス名の読み込み
yolo_class_names = [c.strip() for c in open("./yolov3_tf2/data/coco.names").readlines()]

#予測開始
boxes, scores, classes, nums = yolo.predict(img_yoloP)

#予測結果を画像に書き込み
img_yoloP = img_rawP.numpy()
img_yoloP = draw_outputs(img_yoloP, (boxes, scores, classes, nums), yolo_class_names)

#予測結果を書き込んだ画像の表示
plt.figure(figsize=(10,10))
plt.imshow(img_yoloP)
plt.axis('off')
plt.show()
```

## ▶図：YOLOによる車の検出結果

　本章では、深層学習を実践する方法について学びました。本章の前半では、深層学習の基礎編として、多層のニューラルネットワークモデルとCNNを定義し、モデルを構築して画像の認識精度を評価する一連のステップを学びました。後半では、このプロセスを踏襲しながら、YOLOによって物体を検出するプロセスを学びました。さらに、これを9章で扱った人の学習を行ったHOGと比較しながら、その違いを確認していきました。前半の画像認識と、後半の物体検出だけでも、さまざまな応用可能性があります。ビジネスの現場で活用できるよう、独自の画像データを学習させるなどして、その可能性を模索してみてください。

# 第12章
# データ加工に挑戦する
# 10本ノック

　本章ではデータ加工を扱う10個の課題に挑戦してみましょう。

　放課後ノックということで、本編のようなストーリー仕立てではなく入力データと出力データを定義した後は、各自フリーにプログラムを作成しデータ加工に挑戦してみてください。

　解答の一例としてサンプルソースを用意していますが、ここまでノックを行ってきた皆様なら、Pythonの取り扱いにも十分慣れてきていると思いますので、出来る限り色々ご自身で調べたり、試行錯誤したりしながらトライしてみてください。

---

　放課後ノック111："よくある"エクセルデータに挑戦

　放課後ノック112：エクセルの社員マスタ加工に挑戦

　放課後ノック113：正規化に挑戦

　放課後ノック114：外れ値の加工に挑戦

　放課後ノック115：欠損値の補完に挑戦

　放課後ノック116：データのスクランブル化に挑戦

　放課後ノック117：文字コードの自動判定に挑戦

　放課後ノック118：センサーデータの加工に挑戦

　放課後ノック119：JSON形式に挑戦

　放課後ノック120：SQLiteに挑戦

# 放課後ノック111：
## “よくある”エクセルデータに挑戦

　本ノックでは、“よくある”エクセルデータの取り扱いに挑戦します。勘のいい読者ならお気付きかもしれませんが、プログラマ泣かせの「**セル結合**」されたデータです。

　実際のビジネス現場ではまだまだセル結合されたエクセルデータを扱うことは多くありますので、きっと実践で役立つのではないかと思います。

　それでは、入力データを読み込み、要件を満たす加工を実施してみましょう。

入力データ：
　12-1.xlsx

■図：入力データイメージ

| 都道府県 | 市区町村 | 人数（男性、女性） | |
|---|---|---|---|
| 東京都 | 新宿区 | 12 | |
| | | 14 | |
| | 豊島区 | 15 | |
| | | 13 | |
| 神奈川県 | 横浜市 | 8 | |
| | | 9 | |
| | 横須賀市 | 5 | |
| | | 2 | |

加工要件：
・市区町村単位で1レコード化
・欠損値が存在しない状態
・csvファイルに出力

出力データ：
　12-1_out.csv

■図：出力データイメージ

```
都道府県,市区町村,男性,女性
東京都,新宿区,12,14
東京都,豊島区,15,13
神奈川県,横浜市,8,9
神奈川県,横須賀市,5,2
```

ヒント：

- ・入力データ、要件、出力イメージを確認し必要な処理を考える
- ・PandasでExcelファイルを読み込む
- ・男性、女性のデータを横に結合し不要なカラムの除去
- ・欠損値の補完
- ・データの確認、出力

# 放課後ノック112：
# エクセルの社員マスタ加工に挑戦

　本ノックでは、エクセルの社員マスタの加工に挑戦します。この社員マスタファイルは、オペレーター入力ミスにより一部の社員が重複されて登録されています。

　それでは、入力データを読み込み、要件を満たす加工を実施してみましょう。

入力データ：
　12-2.xlsx

■図：入力データイメージ

| 社員名 | 生年月日 | 部署 | 役職 | 更新日 |
|---|---|---|---|---|
| 田中 正 | 1975/10/9 | A部 | 課長 | 2021/10/12 |
| 水野 メイサ | 1981/2/23 | C部 | 課長 | 2020/5/8 |
| 斉藤 隆 | 2001/1/23 | B部 | | 2021/5/8 |
| 茂木 新人 | 2002/8/23 | A部 | | 2021/4/1 |
| 篠山 雅功 | 1992/7/2 | A部 | 課長 | 2022/3/2 |
| 水野 メイサ | 1981/2/23 | C部 | 部長 | 2021/12/8 |
| 白鳥 りえ | 1999/4/11 | B部 | | 2022/2/1 |
| 田中 正 | 1975/10/9 | A部 | 部長 | 2022/3/2 |
| 篠山 雅功 | 1992/7/2 | B部 | | 2021/1/15 |

加工要件：

- ・重複する社員は更新日が新しいデータを優先する
- ・重複判定は氏名、生年月日にて行う
- ・登録日の昇順で整形し、csv ファイルに出力

出力データ：
12-2_out.csv

■図：出力データイメージ

```
社員名,生年月日,部署,役職,更新日
茂木 新人,2002-08-23,A部,,2021-04-01
齊藤 隆,2001-01-23,B部,,2021-05-08
水野 メイサ,1981-02-23,C部,部長,2021-12-08
白鳥 りえ,1999-04-11,B部,,2022-02-01
篠山 雅功,1992-07-02,A部,課長,2022-03-02
田中 正,1975-10-09,A部,部長,2022-03-02
```

ヒント：

- ・入力データ、要件、出力イメージを確認し必要な処理を考える
- ・PandasでExcelファイルを読み込む
- ・重複するデータの特定
- ・優先するデータの選定
- ・データの確認、出力

## 放課後ノック113：
## 正規化に挑戦

　本ノックでは、エクセルの仕入れデータの**正規化**に挑戦します。今回はAppendixの正規化部分をなぞって加工してみましょう。

　正規化については、データの重複や冗長性をなくし、整合的にデータを取り扱えるようにすることで、非正規化、第一〜第五正規化、ボイスコッド正規化と正規化される状態によって段階が存在します。

・【非正規化】
　1行の中に複数の繰り返しデータがある、冗長性の高い状態

・【第一正規化】
　繰り返しを単純な二次元テーブルに変換した状態

・【第二正規化】
　キーを決めて、それに従属するデータを分離した状態

　本ノックでは第二正規化までの加工を行います。
　第三～ボイスコッド正規化、および正規化の詳細な説明については割愛します。

　それでは、入力データを読み込み、要件を満たす加工を実施してみましょう。

入力データ：
　12-3.xlsx

■図：入力データイメージ

| 仕入先 | 仕入先TEL | 商品 | 販売単価 | 入荷日 |
|---|---|---|---|---|
| A農家 | 03-4444-4444 | きゃべつ | 100 | 2019/7/1 |
| | | れたす | 80 | 2019/7/3 |
| | | きゃべつ | 100 | 2019/8/1 |
| B農家 | 042-222-3333 | もやし | 20 | 2019/7/8 |

加工要件：
　・仕入先データ、商品データ、仕入データを分離し第二正規形に加工
　・仕入先のキーはF1 ～とする
　・商品のキーはP1 ～とする
　・それぞれのデータをcsvファイルに出力

出力データ：
　12-3_order.csv 、12-3_farmer.csv、12-3_product.csv

■図：オーダーデータ出力イメージ

```
仕入先ID,商品ID,入荷日
F1,P1,2019-07-01
F1,P2,2019-07-03
F1,P1,2019-08-01
F2,P3,2019-07-08
```

■図：仕入先データ出力イメージ

```
仕入先ID,仕入先,仕入先TEL
F1,A農家,03-4444-4444
F2,B農家,042-222-3333
```

■図：商品データ出力イメージ

```
商品ID,商品,販売単価
P1,きゃべつ,100
P2,れたす,80
P3,もやし,20
```

ヒント：

・入力データ、要件、出力イメージを確認し必要な処理を考える

・Pandas で Excel ファイルを読み込む

・仕入先を抽出しキーに置き換える

・商品を抽出しキーに置き換える

・データの確認、出力

## ⚾ 放課後ノック114： 外れ値の加工に挑戦

　本ノックでは、購買情報データに含まれる**外れ値**の加工に挑戦します。

　実際のビジネスデータでも、データが間違っているわけではなく、値が他と大きく異なる外れ値というものが存在します。例えば、極端に高額な商品の取引がごく稀にあった場合などです。

　その極端なデータに引っ張られて統計値に影響が出てしまうため、外れ値として除去したり、一定の金額に丸めたりしてデータを加工することがあります。

　外れ値と判断する基準としては異例ですが、今回は四分位数の勉強も兼ねて第

3四分位数を用いて基準を作成してみましょう。

> **Note**
>
> 　四分位数とは、データを小さい順に並び替え、4等分した時の区切り値のことをいいます。4等分するため3つの区切りの値が得られ、小さいほうから「25パーセンタイル（第1四分位数）」、「50パーセンタイル（中央値）」、「75パーセンタイル（第3四分位数）」とよばれます。

それでは、入力データを読み込み、要件を満たす加工を実施してみましょう。

入力データ：
　12-4.csv

**▉図：入力データの金額代表値イメージ**

```
count         200
mean         9299
std         76251
min           363
25%          1331
50%          2541
75%          4840
max       1076449
Name: 金額, dtype: int64
```

加工要件：
　・外れ値の基準は第3四分位数を超えたものとする
　・外れ値の対処は第3四分位数で丸めた値とする
　・金額の代表値データをcsvに出力

出力データ：
　12-4_out.csv

■図：出力データイメージ

```
,金額
count,200.0
mean,2896.345
std,1486.2609102853403
min,363.0
25%,1331.0
50%,2541.0
75%,4840.0
max,4840.0
```

ヒント：

・入力データ、要件、出力イメージを確認し必要な処理を考える
・Pandasでcsvファイルを読み込む
・第3四分位数を特定する
・第3四分位数以上の金額の取引データを丸める
・金額データをdescribeにて確認、出力

## 放課後ノック115：
## 欠損値の補完に挑戦

　本ノックでは、顧客情報の**欠損値**の補完に挑戦します。

　情報に欠損がある場合、正しいデータを人が判断し補完できるのが最良ですが、そこまで労力を掛けることができなかったり、高い情報精度が必要なかったりする場合もあります。そのような時はプログラムで機械的に欠損値の補完をすることもありますので、一つの手段として習得しておくと良いでしょう。

　それでは、入力データを読み込み、要件を満たす加工を実施してみましょう。

入力データ：
　12-5.xlsx

## ▪図：入力データのイメージ（抜粋）

| 顧客名 | 都道府県 | 市区町村 | 年齢 |
|---|---|---|---|
| 須賀ひとみ | 東京 | H市 | 20 |
| 岡田　敏也 | 神奈川 | E市 | 23 |
| 芳賀 希 | 東京 | A市 | 44 |
| 荻野 愛 | 神奈川 | F市 | 21 |
| 栗田 憲一 | 神奈川 | E市 | 49 |
| 梅沢 麻緒 | 東京 | A市 | 18 |
| 相原 ひとり | 東京 | H市 | |
| 新村 丈史 | 埼玉 | B市 | 29 |
| 石川　まさみ | | G市 | 33 |
| 小栗 正義 | 埼玉 | G市 | 87 |
| 大倉 晃司 | 神奈川 | E市 | 28 |

加工要件：
  ・都道府県の欠損値は同じ市区町村から補完
  ・年齢の欠損値は同じ市区町村の平均（切り捨て）で補完
  ・csvファイルに出力

出力データ：
  12-5_out.csv

## ▪図：出力データイメージ（抜粋）

```
顧客名,都道府県,市区町村,年齢
須賀ひとみ,東京,H市,20.0
岡田　敏也,神奈川,E市,23.0
芳賀 希,東京,A市,44.0
荻野 愛,神奈川,F市,21.0
栗田 憲一,神奈川,E市,49.0
梅沢 麻緒,東京,A市,18.0
相原 ひとり,東京,H市,52.0
新村 丈史,埼玉,B市,29.0
石川　まさみ,埼玉,G市,33.0
小栗 正義,埼玉,G市,87.0
大倉 晃司,神奈川,E市,28.0
```

ヒント：
  ・入力データ、要件、出力イメージを確認し必要な処理を考える

・PandasでExcelファイルを読み込む
・欠損項目の確認
・市区町村単位で集計し、都道府県と年齢の平均を算出し欠損値を補完
・データの確認、出力

## 放課後ノック116:
## データのスクランブル化に挑戦

　本ノックでは、個人情報などを取り扱う際に行う、**データのスクランブル化**に挑戦します。

　近年、特に個人情報の取り扱いには注意が必要で、軽い気持ちで個人情報を入手し情報漏洩などを起こしてしまうと、経済的・社会的なダメージがとても大きいものになります。

　そこで、個人情報のデータを扱う場合、不要なデータについてはスクランブル化して個人を特定できない状態にすることで**漏洩リスク**などに対処する方法があります。

　ただし、本来は必要なデータのみ取得するのが理想ですので、個人情報保護の観点からは対処療法と心得ておいてください。

　繰り返しになりますが、個人情報などの機密情報の対処手法として一番良いのはデータ（カラム）を削除してしまうことです。データを今後も使う必要が無いと判断できる場合は、積極的に削除しましょう。

　次に特定文字（※など）でマスクする手法があります。ただし、マスクしたデータにはほぼ意味がなくなってしまうので、あまり有益な対応とは言えません。データ（カラム）構造を維持したい場合などに用いる時があります。

　さて、本ノックの主旨であるスクランブル化の手法の一つに、**ハッシュ化**が挙げられます。

　ハッシュ化とは、元のデータをハッシュアルゴリズムに従って**不可逆変換**することです。元のデータを特定できなくしつつ、データとして有意性を失わないため、ハッシュ化されたデータを軸に集計などを行うことができます。

　それでは、入力データを読み込み、要件を満たす加工を実施してみましょう。

入力データ：
12-6.xlsx

■図：入力データのイメージ（抜粋）

| 氏名 | 購入金額 |
|---|---|
| 須賀ひとみ | 2131 |
| 須賀ひとみ | 5213 |
| 稲田 将也 | 3292 |
| 西脇 礼子 | 1122 |
| 栗田 憲一 | 4823 |
| 荻野 愛 | 924 |
| 相原 ひとり | 1022 |
| 稲田 将也 | 3023 |
| 荻野 愛 | 8623 |
| 西脇 礼子 | 5712 |
| 稲田 将也 | 3958 |
| 荻野 愛 | 3929 |
| 稲田 将也 | 6871 |
| 山口 豊 | 1237 |

加工要件：
・氏名をハッシュ値に置換
・ハッシュ化された氏名で集計を行い購入金額の合計を算出
・集計結果をcsvファイルに出力

出力データ：
12-6_out.csv

■図：出力データイメージ（氏名のHash値はアルゴリズムによって異なります）

氏名,購入金額
061027bd9eb2c1109262ceb6b7067cd71a1811ecc2844d828acacf5555a738f9,5818
0d60d878da37366d7d67f103569520b03a6fcde49a2963a1997bea5b6b9b7b40,4823
0f8d4726fc84296eef6d8a9dbf631cb978caecd759a1582215200f98d8b82e9a,8896
15416e267a8fb81d36a34c02f84d3efefeaac0f5d085a7446555bba32f42e6ba,29026
1a6c9503a1f518faec9891fed43e0228b1d76404486a1d904b73b6b8ef8ea032,23149
51659db65801946f4a3e3f234eb74f240dd2181ee0da7fbe4a44c540835d206c,5723
5a33912e5b3a3fa4f7b53018bfbc1ef798a552bf06b7c1aad023029153d194f6,24506
7738026cec1b844dcfa4b4f3f1fc7d5f701a1d0d8a2a324393c237242035c395,5712
a92e8099c51126ed4fca5aaf2af7c75f2b0cafddc4c5f0212003f90730a861aa,9452
eb66958f326a9af36991ec95354166af27538088fba9f6408d4461b3235540c4,1022

ヒント：
- ・入力データ、要件、出力イメージを確認し必要な処理を考える
- ・Pandas で Excel ファイルを読み込む
- ・スクランブル前に氏名で購入金額の集計を実施(検証用)
- ・hashlib ライブラリをインポート
- ・氏名をハッシュアルゴリズム(sha256 など)で置換
- ・ハッシュ化された氏名で購入金額の集計を実施
- ・データの確認、出力

## 放課後ノック117：
## 文字コードの自動判定に挑戦

　本ノックでは、提供された csv が **UTF-8** 以外の**文字コード**で保存されていた時の対処に挑戦します。

　特に設定を変えていない Python(3.x以降)のデフォルト文字コードは UTF-8 ですが、ビジネス現場では、様々な文字コードで記載された csv が出回っています。

　メモ帳やテキストエディタなどでファイルを開けば、文字コードを確認したり、変更したりすることが出来ますが、毎回手作業で確認・変更するのは手間です。

　また、いままで UTF-8 で提供されていたファイルの文字コードが突然、別の文字コードに変更されてしまいエラーになるなども起こりえます。

　そこで、プログラムで自動的に文字コードを判別し、読み込み時に指定することで上記の問題は解消されます。

　それでは、入力データを読み込み、要件を満たす加工を実施してみましょう。

入力データ：
　12-7-1.csv、12-7-2.csv、12-7-3.csv

## ■図：入力データのイメージ

```
file,text
12-7-1,このファイルはSJISで記載されています。

file,text
12-7-2,このファイルはUTF-16で記載されています。

file,text
12-7-3,このファイルはEUC-JPで記載されています。
```

加工要件：
- ・各ファイルを読み込み、文字化けなどが無いことを確認
- ・全てのデータを統合
- ・csvファイル(UTF-8)に出力

出力データ：
　12-7_out.csv

## ■図：出力データイメージ

```
file,text
12-7-1,このファイルはSJISで記載されています。
12-7-2,このファイルはUTF-16で記載されています。
12-7-3,このファイルはEUC-JPで記載されています。
```

ヒント：
- ・入力データ、要件、出力イメージを確認し必要な処理を考える
- ・chardetライブラリでファイルの文字コードを調べる
- ・Pandasでcsvファイルを文字コード指定し読み込む
- ・データフレームを結合する
- ・データの確認、出力

## 放課後ノック118： センサーデータの加工に挑戦

　本ノックでは、センサーデータの取り扱いに挑戦します。

　今回のセンサーデータは2つの異なるIoTセンサーのログを取得し、加工を行っていくのですが、それぞれ別のセンサー機器なので、取得周期にズレが生じています。その時間ズレを加工し、同じ時間軸になるようにセンサー値の補間などを行います。

　ただ、今回は少しシンプルにして、2つのログを結合した結果、相手の時間軸における欠損箇所を線形補間にて補っていくことで、時間軸の調整をおこなうものとします。

　それでは、入力データを読み込み、要件を満たす加工を実施してみましょう。

入力データ：
　12-8-1.csv、12-8-2.csv

### ■図：入力データ(12-8-1.csv)のイメージ

```
time_stamp,sensor_1,sensor_2
2020/12/17 19:41:05.411,-1485,0
2020/12/17 19:41:05.596,-1817,0
2020/12/17 19:41:05.795,-1863,0
2020/12/17 19:41:05.996,-1871,0
2020/12/17 19:41:06.199,-1931,0
2020/12/17 19:41:06.389,-2163,0
2020/12/17 19:41:06.581,-2320,0
2020/12/17 19:41:06.817,-2343,0
2020/12/17 19:41:07.034,-2343,0
2020/12/17 19:41:07.219,-2343,0
2020/12/17 19:41:07.388,-2343,0
```

### ■図：入力データ(12-8-2.csv)のイメージ

```
time_stamp,sensor_3,sensor_4
2020/12/17 19:41:05.519,0,-1201
2020/12/17 19:41:05.703,0,-1536
2020/12/17 19:41:05.905,0,-1624
2020/12/17 19:41:05.098,0,-1638
2020/12/17 19:41:06.307,0,-1641
2020/12/17 19:41:06.490,0,-1641
2020/12/17 19:41:06.686,0,-1641
2020/12/17 19:41:06.923,0,-1641
2020/12/17 19:41:07.138,0,-1641
2020/12/17 19:41:07.329,0,-1640
2020/12/17 19:41:07.497,0,-1640
```

加工要件：
- ・センサーログファイル2つを読み込む
- ・欠損箇所について線形補間を用いて補う
- ・csvファイルに出力

出力データ：
12-8_out.csv

**🔖図：出力データイメージ**

```
time_stamp,sensor_1,sensor_2,sensor_3,sensor_4
2020/12/17 19:41:05.098,0.0,0.0,0.0,-1638.0
2020/12/17 19:41:05.411,-1485.0,0.0,0.0,-1419.5
2020/12/17 19:41:05.519,-1651.0,0.0,0.0,-1201.0
2020/12/17 19:41:05.596,-1817.0,0.0,0.0,-1368.5
2020/12/17 19:41:05.703,-1840.0,0.0,0.0,-1536.0
2020/12/17 19:41:05.795,-1863.0,0.0,0.0,-1580.0
2020/12/17 19:41:05.905,-1867.0,0.0,0.0,-1624.0
2020/12/17 19:41:05.996,-1871.0,0.0,0.0,-1629.6666666666667
2020/12/17 19:41:06.199,-1931.0,0.0,0.0,-1635.3333333333333
2020/12/17 19:41:06.307,-2047.0,0.0,0.0,-1641.0
2020/12/17 19:41:06.389,-2163.0,0.0,0.0,-1641.0
2020/12/17 19:41:06.490,-2241.5,0.0,0.0,-1641.0
2020/12/17 19:41:06.581,-2320.0,0.0,0.0,-1641.0
```

ヒント：
- ・入力データ、要件、出力イメージを確認し必要な処理を考える
- ・Pandasでcsvファイルを読み込む
- ・データフレームを結合する
- ・相手の時間軸が欠損となるので、線形補間(dataframe.interpolate(method ='linear'))を行う
- ・データの確認、出力

# 放課後ノック119： JSON形式に挑戦

本ノックでは、**JSON形式**のデータに挑戦します。

近年ではAPIをはじめとして、広く利用されているメジャーなデータフォーマットなので触れたことがある人も多いのではないでしょうか。

　実際のビジネスシーンでも、JSONを用いることは多いので触れておいて損はないと思っています。

　それでは、入力データを読み込み、要件を満たす加工を実施してみましょう。

入力データ：
　12-9.csv

**◥図：入力データのイメージ（抜粋）**

```
order_id,customer_id,order_accept_date,total_amount
79339111,C26387220,2022-04-01 11:00:00,4144
18941733,C48773811,2022-04-01 11:00:00,2877
56217880,C24617924,2022-04-01 11:00:00,2603
28447783,C26387220,2022-04-01 11:00:00,2732
32576156,C54568117,2022-04-01 11:00:00,2987
75629806,C38583902,2022-04-30 21:57:57,3050
91002809,C48773811,2022-04-30 21:57:57,4692
3021273,C24617924,2022-04-30 21:57:57,2388
82302078,C26387220,2022-04-30 21:57:57,2603
97601615,C54568117,2022-04-30 21:57:57,1899
87676506,C54568117,2022-04-30 21:57:57,4692
65713874,C48773811,2022-04-30 21:57:57,2112
80343997,C27698225,2022-04-30 21:57:57,2064
```

加工要件：
　・csvデータをJSON形式に変換してファイルに出力
　・出力したJSONファイルをデータフレームで読み込み
　・出力したJSONファイルを辞書型で読み込み

出力データ：
　12-9_out.json

**◥図：出力データイメージ（抜粋）**

{"order_id":{"0":79339111,"1":18941733,"2":56217880,"3":28447783,"4":32576156,"5":75629806
7","11":"2022-04-30 21:57:57","12":"2022-04-30 21:57:57","13":"2022-04-30 21:58:58","14":"

ヒント：
　・入力データ、要件、出力イメージを確認し必要な処理を考える

・Pandasでcsvファイルを読み込む
・JSON形式に変換しファイルとして保存
・保存したJSONファイルをデータフレーム、および辞書型で読み込む

# 放課後ノック120：
# SQLiteに挑戦

本ノックでは、**SQLite**に挑戦します。

SQLiteとは軽量のデータベースエンジンで、データベース自体がファイルとして保存されるので、小規模なデータベース構築やローカルアプリなどで活用されています。

軽量とは言っても、れっきとした**関係性データベース（RDBMS）**の一つですので、しっかりSQLを扱うことができます。

本ノックに関しては、これまでの知識とは少し違うSQL言語の知識が必要だったりしますが、導入としてそこまで難しいものではありませんので、是非データベースに挑戦してみてください。

サンプルソースにコメントで説明を付与していますので、難しい場合はサンプルソースを読み解いてください。

それでは、入力データを読み込み、要件を満たす加工を実施してみましょう。

入力データ：
　12-9.csv(ノック119と同じファイル)

■図：入力データのイメージ(抜粋)

```
order_id,customer_id,order_accept_date,total_amount
79339111,C26387220,2022-04-01 11:00:00,4144
18941733,C48773811,2022-04-01 11:00:00,2877
56217880,C24617924,2022-04-01 11:00:00,2603
28447783,C26387220,2022-04-01 11:00:00,2732
32576156,C54568117,2022-04-01 11:00:00,2987
75629806,C38583902,2022-04-30 21:57:57,3050
91002809,C48773811,2022-04-30 21:57:57,4692
3021273,C24617924,2022-04-30 21:57:57,2388
82302078,C26387220,2022-04-30 21:57:57,2603
97601615,C54568117,2022-04-30 21:57:57,1899
87676506,C54568117,2022-04-30 21:57:57,4692
65713874,C48773811,2022-04-30 21:57:57,2112
80343997,C27698225,2022-04-30 21:57:57,2064
```

加工要件：

- ・SQLiteを用いてデータベースを構築
- ・csvデータを読み込み、SQLiteデータベースにテーブルを構築
- ・構築したテーブルにcsvの内容を格納
- ・SQLでデータをデータフレームに格納し表示・保存

出力データ：

12-10_out.csv

■図：出力データイメージ（抜粋）

```
order_id,customer_id,order_accept_date,total_amount
79339111,C26387220,2022-04-01 11:00:00,4144
18941733,C48773811,2022-04-01 11:00:00,2877
56217880,C24617924,2022-04-01 11:00:00,2603
28447783,C26387220,2022-04-01 11:00:00,2732
32576156,C54568117,2022-04-01 11:00:00,2987
75629806,C38583902,2022-04-30 21:57:57,3050
91002809,C48773811,2022-04-30 21:57:57,4692
3021273,C24617924,2022-04-30 21:57:57,2388
82302078,C26387220,2022-04-30 21:57:57,2603
97601615,C54568117,2022-04-30 21:57:57,1899
87676506,C54568117,2022-04-30 21:57:57,4692
```

ヒント：

- ・入力データ、要件、出力イメージを確認し必要な処理を考える
- ・SQLiteのライブラリをインポート（import sqlite3）
- ・Pandasでcsvファイルを読み込む
- ・csvのカラムと同じテーブルをSQLiteに構築
- ・データフレームからテーブルにデータを格納
- ・データベースからSQLでデータを抽出し出力

　これで、第12章の放課後10本ノックは終了です。
　本編ではストーリー性を強くし、実際のビジネスシーンでの活用イメージを湧きやすくした関係で、あまりデータ加工については多く触れられませんでした。

　改版を期に、これまで著者が実際に体験してきた実例をベースにし、放課後の
データ加工「挑戦ノック」を追加させて頂きました。日ごろの業務でも応用できる
部分は多いのではないかと思っております。

　また、放課後ということもあり、ここまでノックをこなしてきた皆様なら、自
分で調べて理解することが出来るようになっていると思いますし、試行錯誤で覚
えることが一番の習熟の近道でもありますので、第12章については課題形式の
スタイルとさせて頂きました。

　サンプルプログラムはあくまで一例ですので、もっとエレガントな処理が思い
つきましたら、是非SNSなどでシェアして頂いたらより面白いのではないかと
思っております。

付録

# Appendix①
# データ結合とデータ正規化

## データ結合

　複数のデータを一つのデータにまとめて処理することで、処理の時間短縮や可読性の向上等を図ることができます。このデータを「まとめる」ことを「結合」と呼びます。

　ではなぜ、データの結合が必要になるのでしょうか。それにはデータの「正規化」が関係しています。

## データ正規化

　データ正規化とは、データを管理するデータベース設計の考え方の一つです。

　正規化には、非正規形、第一正規形、第二正規形、第三正規形と、データの正規化の進み具合で分類されていきますが、ここではそれぞれの細かい説明は割愛し、正規化の簡単な説明を行います。

　正規化とは、一言で言えば「**データの整合性**」を担保する設計思想です。

　例えば以下のデータは正規化が行われていない非正規形に分類されます。

■**表A-1：非正規形のデータ**

| 仕入先 | 電話番号 | 商品 | 販売単価 | 入荷日 |
|---|---|---|---|---|
| A農家 | 03-4444-4444 | きゃべつ | 100 | 2019/07/01 |
| | 03-4444-4444 | レタス | 80 | 2019/07/03 |
| | 03-4444-4444 | きゃべつ | 100 | 2019/08/01 |
| B農家 | 042-222-3333 | もやし | 20 | 2019/07/08 |

　ここでは、同じ「A農家」の電話番号が商品分、繰り返し重複して保持されています。また、同じ商品の「きゃべつ」も入荷日が違うため、複数存在しています。

　この時、A農家の電話番号が変わった場合、3行すべての電話番号を更新しなければ、データの不整合が生じてしまいます。

　また、「きゃべつ」の販売単価を変更する時、すべての「きゃべつ」の販売単価を変更する必要があります。

　このような状態をデータの**冗長性**といいます。

　では、上記のデータを正規化するにはどうしたらよいでしょうか。まずは仕入先のデータを分割してみましょう。

■表A-2：仕入先を分割

| 仕入先ID | 商品 | 販売単価 | 入荷日 |
|---|---|---|---|
| ① | きゃべつ | 100 | 2019/07/01 |
| ① | レタス | 80 | 2019/07/03 |
| ① | きゃべつ | 100 | 2019/08/01 |
| ② | もやし | 20 | 2019/07/08 |

| 仕入先ID | 仕入先名 | 仕入先TEL |
|---|---|---|
| ① | A農家 | 03-4444-4444 |
| ② | B農家 | 042-222-3333 |

　仕入先データを分割しました。これで仕入先の電話番号が変わっても、1か所を直すだけで整合性は担保されますね。ミスも減ります。
　ただし、データが分かれてしまうので、それぞれのデータだけでは必要な情報が揃わなくなりました。
　ここでデータの**結合**が必要となるわけです。

## データ結合の種類

　データの正規化と、データ結合の必要性を理解した上で、データ結合の種類を説明していきます。
　データ結合の種類としては、大きく分けて内部結合と外部結合が存在します。

　内部結合は「inner join」とも呼ばれます。Pythonのmerge処理でも「inner」と定義します。
　外部結合は「outer join」とも呼ばれます。また、外部結合にはLeft join、Right joinという手法も存在します。

　Inner joinでは、結合する2つのデータのどちらにも存在するデータのみで構成されます。Outer joinでは、どちらかに存在していればデータが結合されます。
　Left joinでは左側(結合される側)のデータがすべて使われます。
　Right joinでは右側(結合する側)のデータがすべて使われます。

図にすると、**図A-1**のようになります。

**■図A-1：結合種別図**

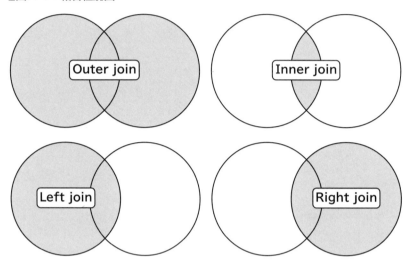

　この特性を踏まえ、どのような時に用いるのか、どのような注意が必要かを説明します。

## Inner join

　この結合方法を使うのは、2つのデータで共通のデータのみを抽出したい場合です。注意点としては、正しく結合条件を設定しないと、データの欠落が起こります。

　たとえば、売上データと商品マスタをInner joinした場合、万が一商品マスタに未登録の商品があった場合、売上データからその商品の売上が除外されてしまい、集計に影響が出てしまいます。

## Outer join

　この結合方式を使うのは、2つのどちらか片方にでもデータが存在すれば対象となりますので、単純にデータを結合したい場合です。

　注意点としては、データ①にしかデータがない行のデータ②にはすべてNULLが代入されてしまう点です。また、レコード件数なども不用意に増えてしまうので、こちらも結合条件をしっかり設定する必要があります。

# Left(Right) join

この結合方式は、どちらか片方のデータを主としたい場合に有効です。

Inner joinの時と同じく、売上データと商品マスタを結合する際、売上データは100%残って欲しいので、Left joinで左側の「売上データ」を主体として結合します。

商品マスタにデータが存在しない場合、抽出データにNULLが入りますので、欠損値の確認や補完を行う必要があります。

## 結合の注意点

結合データに重複などが存在する場合、データが増えてしまうケースがあります。実際に売り上げ集計などに影響するため、注意が必要です。

例えば、**表A-3**のテーブルとカテゴリーマスターを結合してみましょう。

**■表A-3：テーブルとカテゴリマスター**

テーブル

| 名前 | カテゴリキー |
|---|---|
| ひよこ | ① |
| カエル | ② |
| あひる | ① |

カテゴリーマスター

| カテゴリキー | カテゴリ |
|---|---|
| ① | 鳥類1 |
| ① | 鳥類2 |
| ② | 両生類 |

結合結果は、**表A-4**です。

**■表A-4：結合結果**

| 名前 | カテゴリキー | カテゴリ |
|---|---|---|
| ひよこ | ① | 鳥類1 |
| ひよこ | ① | 鳥類2 |
| カエル | ② | 両生類 |

| あひる | ① | 鳥類1 |
|---|---|---|
| あひる | ① | 鳥類2 |

　カテゴリーマスターにキー①が重複しているので、ひよことあひるが2行に増えてしまいました。これは、Inner joinでもLeft(Right) joinでも起こります。

　このようなことを防ぐためにも、データベースの整合性を担保する正規化が、いかに大事かがわかります。

## Appendix②
## 機械学習

## 機械学習とは

　機械学習とは、コンピュータにデータを学習させ特徴を導き出すこと、さらには、その特徴を用いて未来への予測・判断などに活用することを指します。機械学習はデータを必要とし、統計学が基礎にありますが、統計学は現象を説明する目的に使用するのが多い一方で、機械学習の主軸は未来の予測にあります。データ数が急激に増加している昨今、機械（コンピュータ）の力を借りながら対話的に分析を進めていく手段である機械学習は必須スキルとなりつつあります。

　機械学習は、大きく分けると**教師あり学習**、**教師なし学習**、**強化学習**の3つに分けられ、それぞれの学習方法ごとに、複数のアルゴリズムが存在します。

## 教師あり学習

　教師あり学習とは、既に正解のわかっているデータ（**教師データ**）をコンピュータに学習させる方法で、**分類**と**回帰**があります。本書**第2部**で紹介したスポーツジム利用者の来月の利用回数の予測は**回帰**で、スポーツジムの退会率予測が**分類**です。分類と回帰の違いは、答えの形にあります。利用回数のように連続値の場合は回帰、退会するか/しないかのように離散値の場合は分類となります。

　どちらにおいても、学習させるということは、線を引くことにあたります。あらかじめ正解が分かっているデータから分類の場合は、綺麗に分割できる線を、回帰の場合は、綺麗に説明できる線を引くことにあたります。この線を学習により引いておくことで、未知なデータが来た際に、**予測**が可能となります。

　線を引くためのアルゴリズムは数多く存在し、分類であれば決定木、ロジスティック回帰、ランダムフォレストなどが、回帰であれば重回帰が有名です。特に、教師あり学習の分類は、数多くのアルゴリズムが存在し、日進月歩で技術が向上しています。最近では、勾配Boosting法などがよく利用されてきていますが、まだまだ直感的に理解（説明）しやすい決定木などのシンプルなアルゴリズムも数多く活用されています。

**◾️図A-2：教師あり学習**

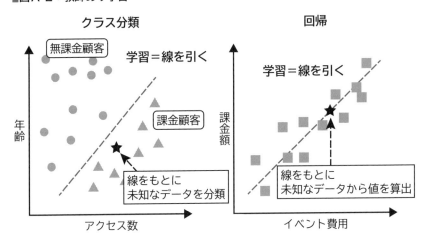

## 教師なし学習

　教師なし学習とは、教師データを学習させずに与えられたデータから規則性などの意味のある情報を見つけ出す手法で、代表的なものとして**クラスタリング**があります。本書**第2部**で取り扱ったスポーツジムの利用客の**グループ分け**が教師なし学習です。本書でも取り扱ったように、多くのデータからスポーツジムの利用客をコンピュータによってグループ分けして、そのグループ毎に傾向を把握し、施策につなげていくことが可能になります。教師データが用意できない場面で非常に効果的で、**探索的なデータ解析**で多く使用されています。ただ、一方で、正解データがないため、モデルの精度が決められず、そのグループの分類が正しいかの判断ができず、より人間の知見が重要になってきます。

**■図A-3：教師なし学習**

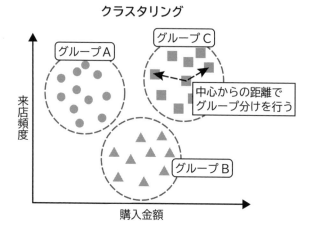

クラスタリング

**強化学習**

　強化学習は、**一連の行動**に対して報酬などの環境情報をコンピュータに与えて、どのような行動が最も報酬が高くなるかを学習していく手法です。AlphaGoなどの囲碁やチェスのAIの多くは強化学習を活用しています。教師あり学習との違いは、教師あり学習が一つの行動に対して、正解・不正解を与えるのに対して、強化学習では一連の行動に対して報酬を与えるだけであり、コンピュータ自身が一つの行動に対する評価を行います。

　例えば、チェスであれば、勝利という報酬を得るために最も効果的な行動を自己学習していきます。強化学習は、行動が多岐に亘り、行動に対する正解がはっきりしない場合に有効で、勝敗という明確な報酬を与えるだけで、最終的に勝利のための行動を学習させることができます。一方で、行動の数や組み合わせが膨大に存在し、学習に時間がかかる点や、人間では理解できない非合理的な行動を選択するケースがある点に注意が必要です。

■図A-4：強化学習

育てるコンピュータ
環境、報酬をもとに
行動を選択・学習

行動

環境
選択された行動をもとに
環境に変化が起きる

報酬（勝敗等）
観測（相手の行動等）

# 🍙 Appendix③
# 最適化問題

## 最適化問題とは

　最適化問題とは、本書**第3部**で解説した「輸送最適化」や「生産最適化」において、輸送コストや生産コストを最小化（または利益を最大化）する問題のように、定められた制約条件のもとで、目的関数を最小化（または最大化）する問題です。最適化問題を解くイメージは、**図A-5**に示すように、変数の値やその組み合わせを変えていきながら、目的関数を最小（または最大）にする地点（最適解）を探すようなものです。

　最適化問題は、社会の中のさまざまな場所に隠れていて、解き方（手法）も多くのものが提案されています。まずは、社会の中の最適化問題を紹介し、どのような解き方があるのかを紹介します。

**■図A-5：最適化問題を解くイメージ**

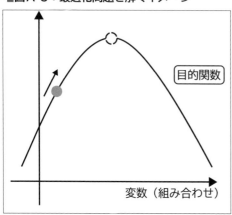

目的関数

変数（組み合わせ）

## 社会の中の最適化問題

　社会の中の最適化問題は、「もっと効率よく作業をしたい」と感じるところすべてで用いられていると考えるとイメージしやすいかもしれません。したがって、人や機械が仕事や作業をしている場所であれば、至るところで最適化問題が見つかります。ここでは、特に扱われることが多い5つのシチュエーションにわけて、その例を紹介していきます。

　最初のシチュエーションは鉄道です。ダイヤの作成は複雑なパターンの中から適したものを選ぶ最適化問題の典型であり、運行スケジューリング問題などと言われます。他にも、乗務員のシフトスケジューリングや、乗り換え経路案内、改札の待ち行列を解決するマルチエージェント・シミュレーションなどがあります。

　次のシチュエーションはオフィスビルです。空調の自動調整は、デマンド・レスポンスなどと言われます。他にも、エレベーターの制御、それぞれのプロジェクトに関する人員のスケジューリングなどがあります。

　コンビニにも、最適化問題を多く発見できます。アルバイトのシフト管理(シフトスケジューリング)、お客さんの動線を予測したうえで商品の陳列を最適化する問題、商品の配送最適化や在庫管理(サプライチェーンマネジメント)、POSシステムによる需要予測などです。

　本書で取り上げた工場もまた、最適化問題による効率化がなされる典型と言えます。エネルギーの供給や配分（最適制御、起動停止計画問題）、生産計画やスケジューリングの最適化問題なのです。

　最後に、意外に知られていない行政の例をご紹介します。特にまちづくりを使命とする行政は、避難計画や防災に、マルチエージェント・シミュレーションなどを用いて最適化を行ったり、施設の配置などの都市計画を最適化したり、インフラ整備計画などの最適化を行っています。

　こうした例から、皆さんが携わっているビジネスの中で最適化問題を見つけると、業務効率化や改善の糸口になるかもしれません。続いては、ビジネスの分野で注目される最適化問題についてまとめていきます。

## ビジネスで用いられる最適化問題

　社会の中の最適化問題を解決することが、ビジネスに直結するのは当然ですが、ここでは、特に古くから研究が進んでいて、ビジネスの分野に応用されている問題をご紹介します。

　本章でもご紹介したロジスティクスネットワーク設計問題は、情報や倉庫などの拠点の配置や削減、生産ライン能力、生産量、在庫量、輸送量などを決定する問題であり、工場などで盛んに用いられています。勤務スケジューリング問題は、乗務員や従業員、そしてアルバイトなどのスケジュールを求める問題です。最小費用流問題という問題は、単語からはわかりにくいかもしれませんが、時刻ごとの需要を満たすように、船舶や車両を用いて、物資が余っているところから不足するところへ最小の輸送費用で配送を行う問題です。また、安全在庫問題というものもあります。需要のばらつきに備えて、在庫費用と品切れリスクのバランスをとる問題です。ロットサイズ決定問題というものもあります。製品をまとめて製造すると効率がよい場合に、在庫費用とのバランスを考慮して、製造する製品の数を決定する問題です。パッキング問題というものも、さまざまな場所で応用されます。コンテナなどの入れ物に荷物を効率よく詰め込む問題で、レイアウトを決める際などにも用いられることがあります。最後に、収益管理問題です。時間経過によって陳腐化する商品に対して、価格の操作を行うことで、収益の最大化を行う問題です。

　こうした問題は、古くから研究されていることもあり、手法が確立されているということが大きなメリットです。今、自分が解こうとしている問題が、これらのうちどれに該当するかの検討がつけられれば、それぞれの問題の専門書や、先人の作ったソースコードを使って比較的短時間に解くことができます。

## 最適化問題のさまざまな解き方

　最適化問題は、大きく分けて、線形最適化、非線形最適化、組み合わせ最適化という三つのパターンに分けられます。線形最適化とは、本書**第7章**でご紹介したような、行列演算の形式に落とし込めるもの(それぞれの要素が複雑に関係しない、要素間の「足し算」で表現できるもの)です。それに比較し、非線形最適化とは、行列演算の形にはできない、関数の形で表現されるものであり、個々の要素が複雑に絡み合うものです。最後に、組み合わせ最適化とは、アルバイトのシフトスケジュールのように、要素と要素の組み合わせパターンのうちから最適なものを選択するものです。

　それぞれの解き方は、**図A-5**の黒点である「初期値」から、点線で描かれた白点である「最適値」を目指すことをイメージするとわかりやすいです。初期値とその微分値を見て、微分値がゼロであれば、「頂上」に登り切ったと考えます。微分値がゼロの値が複数あるのであれば、すべての値を比較して、「最適」であるものを選択すればよいのです。線形最適化と非線形最適化は、それらを計算で求めることができます。代表的な方法として、線形最適化は「シンプレックス法」、非線形最適化は「ラグランジュの未定乗数法」というものが用いられます。極簡単にご説明すると、前者は、制約条件の「端点」を追いかけていく方法であり、後者は、微分値がゼロになる点を求める方法です。最後に、組み合わせ最適化は、問題ごとにさまざまな方法が考案されています。問題によっては「組み合わせ爆発」が生じ、すべての組み合わせパターンを計算することは原理的に不可能なものも多いので、「ヒューリスティック」すなわち、経験的に最適解が導き出されやすい方法が、問題ごとに考案されています(問題の複雑さから、P、NP、NP完全、NP困難という四つのクラスに分けられます)。計算が単純で、かつ応用範囲も広い方法として、「動的計画法」というものがあります。これは、問題を小さな問題に分けながら、最適な組み合わせを徐々に探していくというものです。

　本書でご紹介したライブラリをうまく使いながら、適した方法を用いることで、多くの最適化問題は解くことができます。皆さんが携わっているビジネスや、身の回りの最適化問題に取り組みながら、さまざまな手法にチャレンジしてください。

# おわりに

　データ分析100本ノック、如何でしたか？

　データの加工にはじまり、機械学習をはじめとする分析手法の実践、最適化計算、数値シミュレーション、そして、画像認識技術や自然言語処理技術に至るまで、多岐に渡る内容でした。本書では、一つ一つの細かな技術までは説明しきれませんでしたが、実際のデータ分析の現場の雰囲気をつかむことができ、実践のイメージをつかんでいただくことができれば、専門書を頼りにして、幅広い技術を、実践に役立つ形で学んでいくことができると信じています。

　本書を通してお伝えしたかった大事なことは、本書で紹介したそれぞれの手法が、必ずしも、すべての現場でのベストソリューションとは限らないということです。それぞれの現場で働く担当者さんとの対話を行うなかで、より良い解を見つけていき、必要であればその都度技術を学びながら解決していく姿が、真のデータサイエンティストの姿であると言えます。

　筆者らは、四年前に異なる分野のエンジニア/サイエンティストとして出会いました。それぞれ働く現場は違っていても、「テクノロジーが進歩しているのに、現場の人々にとって適した形での開発が行われていない」というところに大きな問題意識を持ち、一緒に歩いてきました。現在、株式会社Iroribi、株式会社オンギガンツ、株式会社ELANの各代表取締役として、お互いに連携しながら、問題解決を行っています。

　本書の執筆にあたり、多くの方々のご支援をいただきました。本書の査閲に関しては、鈴木浩さん、高木洋介さん、千葉彌平さんには、ご自身のエンジニアリングのご経験から、章ごとに、丁寧なコメントをいただきました。また、第九章の映像データに関しては、日本バルテック株式会社の内田憲秀さん、株式会社共同通信デジタルの田中孝幸さん、ニュー新橋ビル管理組合さんのお力添えがあって実現した共同研究によるものです。改訂版にあたり、伊藤壮さんには、全ノックに関して丁寧に査閲をしていただきました。最後に、本書出版にあたって、会社のスタッフの皆さんとご家族の皆さんのご尽力がなければ、こうして世に出ることはありませんでした。心から感謝申し上げます。

# 索引

## 著者紹介

## 下山　輝昌（しもやま　てるまさ）【株式会社Iroribi 代表取締役】

　日本電気株式会社（NEC）の中央研究所にてハードウェアの研究開発に従事した後、独立。機械学習を活用したデータ分析やダッシュボードデザイン等に裾野を広げ、データ分析コンサルタントとして幅広く案件に携わる。それと同時に、最先端テクノロジーの効果的な活用による社会の変革を目指し、2017年に合同会社アイキュベータを共同創業。2021年にはテクノロジーとビジネスの橋渡しを行い、クライアントと一体となってビジネスを創出する株式会社 Iroribi を創業。人工知能、Internet of Things(IoT)、情報デザインの新しい方向性や可能性を研究しつつビジネス化に取り組んでいる。

　共著「Tableau データ分析～実践から活用まで～」「Python 実践データ分析100本ノック」「Python 実践機械学習システム 100本ノック」「Python 実践データ加工/可視化 100本ノック」「Python 実践AIモデル構築 100本ノック」（秀和システム）。

## 松田　雄馬（まつだ　ゆうま）【株式会社オンギガンツ 代表取締役】

　日本電気株式会社（NEC）の中央研究所にて脳型コンピュータ研究開発チームを創設、博士号を取得した後、独立。数理科学者として、脳、知能、人間を「生命」として捉える独自理論を応用した、AI、機械学習、画像認識、自律分散制御をはじめとする研究開発に強みを持つ。人間中心の社会デザインをコンセプトとしたシステム開発を行う。多数企業の技術顧問を兼任。現在、デジタル変革を担う人材育成・組織コンサルティングを行う株式会社オンギガンツの代表取締役であり、一橋大学大学院（一橋ビジネススクール）非常勤講師。

　著書「人工知能の哲学」（東海大学出版部）、「人工知能はなぜ椅子に座れないのか」（新潮社）、「人工知能に未来を託せますか？」（岩波書店）、共著「デジタル×生命知がもたらす未来経営」（日本能率協会マネジメントセンター）、「AI/データサイエンスのための図解でわかる数学プログラミング」（ソーテック社）、ほか多数。

# 三木　孝行 (みき　たかゆき)

　ソフトウェア開発会社に勤務し、大手鉄道会社、大手銀行等の大規模基幹システムの開発を統括。システム・ITにおける、要件定義、設計、開発、リリースまで全工程を経験。2017年に最先端テクノロジーの効果的な活用による社会の変革を目指し、合同会社アイキュベータを共同創業。2021年からは個人としてAIのシステム化を主軸に、データ分析やAIにおけるコンサルティング、AIシステム開発のプロジェクトを担う。特に、要件が定まる前の段階の顧客に対して、顧客と一体となって様々な視点から最適な技術を設計し、実証実験を推進していく部分に強みを持つ。また、プログラミングスキルについては、独学で各種言語を習得し、C言語より高水準の言語を扱える。

　共著『Python実践データ分析100本ノック』(秀和システム)。

本書サポートページ
・**秀和システムのウェブサイト**
https://www.shuwasystem.co.jp/
・**本書ウェブページ**
本書の学習用サンプルデータなどをダウンロード提供しています。
https://www.shuwasystem.co.jp/support/7980html/6727.html

カバーデザイン　岡田 行生(岡田デザイン事務所)

# Python 実践データ分析
# 100本ノック 第2版

| 発行日 | 2022年　6月24日 | 第1版第1刷 |
| --- | --- | --- |
| | 2024年　1月22日 | 第1版第4刷 |

| 著　者 | 下山 輝昌／松田 雄馬／三木 孝行 |
| --- | --- |

発行者　斉藤　和邦
発行所　株式会社　秀和システム
　　　　〒135-0016
　　　　東京都江東区東陽2-4-2　新宮ビル2F
　　　　Tel 03-6264-3105(販売) Fax 03-6264-3094
印刷所　日経印刷株式会社　　　　Printed in Japan

ISBN978-4-7980-6727-8 C3055